上海农村居住状况调查

- 村庄改造
- 村民建房
- 危旧房改造

万 勇　赵德和　朱小平　编著

同济大学出版社
TONGJI UNIVERSITY PRESS

图书在版编目(CIP)数据

上海农村居住状况调查/万勇，赵德和，朱小平编著.--上海:同济大学出版社,2014.12
ISBN 978-7-5608-5639-1

Ⅰ.①上… Ⅱ.①万… ②赵… ③朱…
Ⅲ.①农村住宅—调查报告—上海市 Ⅳ.①TU241.4

中国版本图书馆 CIP 数据核字(2014)第 221182 号

上海农村居住状况调查

万 勇 赵德和 朱小平 编著

责任编辑 荆 华 责任校对 徐春莲 封面设计 张 微

出版发行 同济大学出版社 www.tongjipress.com.cn
　　　　　(地址:上海市四平路1239号 邮编:200092 电话:021-65985622)
经　销 全国各地新华书店
印　刷 同济大学印刷厂
开　本 787mm×960mm 1/16
印　张 18.25
字　数 365000
版　次 2014 年 12 月第 1 版 2014 年 12 月第 1 次印刷
书　号 ISBN 978-7-5608-5639-1

定　价 58.00 元

序

从 2007 年起,在嘉定区华亭镇毛桥村前期所开展的以农宅改造为突破口的综合改造的基础上,上海市正式有序拉开了村庄改造工作,通过对规划保留的农村居民点实施分年度、有计划地改造整治,提升了农村地区基础设施水平,改善了农村生态环境。从 2009 年起,根据国家安居工程的建设要求,上海市城乡建设和交通委员会会同上海市民政局开展了农村低收入户危旧房改造工作,保障了最低收入人群的住房条件。这项工作持续至今,得到了基层老百姓的好评,也积累了一定的工作经验。

从 2007 年起,新版"上海市农村村民住房建设管理办法"开始实施,在优化建房政策、规范建房行为、规范建筑标准、提高村居质量,促进新农村建设、改善村居环境等方面,取得了显著成效,农村新一波建房潮也有效地提高了郊区老百姓的住房条件。

上述三项工作,都连续实施多年,在上海农村地区相辅相成地推进,从整体上促进了居住环境面貌和基本居住条件的大幅改观,涌现出一批设施完善、环境优美、管理民主的示范型村落,改善了一批低收入家庭和普通居民的住房条件,建成了一批统一规划、统一实施的集中居民点,为统筹农村基础设施发展、推进新一轮农村建设做出了积极探索。

然而,由于上海农村的大都市郊区属性、规划建设发展的阶段性、社会经济与人居改善的综合性等特征,以及历史积淀的一些困难因素,无论是村庄改造、危旧房改造还是村民建房,都在大步迈进的同时,也存在诸多瓶颈问题,需要逐年推进、逐步消化、逐渐提高。这首先就需要对过去工作进行总结回顾,看到成绩,也发现问题。基于这样的原因,市建交委主管处室主动牵头组织科研机构,于 2011 年起,连续开展了三个专题的课题调研,通过问卷、座谈、访谈等多种形式,深入交流、探讨,认真分析、比较,形成了比较完整的科研成果。总体上说,课题组在收集大量数据、深入农村基层、广听社情民意基础上所作的分析、评估,是认真、严谨的,是客观、可信的;所提出的措施和建议,也是积极的和建设性的。尽管书中仍然可能存在这样那样的不足,如少数数据的统计口径问题、部分政策解读中的理解差异问题、问卷统计中的样本选取问题等等,但终究瑕不掩瑜,调研评估工作在总体上是值得充分肯定的,也是富有研究价值和现实意义的。

在我看来,本书具有如下三个方面的作用:

一是对上海农村居住状况中的几个主要方面进行了系统调查和梳理,既有点、线和面,又有回顾、现状和展望,成果比较完整,可以一窥全市各专题工作的全貌。类似较为系统的分析相关问题的书籍还比较少,这本书以相互关联的三个专题的集合,引发人们对农村居住问题的关注,也不啻为对当今"三农"问题的一个贡献。

二是可为各方面互动、交流提供一个有益的空间。比如在各区县之间,可以通过阅读书中的分析和思考,互相了解,互相启发,取长补短;又如不同领域、不同层面工作人员,通过本书看到其他方面工作的不易,看到基层百姓的真实诉求,看到国内外对相关问题的解决路径,可以促进换位思考,推动思想认识的统一和创新意识的形成。

三是通过专题评估,在看到过去成绩的同时,也看到当前存在的问题,继而通过政策上的不断完善,继续添砖加瓦;通过在机制上的不断创新,以基层工作中的灵活而富于活力地探索,寻找具体问题的解决路径,从而以点带面,寻求全局的突破。市建交委相关部门要站高看远,在综合统筹的同时,还要营造鼓励创新的环境。由于各方面原因,书中所提出的一些措施和建议,仅仅是一个开端,尚待在今后工作中逐步探索、逐渐突破。

《上海农村居住状况调查》一书付梓在即,编著者考虑到我分管该项工作,且直接关注过调研评估的组织工作,关联度比较高,所以请我作序。上面所言,即为我阅读书稿后的一点感想和认识,也是与读者进行交流。希望上海的农村工作,在新时期能够百尺竿头更进一步;希望上海农民的居住环境,经过各方努力会变得更加舒适宜人,更好地展示新农村、新面貌。

倪 蓉

2014 年 11 月

目 录

中篇　上海市郊区农村危旧房改造评价

下篇 《上海市农村村民建房建设管理办法》实施后评估

上篇

上海市郊区农村村庄改造评价

第1章 上海市郊区村庄改造评价绪论

1.1 评价背景

自2007年起,上海市开展村庄改造工作,通过对规划保留的农村居民点实施分年度、有计划地改造整治,提升农村地区基础设施水平,改善农村生态环境。经过连续五年的推进,改造地区的环境面貌大幅改观,涌现出一批设施完善、环境优美、管理民主的示范性村落,为统筹城乡基础发展、推进新农村建设作出积极探索。为进一步加强村庄改造所涉及项目的针对性、有效性、迫切性,提高整体质量和水平,拟开展"村庄改造后评估"工作,总结上海市村庄改造工作的经验,积极推广样板典型,以及根据新情况、新要求,进一步优化村庄改造制度设计,加强监督管理,提高工程质量,切实解决农村居民遇到的实际困难,使村庄改造真正成为民心工程、实事工程。

1.2 评价目的和意义

1.2.1 评价目的

对五年来村庄改造工作的实施成效进行评价、评估;进一步了解农村居民对村庄改造的意愿和诉求,切实解决生产生活中遇到的实际困难;对该项工作的进一步深入推进提出政策和机制建议。

1.2.2 评价意义

开展本课题研究具有十分重要的意义。一方面,通过深入了解村庄改造工作的现状,特别是对一些成功案例的分析、总结,对本市村庄改造工作进行探讨与思考,结合村民建房、低收入户危旧房改造、村庄规划、土地流转、社会保障、新型农村社区建设等相关方面进行系统研究与展望,并提出下一阶段政策措施完善的基本思路;另一方面,是为完善相关工作制度做基础性研究,包括资金补贴、操作流程、改造标准、监管验收,等等,提出工作建议。

1.3 评价研究的思路、内容、方法与技术路线

1.3.1 研究思路

本篇首先回顾和总结上海近年来由上海市农业委员会(以下简称"市农委")和上海市城乡建设和交通委员会(以下简称"市建交委")组织、区县多部门参与的,郊区村庄改造工作开展和推进情况;其次是在前述基础上,客观评价有关部门在这项工作中所克服的困难与所做出的贡献,科学评估这项工作取得的综合效益,认真总结成功经验,理性分析瓶颈问题;最后从政策制定、组织模式、工程施工、技术标准、

建设管理、长效机制等方面提出解决问题的方法、优化完善的建议、改进政策的措施等,见图 1-1。

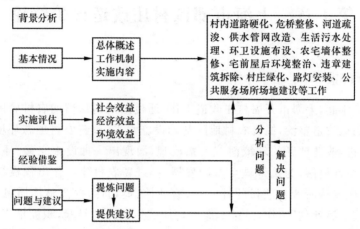

图 1-1　研究技术路线示意图

1.3.2　研究内容

1. 关于五年来村庄改造工作的实施效果评价

通过问卷调查和访谈,关注村庄改造的社会效应、社会评价和社会需求,了解农村居民对村庄改造工作的认识和建议;深入了解区县政府和基层镇村在实施村庄改造中存在的具体困难、在操作环节中存在的具体问题,以及该项工作的针对性、有效性和效率、进度、节奏、质量等等情况。

2. 关于村庄改造若干问题的分析和探讨

在第一部分调研的基础上,通过对成功案例的整理和总结,对上海市村庄改造工作进行分析和思考,结合农村人口发展、村民建房、危旧房改造、村庄规划、土地流转、社会保障、新型农村社区建设等相关方面进行系统研究与展望,提出村庄建设发展的基本思路,以利于明确下一阶段村庄改造工作的定位、目标、任务和计划,进而对全国的村庄改造、新农村建设提供借鉴。

3. 关于进一步完善村庄改造工作的建议

一是体现在工作流程优化上,二是体现在补贴标准和改造标准的把握上,三是体现在改造规模和资金规模的确定方面,四是体现在补贴方式和工作方式的创新上,五是体现在完善改造后的长效维护机制建立上,六是体现在公平性、有效性、长效性等的建立和提高上,等等。

1.3.3　研究方法

本篇偏向于应用性研究,以经验性分析研究为主。具体的研究方法主要包括文献研究法、实证研究法、比较分析法和访谈研究法。

1. 文献研究法

为了探讨本篇所涉及的问题,作者查阅了国内外部分地区在村庄改造方面的相关政策及理论研究,作为开展研究的基础。

2. 实证研究法

为了使研究成果更有针对性,便于后续相关政策研究工作的开展,本篇以上海各区县近年来在村庄改造过程中的具体案例进行研究,分析问题,总结经验。

3. 比较分析法

本篇主要通过对国内外村庄改造或类似建设行为,进行相关比较研究,通过实践经验的比较,提出上海郊区村庄改造在今后推进中可以借鉴的相关经验。

4. 实地踏勘、访谈研究法

在本篇课题开展过程中,对与课题研究内容相关的人士进行访谈,包括市、各区县的建交委、农委、民政局等相关部门,以及镇政府、村委会、村民及相关领域的专家等等。通过发放调研问卷、访谈咨询、实地调研等形式获取信息,并提出对有关问题的看法和建议。

第 2 章　上海市郊区村庄改造的基本情况

2.1　上海市村庄改造总体概述

2.1.1　上海市村庄改造工作背景

村庄改造工作是社会主义新农村建设的基础性工作之一。党的十六届五中全会提出了"生产发展、生活富裕、乡风文明、村容整洁、管理民主"二十字方针。这一方针是社会主义新农村建设目标、内涵、途径的统一,所涵盖的五个方面是相互联系的,既是我国新农村建设长期奋斗的目标,也包含着新农村建设的深刻内涵,同时又是新农村建设的途径。

"十八大"提出要推动城乡发展的一体化,其中解决好农业、农村、农民问题是全党工作的重中之重,因而城乡一体化是解决"三农"问题的根本途径。为认真贯彻党中央关于开展社会主义新农村建设的重大战略决策,上海市委、市政府采取一系列措施加大对农业和农村的投入力度。为更好地协调城乡统筹的发展,上海通过开展农村村庄改造工作,以为农民办实事、办好事为宗旨,以带动新农村建设为目标,围绕符合农村实际、解决农民难题,扎实探索新农村建设道路,为统筹城乡的基础设施建设工作作出了积极探索。

2.1.2　上海市村庄改造工作进程

2006 年,嘉定区华亭镇毛桥村开展了以农宅改造为突破口的综合改造工作。改造以保持村庄原有生态、自然特色为前提,以科学合理的村庄规划为指导,通过保护、修缮农宅建筑,综合提升村庄基础设施水平和生态环境,实现了村庄硬件设施的全面升级,展现出一片自然、生态、恬静的乡村景象。毛桥村的成功改造,引发了新农村建设道路的思考,全市的村庄改造工作也由此拉开序幕,见图 2-1。

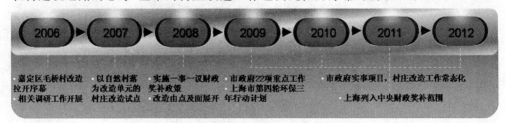

图 2-1　上海市村庄改造工作开展的时间进程图示

2006 年下半年开始,由市农委、市建委牵头,市各相关部门联合开展了郊区村庄改造的调研,全面了解农村基础设施和生活环境现状,以及基层干部群众对于改造工作的诉求。

2007年初,市农委、市建委、市发改委、市规划局、市房地局联合下发《关于开展本市农村自然村落综合整治试点工作的若干意见》,决定以自然村落为改造单元开展村庄改造试点。试点工作以保护修缮、改善环境、完善功能、保持农村田园风光和江南水乡自然生态景观、传承历史文脉积淀为主要原则,以改善农民基本生产生活条件和人居环境为主要目标。首批试点在郊区16个乡镇的27个村开展,主要聚焦郊区新农村建设先行区及其他纯农业地区,共涉及农户6934户,受益群众约3万人,市级财政拨付专项资金7067万元。

2008年,上海积极贯彻国务院要求,对村庄改造工作实施一事一议财政奖补政策,制定下发了《关于本市农村村庄改造实行"一事一议"财政奖补试点工作的意见》和《村庄改造一事一议财政奖补项目议事规则》。从当年起,村庄改造工作由试点向面上推开,全市45个乡镇、105个行政村中的385个自然村落列入改造范围,涉及农户24396户,受益农民近7万人,市级财政投入专项奖补资金1.98亿元。2008年的总体改造规模是2007年的3.5倍。

2009年,村庄改造作为推进新农村建设的重要抓手,列入了市政府实事项目、市政府22项重点工作和上海市第四轮环保三年行动计划。全市53个乡镇,149个行政村中的40526户农户实施改造。市级财政投入的专项奖补资金达1.59亿元,整合相关新农村建设项目资金约1.43亿元,区县投入资金约27.8亿元,吸引社会力量投入303万元,农户出资684万元,改造总投资超过30亿元。

2010年,村庄改造继续列入市政府实事项目,149个村、21168户农户的改造任务在年内全部完成。至2010年末,上海郊区完成村庄改造的农户逾9万户,涉及行政村约430个,市级财政投入的专项资金达6亿元。

2011年,全市共有170个行政村开展了村庄改造,受益农户达到19.5万户。项目总投资接近20亿元。其中,中央财政奖补资金4533万元,市级财政奖补资金1.84亿元,区县政府奖补资金13.5亿元,乡镇投入资金3.5亿元。

2012年村庄改造工作连续第四年列入市政府实事项目,全市共有153个村列入中央、市级财政奖补范围,涉及农户67282户,批复中央、市级奖补资金2.4亿元。其中,中央奖补资金7000万元,奖补力度大于上年,全市奖补资金总量的70%在中远郊地区(表2-1)。

表2-1 上海市村庄改造工作历年基础情况汇总表

项目	改造村庄数(个)	改造农民户数(户)	改造资金(万元)
2007年	27	6934	26919
2008年	105	24396	106598
2009年	149	40553	195530
2010年	149	57516	220248
2011年	170	67135	193939
2012年	153	67282	197416
合计	753	263816	940650

2.2 上海市村庄改造工作机制

2.2.1 组织方式

上海市村庄改造在推进过程中形成了市、区县、乡镇、村集体四级联动的工作机制。市政府成立了由市农委、市建交委牵头,市发改委、市财政局、市规土局、市环保局、市水务局、市绿化市容局、市综改办和市财政局等共同组成的村庄改造工作小组,负责确定年度计划、制订总体方案、出台奖补政策、整合有效资源、制定技术标准,从而指导、规范了村庄改造工作的有序开展。

郊区各区县政府作为村庄改造工作的责任主体,全面负责组织、推进本区县的村庄改造工作。各区县都确定了村庄改造牵头部门,明确分管领导和工作责任人,在贯彻落实上级要求、统筹调动全区资源、督促指导乡镇开展实施改造上,发挥了重要的作用。一些统筹能力强的区县建立了一套比较成熟的合力推进机制,把分散在各部门管理的道路、桥梁、河道、绿化、污水处理等工作项目整合在一起,聚焦改造区域,用有限的市级财政奖补资金取得事半功倍的效果。比如,浦东新区建立了新农村建设联系会议制度,对农村污水、供水等市政设施实现基建财力补贴,对镇级以上河道、乡村公路路桥实现环保专项补贴。闵行区成立了由分管区领导任组长,农委牵头、相关部门和乡镇负责人组成的村庄改造工作小组,由牵头部门对改造项目实施分解,会同区相关部门进行项目聚焦和对接工作,各部门在实施过程中分工协作、合理推进。

各有关乡镇通过成立村庄改造领导小组和工作班子,明确分管领导和工作责任人,加强与区县职能部门的联系和沟通,完善细化规划方案和工作计划,组织施工队伍,加强工程质量的监管,确保按时、按质完成整治任务。由村党支书、村委会做好农民的宣传工作、"一事一议"会议的组织工作,引导农民群众参与投工投劳,并实施长效管理(表2-2)。

表 2-2   **上海农村村庄改造的组织方式**

行政机构		具体职能
市各相关部门	牵头单位	市农委、市建交委负责
	政策扶持和配合指导	市发展改革委、市规划国土局、市环保局、市水务局、市绿化市容局
各区县人民政府	责任主体	区县政府
	主要职责	(1) 全面负责组织、推进本区县的村庄改造工作; (2) 确定村庄改造牵头部门,明确分管领导和工作责任人
	区农委牵头	浦东新区、宝山区、嘉定区、松江区、金山区、闵行区、青浦区
	区县研究室牵头 (新农村建设办公室)	崇明县
	区建委牵头	奉贤区(2012年起划为浦东新区)

续表

行政机构	具体职能	
各乡镇人民政府	实施主体	乡镇政府
	主要职责	(1) 负责制订改造方案和工作计划； (2) 组织施工队伍,加强工程质量的监管； (3) 确保按时按质完成整治任务
	各有关乡镇成立村庄改造领导小组和工作班子,明确分管领导和工作责任人	
村委会	主要职责	(1) 配合乡镇政府开展项目实施； (2) 积极做好农民的宣传发动工作； (3) 一事一议会议的组织工作； (4) 引导农民群众积极参与投工投劳； (5) 组织开展长效管理

2.2.2　推进模式

建立项目申报、专家评审、项目建设、项目验收等一系列规范化工作程序。

1. 项目申报

首先要符合有关规划。拟开展村庄改造的村落必须是上海市城乡规划体系中确定的中心村或规划保留的农村居住点,且农民居住相对集中,一般不少于 50 户,避免因规划调整而造成的建设浪费。

村庄改造的选点:开展村庄改造的村须为规划保留的建制村,或村庄归并后的集中居住区。重点扶持:基本农田保护区、水源保护区、生态林地区等经济基础薄弱,村级公益事业建设任务较重的区域;/区县投入力度大,积极整合各方力量,推进新农村建设积极性高的区域;/已完成或已确定农村路、桥、污水处理等基础设施建设计划,完善配套村庄改造项目的区域;/有良好的群众基础,农民有迫切需求并自觉支持配合,具有自主投工投劳积极性的区域。/规划为城镇化和工业化的地区,以及近期将开展农民宅基地置换和集体建设用地流转的地区不列入奖补范围。

其次,村庄改造项目的确定要尊重村民意愿。在村级组织完成村民"一事一议"工作、村民表决同意后,开始申报。由村委会填写《上海市实行村级公益事业建设一事一议财政奖补推进农村村庄改造项目申报书》(村级申报书),详细说明改造村落的经济、社会发展基本情况,改造涉及范围,村民议事情况;列出拟改造项目,相关资金预算和主要筹资渠道,经过乡镇推荐后,上报区县审核。区县村庄改造牵头部门会同区县规划部门共同审核申报村落。审核通过的村落,由区县牵头部门负责统一汇总报送市农委和市财政局。市农委、市财政局根据当年村庄改造的计划和预算安排,下达计划批复,拨付奖补资金。

2. 专家评审

经区县村庄改造牵头部门会同区县规划部门共同审核过的申报村落,列入村庄改造计划,制订改造方案,有条件的地区邀请相关专业规划、设计部门编制村庄改造规划,改造方案或规划由各区县牵头部门组织区县相关部门共同评审。通过编制改造方案、规划,对改造村庄的基本情况进行客观分析,科学确定改造内容,合理设定各个实施项目的空间布局、建设方法和建设标准,并对改造投资和时间进度做了规划。方案和规划的编制不仅推动了项目的规范化实施,同时有效地促进了村庄改造工作水平的不断提高。

3. 项目建设

首先是建立公开、公平、公正的项目招投标制度。村庄改造的实施范围是广大经济薄弱的农村地区,改造资金十分有限。村庄改造内容涉及基础设施、农宅改造、环境整治各个方面,项目实施要求各不相同。经过近几年的实践,形成了分类实施招投标的项目管理模式。路、桥、水等资金量大、专业性高的项目实施公开招投标,对于农宅整修、村庄绿化、环境整治等"非标"类项目,采取邀标、议标模式。因地制宜、符合农村实际的项目招投标制度,有助于在切实保证工程质量的同时,降低工作成本、缩短建设周期,使有限的资金发挥更大的效应。

其次,工程实施完成后,各区县均组织专业部门开展审计、审价工作。在资金管理过程中,建立村庄改造财政奖补资金专户管理,根据工程进度和财务规定,分阶段划拨工程款项,保障资金专款专用。

再次是建立严格、规范的工程管理制度。随着村庄改造工作的不断推开,工程管理制度受到了各区县的高度重视。一些地区形成了专业公司监理、农民参与监督的"双保险"机制。比如,青浦区在每个村派驻质量监督员及老党员,协助专业监理单位对该村的工程质量予以监督,一旦发现问题,立即要求返工。

4. 验收检查

2007年,27个村庄改造试点的验收全部由市村庄改造工作小组组织。自2008年开始,区县成为村庄改造的责任主体,组织负责验收工作。由区县牵头部门会同各相关部门组成验收小组,对区域内全部村落逐一开展区级验收,对不符合要求的改造地区实施整改,确保各改造村落符合村庄改造工作要求。区级验收通过后,市村庄改造工作小组九个部门联合组成抽查复核工作组,对各区县逐一抽查,并由各部门轮流担任工作组组长,以此作为加强市级部门对村庄改造工作指导的重要手段。市级抽查复核工作组通过现场听取区县牵头部门汇报,查阅相关工作资料,实地抽查两个改造村,对区县总体推进情况、两个抽查改造村实施情况分别予以评分,评分合格后,通过市级抽查复核,拨付全部奖补资金。

此外,2009年村庄改造列入市政府实事项目,市级抽查复核增加区县互评环节,使抽查复核的过程成为加强各区县工作交流、相互促进的过程。同时,对改造村落农户开展访谈,切实了解农民对村庄改造的诉求,并对访谈结果予以评分,以此作为市级抽查复核的一项重要参考依据。村庄改造验收方式的不断改进,验收程序的不断规范,使验收过程成为监督、检查各区县,指导和推动村庄改造工作的有效手段(图2-2)。

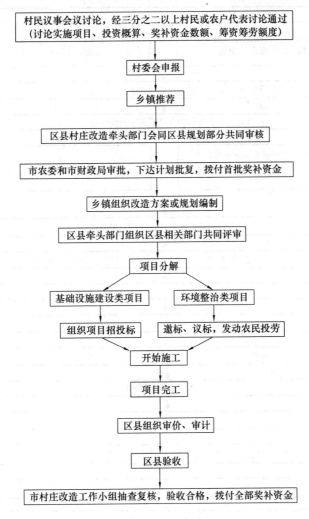

图 2-2　上海村庄改造工作推进流程图

　　大部分区县的村庄改造工作基本按照如上所示的流程图开展,而浦东新区结合本区实际,进一步细化基础工作,形成更为具体的村庄改造工作推进流程(图2-3)。

5. 分季度实施计划

　　第一季度,拟改造村落组织召开"一事一议"村民议事会议,各乡镇进一步完善改造方案、实施计划,各区县村庄改造牵头部门会同区有关部门对各乡镇上报的改造计划予以审核,确定改造计划后,上报项目计划至市农委、市财政局。

　　第二季度,市农委、市财政局根据当年村庄改造的计划和预算安排,对各区县上报的项目组织进行会审,符合要求的列入年度农村村庄改造财政奖补范围,并下达

工作内容

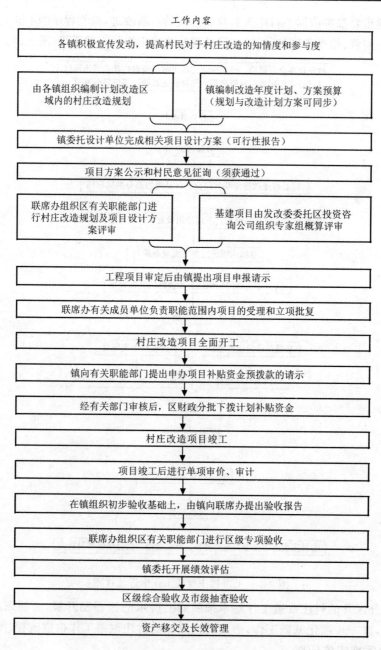

各镇积极宣传发动，提高村民对于村庄改造的知情度和参与度

由各镇组织编制计划改造区域内的村庄改造规划

镇编制改造年度计划、方案预算（规划与改造计划方案可同步）

镇委托设计单位完成相关项目设计方案（可行性报告）

项目方案公示和村民意见征询（须获通过）

联席办组织区有关职能部门进行村庄改造规划及项目设计方案评审

基建项目由发改委委托区投资咨询公司组织专家组概算评审

工程项目审定后由镇提出项目申报请示

联席办有关成员单位负责职能范围内项目的受理和立项批复

村庄改造项目全面开工

镇向有关职能部门提出申办项目补贴资金预拨款的请示

经有关部门审核后，区财政分批下拨计划补贴资金

村庄改造项目竣工

项目竣工后进行单项审价、审计

在镇组织初步验收基础上，由镇向联席办提出验收报告

联席办组织区有关职能部门进行区级专项验收

镇委托开展绩效评估

区级综合验收及市级抽查验收

资产移交及长效管理

图 2-3　浦东新区村庄改造工作推进的流程图

计划批复，启动项目实施。

　　第三季度，各改造点全面推进项目实施。

　　第四季度，继续推进项目实施，年底完成区县验收和考核。

2.2.3 工作环节

1. 一事一议财政奖补政策

2008年2月,国务院农村综合改革工作小组、财政部、农业部联合下发《关于开展村级公益事业建设一事一议财政奖补试点工作的通知》(国农改〔2008〕2号),鼓励农民通过一事一议筹资筹劳方式开展村级公益事业建设。上海积极贯彻响应国务院要求,从2008年开始,村庄改造工作试点实施一事一议财政奖补政策。2011年,国务院农村综合改革工作小组、财政部、农业部做出了在全国全面推进村级公益事业建设一事一议财政奖补的工作部署,上海列入中央财政奖补范围。根据国务院三部委的要求,市农委(综改办)、市财政局等相关单位在开展调查研究的基础上,结合上海的实际情况,确定了以村庄改造工作为抓手,推进一事一议财政奖补的工作方案,并由市政府书面报送国务院综改工作小组,国务院综改工作小组对上海市工作方案予以了批复。

2. 财政资金奖补原则

根据《关于本市实行村级公益事业建设一事一议财政奖补推进农村村庄改造的实施意见》(沪农委〔2011〕116号)、《上海市村级公益事业建设一事一议财政奖补项目和资金管理办法》(沪农委〔2011〕128号)要求,一事一议财政奖补资金由市(包括中央专项补助)、区县两级财政承担。根据区县财力状况,市对奖补资金实行差别补助政策,见表2-3。

表2-3   各区县的村庄改造补贴标准

区县	村庄改造项目补贴标准	资金拨付	资金监管
浦东	**基本补贴**:对分类核定的村庄改造计划投入,新区区级财力基本补贴(包括中央、市财政补贴部分)为项目总投资的78%。 **差别奖补**:安排项目总投资的7%作为区差别奖补统筹金,用于村庄改造中镇级可支配财力薄弱或村庄改造成绩突出镇的差别扶持与奖励。 **镇统筹**:村庄改造计划投入资金,除区级财力基本补贴(包括中央、市财政补贴部分)外,其余由镇统筹解决	新区财政扶持资金按职能分工分别列支。其中: (1)村庄改造中涉及村庄污水治理及低水压供水管网改造项目,经区环保局受理初审后致函区发改委,纳入新区基建项目建设计划(2012年始,纳入环保专项项目); (2)涉及乡村公路的道路及桥梁改造,经区建交委审核后纳入区建交委专项项目建设计划,列入统计里程范围的乡村路桥由区建交委受理、汇总并与区环保局协商后,交由区环保局列入年度计划; (3)涉及河道综合整治项目,经区环保局认定后纳入环保专项项目建设计划; (4)村庄改造中的公建设施完善、村宅外立面修缮、村宅环境整治、村宅路桥改造、村庄绿化等项目,经区农委(农办)审核认定后纳入村庄综合整治专项项目建设计划	(1)新区村庄改造计划内的区级扶持资金,采取项目预拨清算办法进行管理; (2)下拨的村庄改造扶持资金,由区财政局会同有关职能部门,按照区财政专项资金进行监管

续表

区县	村庄改造项目补贴标准	资金拨付	资金监管
嘉定	**补贴标准:**农民集中居住区的补贴基准为天然气 1.8 万元/户,污水纳管 1.2 万元/户,根据各镇财力情况采取资金差别扶持政策,市、区补贴资金和镇、村(户)配套资金比例如下:江桥、南翔、马陆、安亭、菊园新区 5:5,工业区 6:4,外冈、徐行、华亭 8:2; **补贴范围:**农民集中居住区只对天然气和污水纳管项目进行市、区奖补资金补贴,其他项目的资金,如环境整治、绿化种植等,由镇、村及农户自筹解决,自然村根据具体实施的项目予以补贴	市、区财政的奖补资金在工程启动后根据工程进度情况分批下拨,在工程全面结束,资料齐全、完成审计、经验收合格后全部到位	(1)区审计局负责村庄改造项目资金的监督,并指导做好项目财务审计; (2)建立资金运用监督管理制度。项目结束后,资金使用情况要及时在区监管平台和村务公开栏内公布,做到公开透明,自觉接受社会和村民的监督
闵行	2 万元/户项目,其中市、区财政奖补 70%,镇承担 20%,村承担 10%(主要以出劳出工体现)	村庄改造的市、区两级奖补资金共分三次下拨,即项目开工支付 1/3,项目完工支付 1/3,出具审价报告后支付 1/3	建立资金运用监督管理机制,及时公开财务收支状况,接受社会和村民的监督
宝山	在农民筹资筹劳的基础上,市(包括中央专项补助)、区、镇三级财政对村级公益事业建设实行专项奖补。各镇加大对村级公益事业建设支援力度,确保奖补资金有稳定的来源。政府财政奖补额度按照项目审计(价)结算总额,上限为 1.85 万元/户;超过奖补额度的,超出部分由镇、村承担;不到奖补额度的,按实际审计(价)结算总额奖补。奖补资金由市、区两级财政承担 80%(含中央财政),镇财政承担 20%	在改造项目启动后,凭中标通知书和施工合同、监理合同先拨付 30%的财政补贴资金,其余按照工程过半并验收合格后再分批拨付	村庄改造财政补贴资金建立专户,实行镇级财政报账制,由区财政局将市、区财政奖补资金划拨到各镇财政专户,各镇根据工程进度和财务规定,分阶段将奖补资金直接划拨到施工单位,确保专款专用,并由区财政局负责资金使用情况的监督检查
奉贤	镇政府按沪奉府办〔2008〕64 号文要求,承担村改配套资金并在财力允许的情况下建议加大对村改资金的投入	在确定村改计划后,镇政府应将承担的配套资金分二次汇缴至区财政部门,区财政部门先行拨付奖补资金总额的 50%;区村改工作验收合格后,拨付奖补资金总额的 40%;市级抽查考评通过后,余额一次拨付	(1)村改资金使用实行镇级报账,专款专用,专人记账; (2)区财政局专门下通知对资金使用、记账方式均作了说明。市、区、镇三级政府奖补资金全都纳入区财政统一账户,根据村改进度,由镇政府分期分批提出用款申请,经区村改办审核后,由区财政部门审批拨付

续表

区县	村庄改造项目补贴标准	资金拨付	资金监管
崇明	(1) 农户改厕、棚舍整治、庭院和四旁林绿化以及涵管改造等环境建设项目，县级将其作为村级专题试点专项，与生活污水处理项目等统筹配套联动推进； (2) 道路和墙面粉刷等由县、镇、村三级资金共担和农户投劳为主结合推进	—	实行审价、审计制度。整治改造完成后，由所在乡镇负责委托专业审计单位进行项目审价，并由县审计部门进行审计。各村在实施改造过程中，要严格按照要求，做好有关资料的收集和保存
金山	村庄改造资金使用上，参照《金山区政府投资项目管理试行办法》(金府[2006]2号)等文件中的拨款程序、建设和管理、财务管理审计管理、监督检查等相关要求	形成《金山区农村村庄改造项目(一事一议财政奖补)请款审批表》，规范资金的拨付流程，按照项目进度核拨资金额度	区财政专户存储、专账核算

注：青浦区和松江区未出台正式的村庄改造实施意见

3. 资金保障和补贴机制

市区两级财政以每户 2 万元为标准，对村庄改造实施专项奖补，市级财政根据区县不同财力，实行差额补贴。近郊的闵行区、嘉定区、宝山区、浦东新区市级财政占比 40%；松江区、青浦区市级财政占比 50%；奉贤区、金山区市级财政占比 60%；崇明县市级财政占比 80%；超出财政专项奖补资金部分，由区县政府承担。与此同时，村庄改造注重对社会力量的宣传和引导，一些规划单位免费为改造村落提供规划设计，一些企事业单位为村庄改造捐助资金，广大农民在村庄改造中积极投工投劳。在此基础上，部分区县的补贴标准进一步调整和细化。

4. 长效管理机制

一是政府扶持，村民参与。在加强政府对农村地区的公共服务，发挥政府的组织协调、引导扶持等功能的同时，充分发挥村民自主参与、自我管理的主体作用。二是落实主体，定规明责。区分不同类型管护对象和工作性质，切实采取不同而有效的管护方式，明确管护区域范围内每个设施和每处场所的管护责任主体、管护要求、考核标准等，做到管护工作不留死角。三是重在实效，强化考核。长效管理重在平时、重在持久，重点加强日常检查、严格考核、落实奖惩等措施，促使长效管理的各项要求落到实处、取得实效。四是保障投入，实施奖补。长效管理必须有合理的投入。由区(县)和镇(乡)政府落实专项资金，通过奖励、补助等形式，积极引导和扶持村集体开展长效管理。同时，积极探索社会化、市场化的捐资捐物出劳机制，见表 2-4。

表 2-4 已建立长效管理制度的区县情况汇总

区县	管理对象	管理内容	检查管理	备注
崇明	新农村建设行政村	(1) 环境卫生； (2) 村级道路； (3) 村庄河道； (4) 村庄绿化； (5) 公共服务设施和设备	"回头看"活动 "两查一看"	(1) "两查一看"指查项目完成情况、查项目工程质量、看项目管理到位； (2) 公共服务设施和设备纳入集体资产管理范畴
嘉定	已完成改造建设并经相关部门验收合格的村庄改造项目及其区域范围内的村容环境和村级公益设施	(1) 环境养护类； (2) 基础设施类； (3) 户内环境类	考核制度	(1) 镇级管护对象包括河道、镇级道路、桥梁、污水管网等设施； (2) 村集体管护对象为村内公共环境卫生、公共设施、绿化等； (3) 考核制度包括抽查、年终考核及群众评议等方式
浦东	纳入新区村庄改造计划，并经批准实施的基本农田范围的村庄 注：浦东新区有《浦东新区村庄改造五年（2010—2014 年）行动方案》	(1) 污水治理的设施； (2) 农村环境卫生保洁； (3) 镇级村庄及河道整治的设施； (4) 列入农村公路里程的乡村公路、桥梁及其附属设施 (1) 村民活动中心、活动点及设施； (2) 村庄绿化及配套设施； (3) 除列入农村公路里程外的村宅路桥及路灯等附属设施 村民住宅、庭院、园地	绩效考核	(1) 专业项目的维护由镇相关职能部门负责，镇可成立专业管理机构负责统一管理； (2) 一般项目的维护由各村负责实施； 村民维护管理采取政府引导、村委组织、村民动手和集体奖补等方式
闵行	区内已完成村庄改造实施工程，并经市、区相关部门验收合格的改造点	(1) 生活垃圾集中收集处理； (2) 环卫设施保洁维护； (3) 村内道路桥梁保洁养护； (4) 河道保洁养护； (5) 污水处理设施； (6) 房前屋后清洁整齐； (7) 绿化种植养护； (8) 村内公共设施； (9) 村庄村容； (10) 严控违法建筑滋生	综合考核和综合验收	其中，河道养护管理工作由各相关镇的河道保洁服务社养护，生活污水处理由相关镇落实专业养护队伍统一进行养护管理

续表

区县	管理对象	管理内容	检查管理	备注
宝山	区内已完成村庄改造工程和已建设农村生活污水集中处置设施，并经区相关部门验收合格的村宅	（1）污水处理设施； （2）房前屋后清洁整齐； （3）绿化种植； （4）村宅内公共设施及道路、桥梁； （5）村庄村容	考核管理	（1）村宅内水域、道路、桥梁、生活污水处理设施养护维修由相关镇落实专业养护队伍统一进行养护管理； （2）考核以镇为单位，年内二次考核成绩均高于 80 分的，全额拨付当年村庄改造区级奖补资金，年内二次考核成绩若有低于 80 分的，按最低分同比例扣减区级奖补资金
青浦	区内已完成村庄改造未满五年的并经验收合格的村庄	（1）村内道路桥梁； （2）村庄绿化及绿化养护； （3）村庄河道保洁及河道岸线养护； （4）环卫设施保洁及生活垃圾清运； （5）村庄路灯、公共设施、卫生设施和公共活动场所； （6）污水处理； （7）宅前屋后环境维护； （8）村庄村容整洁	定量、定性考核	（1）长效管理所需资金由镇或街道给予一定奖励、补助，起到引导扶持作用，但不包办代替； （2）对于农村生活污水处理系统管理养护，按区政府有关文件执行； （3）对于村民直接受益的公益事业，应以村级组织投入和村民通过一事一议筹资筹劳为主
金山	区内已完成村庄改造实事项目，并经市、区相关部门验收合格的改造点	（1）生活垃圾集中收集处理； （2）环卫设施保洁维护； （3）村内道路桥梁保洁养护； （4）河道保洁养护； （5）宅前屋后清洁； （6）绿化种植养护； （7）村内公共设施； （8）村庄村容整洁； （9）严控违法违章建筑滋生	考核管理	以村为主体，区和镇进行引导、监督和考核 （1）金山区《关于加强金山区村庄改造长效管理的指导意见（试行）》2012年尚未正式下发。

表 2-5 各区县的长效管理资金落实制度汇总

区县	奖补方法	资金渠道	补贴标准	资金拨付	资金监管
嘉定	以奖代补	区、镇统筹	(1) 自然村落每户每年 500 元,集中居住区每年每户 250 元; (2) 华庭亭、徐行、外冈按 8:2 比例; (3) 马陆、嘉定工业区、菊园新区、南翔、江桥、安亭按 5:5 比例	区财政每年两次拨付(年中 50%、年底 50%)	设立资金专户,实行"专款专用、分账核算"
浦东	参照新区扶持村级组织运行专项经费	市、区、镇、村	区级财政扶持 85%(含市级财政专项扶持资金),其中 8%资金采用"统筹使用、差别奖补"方法,镇级财政、农民出工出劳、以工带账及统筹解决 15% 专业项目维护: (1) 河道养护:镇、村级河道由市、区两级财政实施补贴,差额部分由镇负担; (2) 道路和桥梁养护:列入农村公路里程的道路和桥梁养护资金由市、区两级财政共同负担,其余养护经费由镇、村负担; (3) 农村环境卫生和河道保洁:按照相关规定执行; 一般项目维护: (1) 原则上在新区扶持村级组织运行专项经费中列支 20 万元(包括专业维护管理中由村负担的部分经费); (2) 新区财政对村级可支配财力低于 100 万元的经济薄弱村,在扶持村级组织运行专项资金中给予补贴 20 万～30 万元	根据考核结果,拨入相关财力扶持资金	专账核算、专款专用,以村为单位及时公开财力收支情况
宝山	财政奖补	区、镇	(1) 平均每户每年 500 元,其中生活污水处理设施管护资金 230 元/户,其他村宅内绿化、道路、桥梁、墙体、公共设施等管护资金 270 元/户; (2) 区、镇各承担 50%; (3) 不包括农村生活垃圾集中收集处理、日常保洁、环卫设施及村宅河道养护资金; (4) 区政府落实专项资金; (5) 新增管护资金由所在地镇政府和村集体承担	考核合格后下拨	对长效管理资金实行单独核算,及时公开财务收支情况

续表

区县	奖补方法	资金渠道	补贴标准	资金拨付	资金监管
闵行	以奖代补	镇(或村)落实	(1) 每年落实村庄改造长效管理的资金不得少于 500 元/户; (2) 区财政每年安排 500 元/户预算资金,用于以奖代补	区财政资金每年分三次拨付(年初 30%,年中 30%,年底 40%)	对长效管理资金实行单独核算,及时公开财务收支情况
青浦	以奖代补	村	(1) 经过村级组织综合配套改革,区、镇两级公共财政已通过实施转移支付为村级正常必要的运转经费进行保障; (2) 对于因增加管护内容、提高管理要求而增加的长效管理资金,以及村级经济确有困难的,由镇、街道酌情补贴; (3) 奖补专项资金当年如有结余,可结转下年使用	依据年度考核结果统一发放	建立台账记录,其支出纳入村务公开事项接受村民监督
金山	以奖代补	区、镇、村	(1) 长效管理资金补贴标准为每年 500 元/户; (2) 由区财政、镇财政及村委会按照 2∶2∶1 承担	区财政资金每年分三次拨付(年初 40%,年中 30%,年底 30%)	实行单独核算,定期公示收支账目,主动接受社会和村民的监督

5. 村庄改造项目的实施情况查询

2011 年开始,村庄改造项目建设和资金使用情况录入上海市涉农补贴资金监管平台,在各改造村的"农民一点通"信息终端公开公示。公开的内容包括:项目实施的范围,开工竣工的时间,项目实施的单位,项目监理的单位,各级投资情况,项目实施内容,各项实施内容资金使用情况,以及村庄改造各项政策等。村民可以通过点击"农民一点通"查询本村村庄改造项目实施情况。

2.3　上海市村庄改造实施内容

项目内容可分为村内基础设施建设、村庄环境综合整治、公共设施配套和其他等四个大类,共十三个中类,三十九个小类。村庄改造以完善村内基础设施、整治环境卫生设施、健全公共服务设施等村级公益事业为主要实施内容,重点开展村内道路硬化、危桥整修、河道疏浚、供水管网改造、生活污水处理、环卫设施布设、农宅墙体整修、宅前屋后环境整治、违章建筑拆除、村庄绿化、路灯安装、公共服务场所场地建设等工作。改造的项目根据各村不同的情况,确定改造的重点,事先充分征询农民意见,在整治的过程中鼓励农民自愿和自主投工投劳,形成农民家园农民建的氛围,见表 2-6。

表 2-6   村庄改造实施内容

大类	中类	小类	备注
村内基础设施建设	村内道路整修	道路硬化	全面硬化村内主路、支路、宅间小路
		路面平整	—
		道路拓宽	—
	村内桥梁整修	新建桥梁	—
		局部加固	修缮、改造村内危桥
		整体拆建	
	供水管网改造	铺设供水管线	包括对老化的供水管网实施改造
	生活污水处理	组团式生化处理	根据农村实际情况，因地制宜处理生活污水
		纳入市政污水管网	
		修缮农户三格化粪池就地处理	
村庄环境综合整治	宅前屋后环境整治	农宅改厕	配合污水纳管工程粪便排入化粪池，通过新设管道进行污水的集中收集处理
		清除露天粪坑	
		拆除违章建筑、废旧房屋、整修副舍	整理集体破旧空心房、农民闲置宅基地和村内其他空地，清除乱搭乱堆杂物及垃圾，整治规范副业棚舍
		房前屋后清理、整治	—
		规范家庭养殖	—
		整治公共场地环境	—
	水系环境整治	河道疏浚清淤	疏浚、整理村沟宅河、池塘
		岸坡整修	
		建设亲水平台等水系景观	—
		岸坡绿化	—
		亲水平台	—
		水生植物	—
		河道围栏	—
		水边步道	—
		水桥	—
	村庄绿化	道路绿化	适当建设村中心绿化、空闲地组团式绿化、河道绿化，开展农民庭院绿化
		河道绿化	
		组团绿化	
		庭院绿化	
		其他	
	农宅墙体整修	粉刷农宅墙体、门窗等	整修、白化农宅外立面，保护农村特色建筑符号

续表

大类	中类	小类	备注
村庄公共服务设施建设	环卫设施建设	公共厕所	—
		垃圾箱房	村内垃圾实现集中收集处理
		垃圾桶、垃圾箱	
	路灯安装	太阳能路灯	村内主要路段安装照明设施
		普通路灯	
	公共服务、活动场地	修建公共活动场所、停车场等	—
	户外服务、活动场地	健身场所（健身器材、廊架、亭子、宣传栏等）等	—
其他	燃气安装	铺设燃气管线	
合计 4 大类	13 中类	39 小类	—

第 3 章　上海市郊区村庄改造的实施评估

3.1　上海市农村村庄改造的主要效果

3.1.1　总体效果

村庄改造以为农民办实事、办好事为宗旨,以带动新农村建设为目标,走出了一条符合农村实际、服务郊区农民的道路。

1. 选点聚焦农村重点地区

村庄改造在选点上,注重聚焦三类地区。

(1)聚焦经济薄弱地区

郊区的广大农村地区是农民居住的主要区域。这些地区二、三产业发展较弱,村集体可支配收入普遍较低,村内基础设施差,人居环境不尽如人意。不少村内道路未得到硬化,"晴天一身灰,雨天一身泥",一些桥梁年久失修,影响村民出行安全,村沟宅河淤塞严重,生活污水直排河道,生态环境恶化,部分农宅老旧破损,宅前屋后乱堆乱放,脏乱差现象较为突出。农民要求改善生产、生活条件的愿望十分迫切。村庄改造以这些经济薄弱的农业农村地区为重点,着力为当地农民解决生活环境问题。近几年来,改造村落全部位于基本农田保护区、水源保护区、生态林地区等郊区经济较为薄弱的区域,极大地改善了这些地区的基础设施和生态环境。

(2)聚焦产业、自然、人文特色地区

村庄是农村人口集中居住的社区,也是地域文化的载体,依托具体的自然环境和一定的经济条件。建设新农村,必须依据原有的人文、自然特色,使村与村之间各具不同的风貌。为了在村庄改造中形成一批特色鲜明、多姿多彩的村落,列入村庄改造的村有的位于基本农田保护区,具有鲜明的现代农业产业特色;有的位于水源保护区,具有独特的自然景观特色;有的拥有历史古迹、民俗风情,具有丰富的人文风貌特色。在改造中需充分考虑改造村落自身的特点,以及所处区域的产业和文化特色,因地制宜、秉承传统、突出个性。因此,在村庄改造中涌现出了一批风貌各异、各具特色的水乡生态村、森林生态村、田园生活体验村、创意工艺村、农家旅游村,以及稻米、腊梅、葡萄、蟠桃、茭白等产业特色村,见图 3-1。

(3)聚焦重点地区

一是聚焦现代农业发展区。改造村落聚焦奉贤庄行、松江浦南、金山廊下、崇明长江农场四大现代农业发展区,以改善农村环境,服务现代农业发展。2007—2009年,奉贤庄行现代农业园区共计完成 7 个村、1356 户农户的改造工作;松江浦南"三农"工作综合试点区共计完成 14 个村、5245 户农户的改造工作;金山廊下现代农业

图 3-1　金山区漕泾镇水库村

园区共计完成 9 个村、1164 户农户的改造工作;崇明长江农场周边地区共计完成 4 个村、1833 户农户的改造工作。市级财政投入奖补资金 1.12 亿元。二是聚焦太湖流域水环境综合整治区域。2008 年,青浦朱家角、练塘、金泽三镇列入太湖流域水环境综合治理区域。三年共计完成 15 个村、4876 户农户的改造工作。三是聚焦世博会相关重点区域。为了服务好世博会,村庄改造在选点上尽可能与世博会相关的重点区域结合起来,农家乐的接待点、高速公路的出口处、黄浦江苏州河沿岸、沪宁沪杭铁路沿线等区域都优先作为村庄改造的区域范围。通过改造,展示上海郊区良好的环境面貌和秀美的乡村景观,见图 3-2。

图 3-2　浦东新区川沙新镇七灶村

2. 项目围绕农民群众实际问题

以提升农村基础设施水平,改善农村生态环境,配套完善村公益性基础设施为重点。一是通过硬化道路、改造危桥、因地制宜处理生活污水、疏浚村内河道、开展供水管网改造、布设农村环卫设施、安装村内照明装置等工作,对农村基础设施进行完善和提升,改善农民生活条件。二是通过整修农宅墙体、整治宅前屋后环境、拆除违章建筑、集中处理生活垃圾,开展庭院经济、林果、苗木等多种形式的村庄绿化,改善农村生态环境,营造清洁文明、自然生态的居住氛围。三是通过保护农村特色建筑、提升农居建筑风格,弘扬特色民俗文化、培育浓郁乡土气息,适当建设村内公共服务设施,对农村田园文化进行保护和挖掘,生动展现农村特色风貌。四是通过制订和完善村规民约,建立卫生保洁、绿化养护制度,开展各类文明评选活动和精神文明宣传教育活动,弘扬文明村风,加强民主管理。

以综合分析村实际情况,解决当地农民最大需求为原则。由于各改造村落原有自然、区位条件、基础设施、经济状况各不相同,要整治的项目、采取的方式也有所差异。因此,各改造村落客观分析村庄现实状况,综合考虑村庄未来发展需求,实事求是,量力而行,将解决农民群众最关心、最直接、最现实的问题放在首要位置。各改造地区坚持从实际出发,因地制宜地开展工作,取得了一定的成效。比如,闵行区马桥镇各村外来人口多、管理难,在村庄改造中加大拆除违章建筑和环境整治力度,完成了从"蓬头垢面"到"美丽整洁"的蜕变,还村民整洁优美、宁静舒适的环境;青浦金泽、练塘、朱家角三镇作为重要的水源保护地区,重点做好水文章,生活污水全部得到集中处理,保护了太湖流域水环境;松江区浦南地区,以基础设施提升为主要内容,使改造地区发生了深刻的变化;奉贤区则总结出一套"少搞景观树,多种瓜、果、蔬"的村庄绿化经验,在减少成本的同时,体现农村乡土韵味。部分村庄的改造整治结果见图3-3。

(a) 浦东新区合庆镇勤昌村　　　　　(b) 闵行华漕镇红卫村村民活动场

图 3-3　上海市部分村庄的改造整治示范

3. 坚持实行"一事一议"

国务院开展的村级公益事业建设"一事一议"财政奖补试点工作,是一个以推进新农村建设为目标,以政府奖补资金为引导,以充分发挥基层民主作用为动力,逐步建立筹补结合、多方投入的村级公益事业建设的新机制,是一项深化农村综合改革的重大制度创新。上海的村庄改造在坚持实行国务院"一事一议"财政奖补政策的基础上,根据上海农村实际和统筹城乡发展总体目标,着力做好两方面工作。

(1)通过"一事一议"政策,推进城乡统筹力量的有效整合

体现在公共财政专项支持上。市区两级财政以每户2万元为标准,对村庄改造

实施专项奖补。其中,市级财政根据区县不同财力,实行差额补贴。村庄改造一事一议财政奖补工作已经成为上海提高公共财政对农村基础设施和人居环境建设投入深度和广度的一个有力抓手。

体现在相关新农村建设项目的共同扶持上。农村基础设施和生态环境的全面提高是一项系统工程,需要各方面的参与和支持。为了使有限的奖补资金发挥更大的改造效应,村庄改造积极与万河整治行动计划、村沟宅河整治工作、农村生活污水处理试点工作、农村公路、危桥改造工作、"整洁村"建设工作相结合,放大了资金效益,提高了改造水平。

体现在社会力量的积极参与上。村庄改造得到了社会各界的热情支持。一些规划单位免费为改造村落提供规划设计,一些企事业单位为村庄改造捐助资金。比如,松江区新浜镇私营企业捐助资金 200 万元,建造了 6 座钢筋水泥桥;奉贤区四团镇夏家村宋氏三兄弟,先后出资 340 多万元,资助家乡建设新农村;绿地集团先后带动奉贤潘垫村、青浦岑卜村、崇明育德村等地发展农家乐旅游,为农民增收做出积极贡献。

(2)通过"一事一议"政策,唤起农民的主人翁意识

开展村庄改造"一事一议"财政奖补,不仅是鼓励农民直接投工投劳,更重要的是通过充分维护农民的知情权、受益权、决策权、监督权,激发农民建设家园的意识,逐渐把新农村建设化为改造环境、改善生活、改变命运的自觉行为。村庄改造通过"一事一议"提高农民的参与度,主要表现在三个方面:

一是决策尊重农民意愿。开展改造的村落全部召开"一事一议"村民会议或者村民代表会议,将村庄改造的实施项目、投资概算、财政奖补资金数额、村民筹资筹劳额度等情况告知村民,并经过三分之二以上村民或农户代表讨论通过后,才能实施村庄改造。

二是项目听取农民意见。耐心征询农民意见,广泛采纳农民建议,虚心接受农民监督是村庄改造实施过程中的一项重要内容。比如,宝山区罗店镇提供多种外墙涂料方案,让农民自己选择;金山区在整修村内道路时,听取农民意见,选择农民满意的路面材料;嘉定区外冈镇工程完工后,须经农民签字认可,工程队方可撤场;浦东新区在施工过程中,将工程内容、项目负责人资料全部张榜公示,随时接受农民监督;松江区石湖荡镇新源村组建由老党员、老干部组成的质量、进度督查队伍,对项目施工质量实施有效监督。

三是鼓励农民参与。改造后的农村,环境面貌焕然一新,激发了农民参与改造。建设家园、保护家园的热情,营造了建设新农村、创建新生活、争做新农民的良好氛围。在树干部、党员的宣传发动下,广大农民积极开展宅前屋后环境的整治。在拆除违章建筑、美化绿化家园、参与长效管理、自觉维护村容村貌等方面做了大量工作。奉贤青村镇元通村干部带头、群众参与,共同清理卫生死角,种树植草美化家园。崇明竖新镇仙桥村,全村农民自筹资金 2 万元购买砖屑改造路基,同时组织农民义务护绿、明沟保洁 8 300 工时。

3.1.2 分类评析

1. 改造量分析

（1）改造村庄数量分析

从整体来看，全市改造村庄的推进数量基本呈逐年上升的态势。2007 年是上海市村庄改造试点工作的启动年，当年共选定 27 个自然村落作为首批村庄改造试点。自 2008 年开始，村庄改造工作全面推进，从图 3-4 可以看到，改造村庄的数量逐年增加，完成了每年推进 100 个左右村庄的任务。

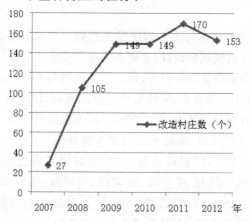

图 3-4　2007—2012 年上海市改造村庄数量分析

（2）村庄改造农户数量分析

在改造村庄数量逐年增加的同时，上海全市面上改造的受益农户数也呈逐年增长态势。至 2012 年，村庄改造涉及的农户数已达到 6.7 万户，是 2007 年试点工作开展时的近 10 倍，见图 3-5。

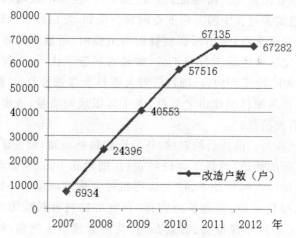

图 3-5　2007—2012 年全市的改造户数分析

（3）区县层面

经过近五年的改造,村庄改造数量在区县层面的分布以浦东新区和奉贤区较为突出。其中,浦东新区的历年改造村庄数量为 255 个,远远超出其他区县。其次为奉贤区,历年改造村庄数量为 102 个。此外,金山区、宝山区、闵行区、嘉定区、青浦区、崇明县和松江区的历年改造村庄数量差距不大,见图 3-6。

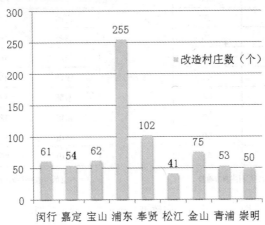

图 3-6　2007—2012 年累计改造村庄数量在全市的分布情况

而在改造受益户数上,以浦东新区遥遥领先,达到了 15 万,远超其他区县,占改造总户数的比例为 57%。其他区县的改造户数有一定的差距,基本在 1 万～2 万户之间浮动,见图 3-7。

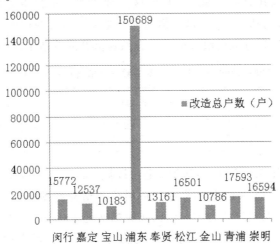

图 3-7　2007—2012 年改造村庄户数在全市的分布情况

将历年的改造村庄数量与改造户数分别按区县分布数量进行排列,可以发现除浦东新区改造村庄数量与改造户数在区县层面拔得头筹外,其他区县这两者之间的关系并非一一对应的。这一情况说明,村庄改造在具体工作中的覆盖面是多个指标的综合,单一的改造村庄数量或改造户数的多寡都不能体现实际改造工作的覆盖范围,见图3-8。

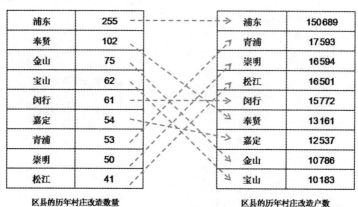

区县的历年村庄改造数量　　　　　　区县的历年村庄改造户数

图 3-8　改造村庄数量与改造户数的关系图示

2. 改造面分析

(1) 集中改造程度

通过改造户数与改造村庄总户数的关系分析,能够说明以行政村为单位的村庄集中改造程度。以 2008 年和 2009 年为例,计算各区县改造农户总数占行政村总户数的比例,发现区县之间该比值有不同程度的差距。比如 2008 年崇明县的比值达到79%(尽管改造户数在总量上偏小),松江区达到 61%;而 2009 年青浦区达到 69%,浦东新区的比值更达到 100%。这一情况主要是由于本市的村庄改造虽然以行政村为单位,而实际操作是选取行政村的部分自然村落开展改造工作的,见表 3-1。

表 3-1　　　　　　2008—2009 年各区县改造户数与改造村总户数的比例

年份 \ 区县	闵行	嘉定	宝山	浦东	奉贤	松江	金山	青浦	崇明	平均值
2008	27%	31%	17%	38%	18%	61%	14%	47%	79%	37%
2009	57%	24%	51%	100%	14%	36%	11%	69%	35%	44%

另外,结合其他相关资料的研究,比如按照《浦东新区村庄改造五年(2010—2014 年)行动方案》,至 2014 年浦东新区的村庄改造数量预计达到 20 万,2007 年—2012 年的累计完成改造户数为 15 万,已完成拟推进量的 75%,并且尚待改造的村庄主要位于原南汇地区。嘉定区的《农村村庄改造"十二五"推进计划表》中拟定嘉定区至 2015 年改造农户数总量约为 2.4 万,2007—2012 年的累计完成改造户数为 1.3万,已完成拟推进量的 54%。这些区县的情况说明,截止 2012 年,目前以浦东新区等为代表的村庄改造更加注重改造区域与受益农户的协调性,即在以行政村为单位

的村庄改造过程中,区县政府正努力提高同一行政村内的受益农户数量。

　　上述改造户数与改造村庄总户数的讨论,涉及在以行政村为单位的村庄改造过程中,在同一行政村内是采取"面式推进"(行政村全覆盖)还是采取"点式推进"(选取部分自然村落)。表 3-2 借鉴"Pros & Cons"利弊分析,对两种方式进行了探讨。

表 3-2　　　　　　　　村庄改造推进方式的"Pros & Cons"利弊分析

改造推进方式	Pros(有利)	Cons(弊端)
面式推进	(1) 同一行政村内受益面广 (2) 改造自然村落的统一性	(1) 耗时长,难以满足其他村庄的改造需求 (2) 与改造标准的冲突 (3) 主观性:是否所有的户数都需要改造 (4) 客观性:既有的改造对象标准不具有普适性(强调规划保留村,且村庄改造的集中农户数一般不少于 50 户)
点式推进	(1) 耗时短,效率高 (2) 重点突出,主次分明 (3) 各个击破,成效明显	易造成同一行政村内不同自然村落的差距

　　联系到本市村庄改造开展的最初阶段,由 2007 年试点开始,工作中一直履行向农村重点地区倾斜的政策,农村重点地区包括纯农业、经济发展薄弱和产业特色地区等。同时,项目申报中严格控制村庄改造的选点,要求"必须是本市城乡规划体系中确定的中心村或规划保留的农村居住点,且农民居住相对集中,一般不少于 50 户"。因此,"点式推进"比较符合初始工作推进的实际情况,在近几年村庄改造工作中,取得了较大的成效。鉴于上述"Pros & Cons"利弊分析,尽管"面式推进"和"点式推进"各具利弊,但由于村庄工作量大面宽、区域之间发展差异较大,以及当前工作推进的实际条件,建议在今后工作中,仍旧采取"点式推进"方式,待条件成熟时,再通过"面式推进",实现面上的全覆盖。

　　(2) 外来人口影响

　　以 2008 年数据为例,发现各区县涉及村庄改造户数中有一定数量的外来人口(图 3-9)。其中,占比较高的区县为本市近郊,主要包括浦东新区、宝山区和闵行区。此外,嘉定区、松江区、青浦区和奉贤区的改造户数中也拥有一定数量的外来户。这一数据分析非常有意义,可为各区县村庄改造的政策制定提供参考。比如近郊区的浦东新区、闵行区和宝山区,需要在村庄改造推进中考虑外来人口因素,即外来人口对相关基础设施使用负荷的影响,以及与本地居民居住模式的融入等。

　　3. 改造资金分析

　　(1) 总体情况

　　通过对历年全市村庄改造工作的资金投入分析,得到图 3-10。2007—2010 年,全市村庄改造工作的资金投入总量逐年扩大,从 2007 年试点工作开展投入的 2.7 亿元,提高到 2010 年的 22 亿元,达到历年工作的一个高峰;自 2010 年以后,至 2012 年的三年间,资金总量略有下降,全市村庄改造的资金投入有小幅波动,见表 3-3。

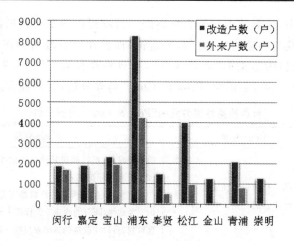

图 3-9　各区县村庄改造的外来户数情况（以 2008 年为例）

注：根据现有资料的掌握情况，仅 2008 年统计了各区县村庄改造的外来户数

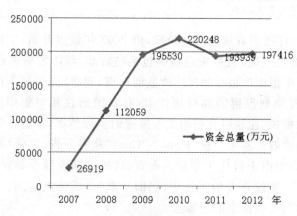

图 3-10　2007—2012 年全市村庄改造工作的资金投入情况

表 3-3　　　　　　　　　2007—2012 年各级资金的投入情况　　　　　　　　单位：万元

年份	市级资金	区级资金	乡镇资金	村资金	社会资金	农户出资	合计
2007	7 067	12 651	7 201①				26 919
2008	23 639	55 575	21 923	4 732	432	297	106 598
2009	23 563	132 725	35 961	2 294	303	684	195 530
2010	18 290	160 689	38 847	2 039	183	185	220 248
2011	22 905	171 034②					193 939
2012	24 000	140 925	31 771	719③			197 416

注：①《上海市 2007 年自然村落综合整治试点工作材料汇编》注为乡镇和村集体经济组织出资，未分类；

　　② 为除市级资金以外投入的资金总量；

　　③ 2012 年采用已批复的计划数，浦东新区、奉贤、金山和青浦未有村级层面的配套资金统计数据。

（2）分项情况

将历年的市级、区级和乡镇资金的投入进一步细化分析后，可发现如下 情况：

在市级资金投入方面，2007 年是试点工作年，之后市级资金的投入总量在 2008—2012 年之间有一定波动，除 2010 年市级资金的投入量少于 2.0 亿元，其他年份的资金总量基本在 2.5 亿元上下浮动。此外，按区县进行分析，市级历年改造资金累计投入最高的为松江区，最低的为嘉定区。

在区级资金投入方面，村庄改造工作开展的最初两年，区级资金有一定的增幅，而在 2009 年以后，资金的投入量大幅度提升，总量达到 2007 年试点工作区级资金投入量的 10 倍左右。从 2009 年以后的数据中可以看出，区级资金投入总量基本在 15 亿元上下波动，占据村庄改造资金投入量的较大份额。其中，区级资金包括村庄改造的专项奖补资金，以及整合到项目中的区级财政支农资金。按区县进行分析，区级历年改造资金累计投入最高的为浦东新区，最低的为崇明县。

在镇级资金投入方面，2008—2010 年间镇级资金的投入量稳步上升，2010 年的镇级资金投入量几乎在 2008 年的基础上翻了一番。镇级改造资金基本在 3.0 亿～4.0 亿元的区间范围内波动。按区县进行分析，镇级历年改造资金累计投入最高的为浦东新区，最低的为崇明县。

通过对 2007—2012 年间村庄改造各级资金占比情况的分析，有如下发现。首先，在村庄改造由试点逐渐推广到面上的过程中，市级资金的占比呈现逐渐下降的趋势，所占比例的最低值为 2010 年的 8.3％。其次，区级资金占比稳步提升，由 2007 年占总量的 47％升至 2012 年占 71.4％。第三，镇级资金的占比逐年下降，由 2007 年占总量的 26.8％降至 2012 年占 16.1％。通过图 3-11，可以观察到村庄改造主要层面的资金比例变化情况。

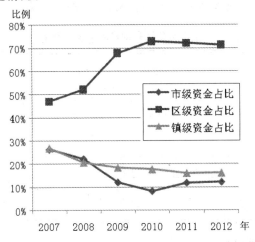

图 3-11　2007—2012 年间各级资金所占比例的变化情况

（3）户均成本

通过对 2007—2012 年上海全市村庄改造工作开展的户均成本情况的计算，得到图 3-12，可以看出，2007—2009 年全市面上的户均成本呈上升趋势。2007 年的户均成本为 3.9 万元，在 2009 年达到历年户均成本的最高值 4.9 万元。此后，户均成本有了一定程度的下降，至 2011 年，户均成本为 2.9 万/元，2012 年与 2011 年的均值基本持平。

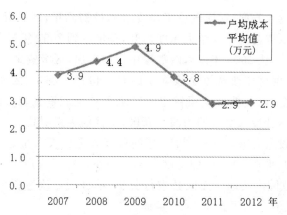

图 3-12 2007—2012 年上海市村庄改造的户均成本均值

将各个区县历年的户均成本进行汇总，整体来看，浦东新区的户均成本较高，其他区县如闵行和嘉定，个别年份的户均成本也较高。具体趋势是自 2010 年以后，区县户均成本普遍有所下降。比如浦东新区，2008 年、2009 年户均改造成本都在 6.5 万元以上，而 2010 年以后降至 4.4 万元，而 2011 年和 2012 年基本上控制在 4 万元以下。其他区县的户均改造成本也有不同程度的波动，见表 3-4。

表 3-4　　　　　　　历年上海各区县的户均成本汇总表　　　　　　　单位：万元

户均成本 年份	闵行	嘉定	宝山	浦东	奉贤	松江	金山	青浦	崇明	平均值
2007	—	—	2.3	—	2.0	2.7	2.4	2.0	1.7	3.9
2008	2.9	6.4	3.2	6.6	2.7	2.7	3.3	2.5	2.4	4.4
2009	4.3	3.2	3.0	6.7	2.6	2.3	3.9	2.8	2.1	4.9
2010	2.1	3.4	1.9	4.4	2.3	2.7	1.5	1.6	1.7	3.8
2011	2.2	2.4	2.6	3.5	1.9	1.8	2.2	1.6	0.9	2.9
2012	2.0	2.6	1.9	3.7	1.8	1.8	2.9	1.7	0.9	2.9

4. 改造项目类型分析

上海市村庄改造主要分为四大类：村内基础设施建设、村庄环境综合整治、村庄公共服务设施建设和其他。通过改造项目累计资金的计算，可以发现，村内基础设施建设项目占据村庄改造资金量的主要份额,占比达到53.15%,其次是村内环境整治,占比为37.06%。村内公共服务设施类建设和其他类项目占资金总量的比重均不大,见图3-13。

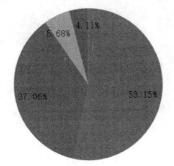

图 3-13 分类项目累计资金的占比情况

此外,对2007—2011年区县实施改造项目的情况进行统计(见附件一),能够了解各区县已实施改造项目的大致情况。然而,未实施项目不能作为区县开展村庄改造工作的评价因素,比如部分区县的一些项目在村改之前已实施,或者没有实施该类项目的需要。

3.2 效益分析

3.2.1 社会效益

通过村庄改造的实施,改造地区农村路、桥、水等基础设施,农村脏乱差面貌得以扭转,重现江南水乡生态风貌。同时,村庄改造为发展农村经济、推进新农村建设提供了契机。

1. 提升农村基础设施条件

通过村庄改造的有效实施,农村基础设施水平得到全方位提高。2007—2012年间,村庄改造通过新改建道路,村主路、村支路、入户路全部实现硬化,加上改造危桥等,彻底改变了农民的出行条件;同时,对农村生活污水开展了因地制宜的处理,使得农户的生活污水通过纳入城镇污水管网或通过组团式生化污水处理设施处理后排放。此外,通过河道改造,实施了供水管网改造,有效改善了农村的水环境,见图3-14。

2. 推动农村长效管理机制

为了保持村庄改造成果,改造村纷纷探索建立农民自主参与的长效管理机制。通过制订和完善村规民约,建立卫生保洁、绿化等养护制度,签订门前文明协议,引导村民参与长效管理,共同维护清洁环境。通过张贴宣传画、树立文明宣传牌,开展文明评选活动和各类教育、宣传、娱乐活动,提高农民素质,弘扬文明村风,唤起广大村民爱护家园、保护家园的意识,引导农民将管理家园和维护村容村貌化作自觉行动。

(a) 金山区吕港镇和平村新建桥梁　　　　　(b) 崇明县堡镇人民村改造道路

图 3-14　部分村的村庄改造效果示意

3. 形成村庄改造成片成区

经过近几年以点带面的推进,郊区基本农田保护区域内已经逐步形成了一定规模的改造片区,如闵行区内基本农田保护区已基本完成改造,浦东新区川沙、合庆、曹路、高桥四镇的基本农田保护区基本完成改造。松江浦南地区、青浦青西地区的村庄改造已经实现由点成面,农村基础设施水平和农村生态环境得到了系统改善,见图 3-15。

(a) 金山区朱泾镇大茫村　　　　　　　　(b) 浦东新区周浦镇旗杆村

图 3-15　部分村的村庄改造效果示意

3.2.2　经济效益

1. 整合新农村建设投入资金

农村基础设施和生态环境的全面提高是一项系统工程,需要各方的参与和支持。为了使有限的奖补资金发挥更大的改造效应,村庄改造在开展的过程中积极与万河整治行动计划、村沟宅河整治工作、农村生活污水处理试点工作、农村公路、危桥改造工作、"整洁村"建设工作相结合,使全市新农村建设力量聚焦改造区域,放大了资金效应,提高了改造水平,形成了强大合力。

经过近几年的实践,村庄改造深受农民群众的欢迎,基层要求继续加大推进力度的呼声很高。浦东新区已经制定了基本农田保护区域230个村、20万农户、总投资约76亿元的村庄改造五年行动计划。市、区县各有关部门对于村庄改造工作的思想认识一致,部门之间形成了推进合力。"十二五"期间,村庄改造作为上海新农村建设的一项重要内容,将继续列入上海市环保三年行动计划,在下一个五年继续为郊区基础设施和综合环境的改善作出积极贡献。

2. 促进农村的产业结构升级

上海郊区改造村庄大部分位于纯农业地区、基本农田保护区和水源保护区,具有浓郁的乡土气息和鲜明的农业特色。村庄改造与现代农业发展、"农家乐"旅游项目有机结合起来,不少试点村已成为上海乡村旅游的热点,像嘉定的毛桥村、浦东的书院人家、金山的中华村、奉贤的潘垫村等,为广大市民了解农耕文化、体验乡村风情、观赏田园风光提供了一片"世外桃源",也为第一产业向第三产业的逐步升级创造了条件。

在2007年的试点中,嘉定区毛桥村、金山区中华村、原南汇区洋溢村、奉贤区潘垫村等改造点,抓住村庄改造契机,挖掘当地产业、自然和人文特色,开发"农家乐"旅游项目取得成功。村庄改造在面上推开后,各改造点发展农业旅游的劲头更足,比如奉贤区潘垫村在一期改造的基础上,开展二期、三期改造,打造成了上海农业旅游的精品。青浦区岑卜村通过提升基础设施,建设成了独具特色的生态村庄。金山区和平村紧靠蟠桃园,松江区的汤村、周家浜村紧靠西部渔村垂钓中心,为逐步发展农家乐打下了基础。嘉定区大裕村、浦东新区吴店村、金山区中洪村、崇明县育德村等都是在新一轮改造中脱颖而出的农家乐旅游点,使村庄改造与农业旅游得以有机结合。

3.2.3　环境效益

近年来,村庄改造在市相关部门有力指导、区县积极推进、乡镇加快实施和广大农民的热情参与下,取得了丰硕的成果。改造地区的农村,路、桥、水等基础设施得到整体提高,脏乱差面貌得以迅速扭转,为发展农村经济、推进新农村建设提供了契机。同时,通过村庄改造,也涌现出了一批示范型村庄。

1. 郊区农村"旧貌换新颜"

(1) 改变了农村脏乱差面貌

改造后的村落营造出清洁文明、自然生态的居住氛围。村庄改造通过农宅墙体整修、清除露天粪坑、拆除违章建筑、废旧房屋、新建公共厕所、新建垃圾箱房、安装路灯、整修公共活动场所、新增绿化等,方便了农民生活。改造后的村落,白墙黛瓦和红花绿草相映成趣,老树青藤和小桥流水交相辉映,见图3-16。

(2) 树立了文明风尚

改造村将硬件建设与软环境建设并举,在原来废弃的空地上安装了健身器材、搭起百姓戏台,部分村民活动室里电视机、图书、健身器材、棋牌、电脑一应俱全。村民们娱乐有了去处、活动有了场所、交流有了平台。随着村里环境的改变,农民的思想也在转变,改造村逐步建立起农民自主参与的长效管理机制,通过完善村规民约、建立保洁养护队伍、开

(a) 崇明县堡镇人民村河道整治　　　　　(b) 金山区朱泾镇大茫村农宅墙体整修

图 3-16　部分村庄的改造整治效果

图 3-17　嘉定区南翔镇曙光村村民组活动室和公共健身活动场

展文明评选活动,改变村民原有的生活习惯,弘扬健康、文明的生活方式,见图 3-17。

2. 形成多姿多形村落形态

(1) 发展现代农业型

以浦东航头镇牌楼村、崇明陈家镇鸿田村、松江泖港镇黄桥村为主要代表。通过村庄改造,提升村内的基础设施和人居环境,为现代农业发展创造条件,带动产业发展,呈现出农村优美生活环境与现代农业生产融合的景象,见图 3-18。

(2) 发展乡村旅游型

以浦东书院镇洋溢村、奉贤庄行镇潘垫村、金山廊下镇中华村、崇明三星镇育德村为主要代表。通过村庄改造,积极拓展农村发展思路,开发"农家乐"旅游,为广大市民提供体验乡村风情、观赏田园风光的场所,促进农民增收,见图 3-19。

(3) 弘扬农村文化型

以金山枫泾镇中洪村、闵行马桥镇彭渡村、嘉定马陆镇大裕村为主要代表。在村庄改造中,通过保护和挖掘村落原有自然、人文、乡土特点,对郊区农村传统文化进行弘扬和发展,打造水乡独特风情,见图 3-20。

(a) 浦东航头镇牌楼村

(b) 崇明陈家镇鸿田村

图 3-18　部分村庄的改造整治效果

(a) 浦东书院镇洋溢村

(b) 奉贤庄行镇潘垫村

图 3-19　部分村庄的改造整治效果

(a) 金山枫泾镇中洪村

(b) 闵行马桥镇彭渡村

图 3-20　部分村庄的改造整治效果

（4）营造乡土风貌型

以松江车墩镇长溇村、青浦金泽镇岑卜村、闵行浦江镇汇中村为主要代表。在村庄改造中，重视村庄绿化、村庄入口形象处理以及建构筑物选材等方面营造浓郁的乡土风情；重视保护村庄自然肌理，使村落的形态要素之间和谐共生，展现出自然、生态、恬静的乡村风貌，见图3-21。

（a）松江车墩镇长溇村　　　　　　　　（b）青浦金泽镇岑卜村

图 3-21　部分村庄的改造整治效果

3. 展现田园水乡风貌

一些改造村抓住村庄改造提升农村基础设施和生活环境的契机，挖掘当地产业、自然和人文特色，开发农业旅游项目，为广大市民了解农耕文化、体验乡村风情、观赏田园风光提供了一片世外桃源，更充分展现出上海郊区柔美的水乡特色，秀丽的自然景观和深厚的人文内涵。嘉定毛桥村、大裕村，浦东书院人家，金山中华村、中洪村，奉贤潘垫村、青浦岑卜村、崇明育德村等改造点已经成为上海农业乡村旅游的亮点和热点，见图3-22。

（a）嘉定华亭镇毛桥村　　　　　　　　（b）浦东曹路镇新星村

图 3-22　部分村庄的改造整治效果

第 4 章　国内外农村村庄改造的经验借鉴

4.1　国外经验借鉴

纵观国外农村的发展历程,主要经历了两个阶段:第一个阶段是城市快速发展时期,这一时期农村自身的吸引力不足,大量的人口和资源向城市集聚;第二个阶段是农村的城镇化阶段,这一时期城市内部人口和资源相对饱和,为优化资源配置,大量先进生产要素开始向农村转移、渗透,刺激农村经济,完善城乡结构。国外农村建设实践和研究主要是在第二个阶段发展起来的。

4.1.1　韩国

为实现城乡社会经济的协调发展,韩国政府自 1970 年开始发起了新村运动,以政府支援、农民自主和项目开发为基本动力和纽带,带动农民自发进行家乡建设活动。村庄建设主要经历了基础建设阶段、扩散阶段、充实和提高阶段、国民自发运动阶段和自我发展阶段,取得了良好的成果。

纵观韩国新村建设的发展历程,具有以下一些特征:

从解决农业和农村社会问题开始,以政府投入为重要保障,以改善农民生活环境为工作重点,以培育勤勉、自助、协同的基本精神为新村建设模式的切入点。韩国政府在新村运动中为全国所有农村免费提供水泥,但限制农户不得自行处理,而必须用于村里的公共事业,如修建桥梁、公共浴池、洗衣场所、河堤、饮水设施、房屋、村庄公路等。1971 年全国约有 200 万农户住在茅草屋。到 1977 年,所有农民都住进了换成瓦片或铁片房顶的房屋,农村面貌焕然一新。随后,改善屋顶工程逐渐转变成以建新房为主的建设新农村事业,政府也积极给予贷款以支援农民改善居住条件和环境,并发起美化道路两侧环境、净化河流、植树造林和开荒等项目,改变了农村落后的生产生活面貌,崭新的新农村形象出现在人们面前,见图 4-1。

新村运动之后,韩国学者总结了新村运动中的失误和教训:①新村运动集中实施了"可视性高"的项目——形象工程,削弱了农民参与建设的自发性;②过于注重对物质方面的建设,忽略环境和文化因素;③农业发展不注重环保,农药和化肥的使用造成一定程度的农业污染;④村庄建设中过于注重农民住宅的建设和改善,忽略了农民可承受能力,造成农民的负担;⑤小农经济结构没有根本改变,农业生产力没有显著提高;⑥理论研究滞后于新村运动。在建设初期,由于政府的过度领导造成农民一定的依赖性,在一定程度上阻碍了建设的后续发展,见表 4-1。

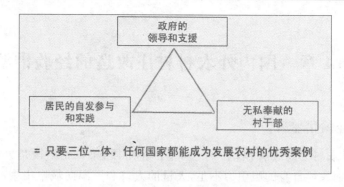

图 4-1　韩国新村运动的模式

表 4-1　　　　　　　　　　　　　韩国新村运动的总结

新村运动的社会经济背景	发展条件	(1) 把通过工业化积累的资本投入到农村； (2) 通过土地改革，韩国农民都有自己的土地； (3) 接受基础教育，几乎没有文盲； (4) 成年男子大都服过兵役，有团队精神，受过基础职业培训
新村运动的战略	政府角色	(1) 启蒙勤勉、自助、协同精神，激发实践的动力； (2) 提供主动参与机会，让农民参与实践
	实施步骤	(1) 1971 年向全国 33 267 个村每村提供 335 袋(每袋 40kg)水泥； (2) 政府只提供实施大纲，各村自行选择项目； (3) 村民召开全村大会选举新村建设指导员； (4) 项目和实施方案经讨论自行决定； (5) 每年对所有项目进行评估； (6) 1974 年引进等级制，不同等级的村庄开展不同项目，按优秀村庄优先支援的原则，促发居民自助精神和竞争意识； (7) 政府的定制性财政支援，根据实际情况，提供建材设备和长期低息贷款； (8) 建立现场行政服务指导机制
新村运动的实施内容	第一阶段	改善基础生活环境项目：改良厨房、围墙以及下水道，拓宽入村道路；修建公共洗衣厂，改善共同水井，进行新村指导员培训，培养领导能力
	第二阶段	基础设施建设：修建村桥梁，治理河川，铺路，开发农业用水设施等，开展提高生产和创收项目，包括畜牧业、园艺、集体生产、采购项目、塑料大棚、特殊作物等
	第三阶段	开展各种公共事业，筹集集体资金，建设新村金库、联合作业委员会，强化农村公共设施的建设
	第四阶段	从农村到城市，变成全民运动

4.1.2　德国

德国的村庄更新经历了一个长期探索的过程。1936 年颁布实施《帝国土地改革法》，村庄的各项建设均依照此项法律进行；二战之后，1954 年颁布了《土地整理法》，明确指出村庄更新的任务是保证农村地区的农林经济发展，为土地归并整理提供条件,缩小城乡之间的差距;到了 20 世纪 70 年代,随着人们环保意识逐渐增强,村庄更新开始关注生态环境整治,保留村庄原有建筑和风貌,将村庄的发展定位在保持乡村特色和自身特点的方向;进入 20 世纪 90 年代,农村地区的可持续发展成为重点,农村地区的生态价值、文化价值、旅游价值和休闲价值都被提到与经济价值同等重要的高度上,德国村庄发展进入了循序渐进的良性轨道,见图 4-2。

图 4-2　德国村庄更新的效果

巴伐利亚州是德国最大的农业州,也是德国经济最为活跃的地区之一。20 世纪 50 年代,德国开始"巴伐利亚试验",其中心思想是用"等值化"的理念,缩小城乡差距,让农民爱上农村。具体做法是:①进行"土地整理",如将分散的小块土地进行合并、将优等的土地置换用于农业生产等,以提高农业生产的集约化水平、提高土地利用率和生产效率。②农民的田产和房产是农民自己的财富,农民有权变卖,也有权将其作为信贷抵押到银行申请贷款,开辟新的致富途径。③动员大公司到农村开办企业,给离开土地的农民提供新的就业岗位。④鼓励各地区因地制宜、发挥优势,展开多种经营,实行积极的产业引导政策。⑤政府设立专项资金,通过职业培训促进农民就业,并对农民开办中小企业提供帮助。⑥采取"开发"和"保护"结合的方式,实现可持续发展。这些做法收到了良好的效果,使得巴伐利亚州的经济结构发生了深刻的改变,农民的生产生活水平大幅提高,经济增长率持续高于德国的平均水平,失业率也明显低于其他各州,见表 4-2。

表 4-2　　　　　　　　　巴伐利亚州的村庄更新历程

年份	乡村特色功能	村庄更新重点	村庄更新特征	重点功能
1960—1975	以农业为主的村庄	改善农业结构,部分恢复村庄风貌	无村庄更新修复方案	工作、居住
1975—1992	以农业特征为主的村庄	加强农业基础设施建设、保存建筑物的主要结构	形成和维护村庄更新计划	居住、工作、供给

续表

年份	乡村特色功能	村庄更新重点	村庄更新特征	重点功能
1993—2004	村庄为主要居住区	全面发展,公民参与,能力建设	综合村庄更新与区域农村发展	居住、供给、建设、工作、社会生活
2005年至今	村庄职能分化	重点改造村庄的结构和功能,发展"重要村庄"新的社会责任	重点定位综合村庄更新的功能和结构,跨社区、跨学科,面向公民	重视村庄的所有功能

总结德国村庄更新的经验,主要包括以下几个方面:①完善的法律法规是村庄更新有序进行的保障。②合理的规划是村庄更新得以实现的途径。③公众参与使村庄更新。④资金充裕是村庄更新的保障。以上几方面的因素是德国村庄更新发展过程中不可缺少的重要条件。

但是在过程中,德国村庄更新也曾片面追求更新成果,付出了牺牲村庄风貌的代价。在20世纪50年代,由于这个时期的村庄更新任务在于保持农村地区经济稳定发展和缩小城乡差距,把新村建设和村庄基础设施建设作为重点,忽略了对村庄原有自然资源和人文环境的保护,一定程度上破坏了村庄肌理(笔者注:这一情况很大程度出现在民主德国,即东德。其由于政治经济体制的不同,在苏联的占领下走过相对曲折的道路)。然而,随着两德的统一、经济的发展和人们环保意识的增强,德国的村庄更新重新回到了尊重自然、保护风貌的态度上来。

4.1.3 日本

第二次世界大战后,日本的国民经济遭受重创,许多城市被夷为废墟,农村地区也不能幸免。为了促进农村地区的发展,日本先后进行了三次农村建设运动,整个建设历程,可划分为三个阶段。

第一阶段开始于1955年日本农林大臣提出的"新农村建设构想"。在此阶段,日本政府加大了对农村建设的资金扶持力度,在指定区域成立农业振兴协会,负责旧村改造规划的制定与实施。据统计,平均每个旧村进行改造的市町村费用中有40%是来自中央政府补贴。日本政府在1961年制定了《农业基本法》,专列财政预算以保证对农村的投资、贷款和补贴。

第二阶段开始于1967年日本政府提出的"经济社会发展计划"。经过第一阶段的旧村改造,日本农村经济得到了快速发展,但是日本区域间和行业间的差距并没有得到妥善解决,城乡差距不断加大。为此,日本政府在1967年制定了"经济社会发展计划",在该阶段,日本政府制定了推进约80%的市町村农村基础设施和经营现代化建设的目标,每个市町村除了可以获得9000万日元的政府补贴外,还可以从农业金融机构贷款2000万日元。1972年,日本成立了专门从事农村规划、水利建设等工作的专门机构,积极推动农村建设。

第三次改造始于 20 世纪 70 年代末,此次改造最为深入,又被称为"造村运动"。

主要目的是加大对农村基础设施和整个环境的改造,把农村建成不亚于城市的强磁场,提高农村生存环境。在本次改造中,日本推出了具有影响力的"一村一品"运动,是在农村基础设施得以改善的情况下,为农村的发展提供持久的动力。该运动力求使每个村庄充分挖掘自身优势,开发出至少一种具有地方特色的拳头产品,并力图形成农业基地,打入国外市场,促进农村经济发展。此外,在造村运动中,日本形成了由三级农协集成的流通服务网络,覆盖了整个日本农村。这些农协组织利用联合的力量,为农民提供及时、周到、高效的服务,成为农业、农村、农户三类组织三位一体的综合社区组织,向农民提供生产资料购买、信贷和技术经营指导,有效地保护了农民的利益。

日本的"造村运动"通过推进农业产业化经营破解"三农"难题,最大限度地促进了农民增收和农村经济增长,强化农户的自身发展能力,因而其不仅仅是物质性的"造物"运动,更重要的是精神性的"塑人"运动,在这一理念的指引下,旨在以培养农村人才为动力,推动日本的造村建设。

4.1.4　美国

美国现代化的过程,也就是美国农村建设的过程。美国城市化经历了初始、加速、郊区化雏形和城乡一体化四个阶段。在郊区化雏形阶段,中心城市人口开始出现向郊区扩散的现象,郊区住宅不断出现;到 20 世纪 50 年代以后开始进入城乡一体化阶段,第三产业的崛起、制造工业的衰落、产业活动及就业活动的郊区化,导致经济活动和人口持续不断地由城市中心向外围和由大城市向中小城市迁移和扩散,乡村和城市的生活方式趋于融合。可以说,美国农村发展模式是现代化过程中以农村基础设施建设为基础的。在这期间,美国政府为了加强农村建设,充分提供制度和机制上的保障。1990 年,在各州建立"州农村发展委员会",每一个州的委员会都有自己的战略规划,制定了提高农村居民生活质量的方法和措施。目前,美国农民的数量非常少,只有大约 200 万,农、林、渔等部门就业人数也只占总就业人口的0.7%,非农制造业和服务业已成为地方经济的支柱产业,乡村和城市的生活方式正在融合,经济上的差别变得越来越少,见图 4-3。

图 4-3　美国佛蒙特州村庄风貌

总之,美国农村发展模式是现代化过程中以农村基础设施建设为基础,以农业科学技术为支撑的新一代农村发展模式。农村基础设施的建设为美国社会的城市化和工业化提供了物质基础,而以生物工程技术为核心的现代农业技术的发展,保证了美国农村社会城市化、农业产业的科技化等进程的顺利进行。

4.2 国内经验借鉴

4.2.1 浙江省

2003年,浙江省适时提出了在全省范围内开展"千村示范、万村整治"工程,即"用五年时间,对全省10 000个左右的行政村进行全面整治,并把其中1 000个左右的行政村建设成全面小康示范村",通过旧村改造工程实现统筹城乡经济社会协调发展,推进农业农村现代化建设,见图4-4。

图4-4 浙江"千村示范、万村整治"后的村庄风貌

具体做法和经验如下:

(1) 加强对工程实施的组织与协调

从实践来看,"千村示范、万村整治"的基础在村,关键在乡(镇)、责任在市县(区)。浙江省委、省政府要求各地建立相应的领导机构,县级成立专门工作班子。省委、省政府成立省"千村示范、万村整治"工作协调小组,负责协调各成员单位的行动,加强督导和检查力度。协调小组还制定了示范村考核验收指标体系、规范了考核验收程序,使新农村建设工作纳入规范化轨道。此外,为了提高政策合力,各项惠农政策都要围绕"千村示范、万村整治"积极开展,以新村建设为龙头,发挥各种惠农政策的互补效应,提高资金的使用效果。

(2) 规划先行、加强指导

浙江省"千村示范、万村整治"工作协调小组办公室制定了"全面小康建设示范村"考核验收标准,从物质文明、精神文明、政治文明、生态文明四大方面细化考核,增加标准的客观性和可操作性,为县、市政府推进村庄整治提供了行为指南。全省77个县(市、区)已全部完成村庄布局规划编制。在村庄整治中,注重保护自然风光、文化古迹和历史传统,注意把村庄整治同发展特色产业结合起来,从而创造了各具特色的村庄整治模式。另外,在村庄整治中通过挖掘乡村文化,保护复建古村落,提升田园风光和风土人情,为发展农家乐、渔家乐奠定了基础。

(3)发挥政府财政的主导作用

为了推动工程的实施,浙江省政府设立了专项资金,对编制示范村规划进行补助,对工程建设管理成效显著的市、县进行奖励,调动了各级地方政府推进工程建设的积极性。

各市、县根据自身实际,也出台了相应的财政支持政策。比如温岭市,将土地出让金净收益用于村庄整治的比例从1%提高到3%,全年专项资金投入规模达到2500多万元。该市以奖代补的具体标准为:通过示范村验收的,每村奖励50万元。通过整治村验收的,按村庄规模每村奖励15万～30万元。温岭村对编制中心村规划的费用补助标准为:市补贴40%,镇(街道)补贴30%,村庄负担30%。在市级补助的基础上,温岭市还明确要求各镇:对达到示范村标准的,每村配套资金不少于20万元;达到整治村标准的,每村配套资金不少于10万元。在增加投入的同时,各级政府对村庄整治中的建设项目采取减免收费的政策,仅此一项,就减轻负担数千万元。

(4)积极吸收社会资金参与村庄整治

大量民间资金参与村庄整治,有效地弥补了政府财力的不足,加快了村庄整治的步伐。比如,桐乡市开展了"百家企业联百村"活动,市工商联组织15位有影响力的企业家向全市企业发出了活动倡议。该市通过增加项目建设的透明度、打消企业对捐款被挪用的担心;对于捐资达到工程所需款项特定比例的,允许工程以企业和个人冠名;为捐资超过一定额度的企业或个人立功德碑等方式,有效调动了民间捐资的积极性。

(5)注重壮大集体经济并发挥村集体的作用

在"千村示范、万村整治"工程实施过程中,浙江的各级政府注重恢复和壮大集体经济。一项重要举措就是:允许村庄土地整理过程中新增加的耕地,按照一定的比例留归村庄开发出租和招商引资,所得收入全部留归村集体,为发展乡村集体经济创造良好机遇。比如温岭市的松门村,通过土地整理新增耕地350多亩,通过置换110亩建设用地指标共收入600万元,在村留地上建厂房出租,又每年收入近50万元。借助这些资金,松建村从一个"房屋天女散花、道路弯弯曲曲、池塘星罗棋布、田块凌乱不堪"的落后村变成了住房别墅化、田地格子化、基础设施配套化的新农村典型。在温岭市,村级集体累计投入村庄整治的资金达到3.5亿元,相当于各级财政扶贫资金投入的2.6倍,村集体已经成为村庄整治建设资金投入的重要渠道。

4.2.2 山东省

山东省把村庄整治作为新农村建设的主要内容和基础性工作之一,为做好该项工作,结合实际,山东省建设厅制订了全省村庄工作实施意见,力图通过村庄整治,营造安全、方便、舒适的村镇人居环境,建设经济繁荣、设施配套、功能齐全、环境优美、生态协调、文明进步的社会主义新农村。具体做法和经验是:

（1）选取试点

山东省村庄自然条件、经济发展、生活习俗等情况千差万别，村庄整治首先是抓好试点，再逐步推开。前一阶段山东省试点工作重点关注3个方面：①筛选整治的重点内容，如村庄内部道路、村庄供水设施、村庄排水设施、村庄垃圾集中堆放点、村内乱搭滥建、人畜混杂居住、村庄废旧坑塘与河渠水道、村容村貌整治、村民活动场所、古村落与古建筑的保护等。②探索制定村庄整治规划的方法与实施路径。③研究村民参与和民主管理的实现途径与制度性保障。

（2）编制规划、制定行动计划

山东省为做好村庄整治工作，主要编制两种规划。一是适应农村人口和村庄数量逐步减少的趋势，编制县域村庄整治布点规划，科学预测和确定需要撤并及保留的村庄，明确将拟保留的村庄作为整治候选对象。二是编制村庄整治规划。

试点村庄的行动计划，主要是合理确定整治项目和规模，提出具体实施方案和要求，明确整治的重点和时序，以及组织领导的方式、费用分担的模式、监督检查的内容与形式等。所有整治内容都由农民自主投票决定，但对生态保护村庄的安全防灾（如防洪防汛、防地质灾害）、历史文化、建筑保护三类内容，可以不采取投票机制，而由建设规划主管部门决定。

（3）分类整治

通过试点带动，山东省许多村庄的基础设施逐步配套，生产生活环境得到很大改善，出现了六类村庄建设新典型，如表4-3所示。

表4-3　　　　　　　　　　山东省村庄建设的典型

建设典型	具体内容
迁村并点	村庄向镇区集中，小村向大村集中，交通不便村向交通便利村集中，弱村向强村集中，加快村庄建设步伐
村企合一	部分工业基础较好的村庄，实行村企合一，在发展工业同时，积极实施村庄建设，实现良性互动，改善生产生活环境
生态文明村建设	以农村村落为单元，以建设生态环境为切入点，以发展农村经济增加农民收入为着眼点，以群众创建为主体，政府引导、社会齐抓共建、促进农村三个文明建设
特色兴村	充分发挥资源和产业优势，促进农民增收，加快村庄建设，形成了"蔬菜村"、"旅游村"、"历史文化名村"、"渔业村"等各类特色村
村容村貌整治	结合城乡环境综合整治工作，加快村庄基础设施建设，整治村容村貌，环境面貌出现很大改观
旧村改造	就地进行村庄的改造，拆旧建新，改善村民居住条件

（4）监督考核

在全省村庄整治实施过程中，山东省加强了对资金与实物使用的监督管理，防止挪用、滥用。建立了上级对下级的督察机制，鼓励社会各界、新闻媒体和广大农民对村庄整治的监督。

4.2.3　江苏省

江苏省以村庄整治为新农村建设的切入点,改善农村的人居环境。在村庄整治推进过程中,江苏省始终强调要对村庄的聚落文化进行充分研究,加强村庄物质空间的文化解析,提倡科学推进小尺度、渐进式的村庄建设整治,从而实现地域文化的保护和传承。具体做法和经验包括:

(1) 强化组织领导

各市按照省里统一部署,确定符合本地实际的村庄建设整治工作思路、内容和工作措施。各市及大部分所辖县(市、区)成立了由党委、政府领导挂帅的领导小组,制定了加快示范村庄建设整治的方案,建立了专门的组织协调机构,并将各项工作目标和任务分解到各地区、各部门,定期或不定期地开展检查,对于基层总结的成功经验及时推广,有力地推动了各项政策措施和目标任务的落实。

(2) 注重规划引导

村庄建设规划是开展村庄建设整治的前提和基础。在规划编制中,着力提高规划编制的质量和水平:一是提高规划的科学性,鼓励规划编制单位认真研究农民的生产生活习惯,加强与相关规划的衔接,坚决防止反复拆迁。二是结合当地的地形地貌、经济产业、历史文化遗存等方面的特点,保护村庄乡土风情,彰显和打造村庄特色。三是充分征求村两委和村民代表的意见,村庄建设规划编制过程中,通过进村入户调查、发放问卷、规划公示等形式,提高群众对规划的参与程度,提高了规划的可操作性。

(3) 建立筹资机制

各地根据不同情况,积极开辟资金筹措渠道。苏南绝大多数地方能够对示范村建设改造中的公益事业实行政府补贴、社会资助、农民投工投劳,对生产经营性项目,走市场化的道路,吸引社会资本投资兴办。苏中、苏北地区在利用省、市、县财政支农打包资金、整合其他项目资金的同时,采取"村集体拿一点,挂钩部门帮一点,社会能人捐一点,受益群众出一点"等办法,多方筹措建设改造资金。各级财政资金有效发挥了引导作用,村集体自筹资金正在成为村庄建设改造的重要资金来源。

(4) 做好分类指导

结合经济水平、区位条件、资源禀赋、历史文化、建设模式等,对示范村进行分类指导。对于经济发展水平较高的示范村,结合工业集中与农业产业化,配套完善基础设施与公共设施,使村庄人居环境达到较高水平,加快推动农民集中居住;对经济发展水平一般且以第一产业为主的示范村,结合村庄建设改造,吸引农民到规划点建房;对于经济薄弱地区,则充分考虑农民承受能力、本地经济实力和社会支持潜力,从农民最迫切需要改善的道路、排水、垃圾收运、河塘疏浚、绿化等基础设施和环境卫生状况入手,开展村庄整治;对于特色鲜明或有乡村旅游发展潜力的示范村庄,加强绿化、建筑物出新、水岸生态处理、保护历史文化遗存,突出乡土文化特色。

（5）保护地域文化

在村庄整治过程中，做好整治规划是确保文化优先理念的前提。过去的村庄规划编制工作往往是前期研究不足，特别是对地域文化特质与村庄物质性要素之间的关系分析不够深入，从而导致部分村庄规划偏离了新农村建设的出发点，出现了以城市小区文化代替村庄社区文化，以城市公共设施代替村庄配套设施，以城市建筑形式取代传统的地方民居，在纯粹农村地区设计建设高档的城市生态住区的做法，形成格格不入的"村中城"景观；或者忽视村庄自然环境和社会生活方式，仅以效率最优原则，通过方格网路构建几何形态，简单、机械地进行空间布局，将农村社区改造成呆板的"兵营式"村庄。针对这些，江苏省在村庄建设整治工作中，不断强调村庄规划中的文化特质研究，正确把握村庄空间文化要素，深入分析村庄的历史空间格局、形态、肌理等总体结构特征，形成了苏州陆巷村、昆山市姜巷村等一批村庄整治规划成果精品，体现"水乡"的传统风韵，为村庄地域文化保护提供了科学的技术支撑，见图4-5。

图 4-5 江苏省苏州陆巷村整治后的村庄风貌

4.2.4 其他国内经验

1. 北京市

2005年4月11日，北京市九部委联合下发了《北京市远郊区旧村改造试点指导意见》（以下简称《指导意见》），确定了包括门头沟区妙峰山镇樱桃沟村等13个村为旧村改造的试点。根据《指导意见》的指示，北京市旧村改造的实施思路为①先行试点，科学规划。先行选择一批基础条件好的村庄进行试点，起到引导示范作用。②因村制宜，多种形式。结合各村实际情况，选择适合的改造方式。③点面结合，带动周边。旧村改造在规划建设上应与新城、中心镇、中心村建设、山区险村搬迁、生态移民搬迁结合起来，在产业发展上应与农业结构调整结合起来，在基础设施建设上应与周边的公路干线、天然气管道等大市政结合起来，同时带动周边村向试点村聚集。④多元筹资，共同建设。采取多种方式，多渠道筹措建设资金，形成政府、社会、企业、农民等相结合的多元化投资渠道，见图4-6。

通过实践说明，北京试点村改造的动力主体，是政府、公司与村民作为旧村改造

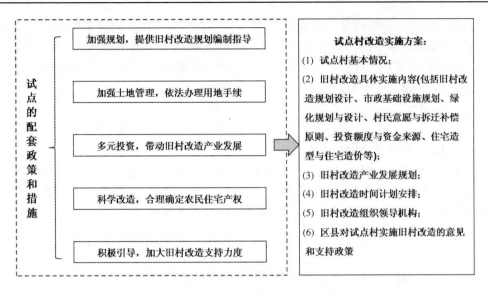

图 4-6　北京市旧村改造的配套政策和改造实施方案框架

的三方运行主体,各司其职。政府作为旧村改造的组织者,其作用主要是通过政策的制定、启动资金的投入以及规划的编制,为旧村改造提供战略导向;公司作为运行的经济主体,则主要通过市场运作、基本建设以及产业开发为旧村改造提供实质上的运行操作;村民作为基本的社会单元和经济单位,是旧村改造推动力的组织、团体的基本组成部分,是最基础的动力主体。北京试点村的改造通过三方协作的模式,最大限度发挥各方优势,相互监督,保全各方利益。

2. 深圳市

深圳市制定了具有现实性和超前性的旧村改造总体策略,包括实施多种渠道的鼓励政策,如减免地价、完善市政、做部分村民的思想工作等方法来促成旧村改造的有关事宜。在具体对策和方法上,深圳市采取了合理确定拆迁比例,把握好旧村改造涉及的拆迁和返还比例关系,控制拆迁与新建的规模。在市场经济趋于完善的深圳特区,面对已逐渐地学会运用市场经济规律的村民,为他们提供合理的旧村改造回报利益,这对旧村改造的成功起到了非常重要的作用。此外,深圳市还注重理顺旧村改造中涉及的多种关系,促进多方协作。通过组织自然村村长实地参观学习已有旧村改造的成功经验等办法,提高群众的认识,让众多的村民参与旧村改造的规划,扩大影响面,以促进旧村改造工作的顺利进行。

3. 西安市

西安市在城市规划区内村庄的改造与管理中,积极地探索村庄改造规划管理的新途径。西安市制定"四六开"办法,即按每人 90 平方米计算村庄改造总用地,将其四成留做村集体经济发展用地,六成作为村民住宅安置用地,符合村庄改造与其发展动态变化的规律,并针对不同区位的村庄采取不同的要求和手法。旧村改造规划中尊重村庄历史与现状,充分考虑村民意愿,采用一村一案的规划改造方针。根据实施过程中出现的新情况、新问题及时对方案和各种技术指标进行比较、调整、协调和修改,从而保证村庄改造建设的合理有序进行,树立村庄改造规划非静止或可变的观念。但必须要经过法定的程序,通过合理的机制进行适时和及时的调整,保持一种整体的、动态的平衡。

4.3 国内外经验对比分析

4.3.1 村庄改造的主体性差异

首先,无论是国内还是国外的村庄改造,推动主体是政府。比如亚洲的韩国和日本,都把村庄改造作为全国性的国民运动进行推进;德国、美国虽没有发起类似的大规模运动,但村庄改造作为一项长期工作持续伴随其城乡一体化进程,并且附有显著的时代发展烙印。而我国村庄改造工作的推进更以各级政府的领导和支援为主。

然而,随着村庄改造工作的持续推进,一些地区的实施主体产生分异。国外经验在于村庄改造是在政府的引导下,以村民作为实施主体。比如韩国"新村运动"中对政府角色的定位之一为"提供主动参与机会,让农民参与实践"和日本的"造村运动"旨在强化农户自身发展的能力。就是说,国外的一些国家在最初阶段通过自上而下的手段发起村庄改造,随着该项工作的逐步开展,重心逐渐下移,在实践过程中主要依靠基层力量自下而上地开展工作。因此,国外村庄改造各主体的参与

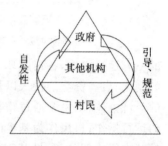

图 4-7 村庄改造的主体性差异

情况呈现金字塔形状,即政府的核心职能为引导和规范,对村庄改造的推进工作起到"四两拨千斤"的作用,过程中也不乏其他机构的参与,比如开发商等,而以村民为代表的公众参与则是改造工作可持续开展的中坚力量,形成了"民间主导型"的村庄改造。相较之,国内目前尚处于政府全力推动的阶段,并带有一定的行政化色彩。如何调动村民的积极性,提高基层参与工作的主动性和自发性,是上海乃至国内村庄改造工作开展需要考虑的问题,见图4-7。

4.3.2 村庄改造的"三位一体"

结合国内外村庄改造的经验,可以发现村庄改造是"三位一体"的过程,即由土地整理和环境整治及产业结构和文化特色塑造三个环节构成。其中,土地整理、环境整治属于物质形态改造,而产业结构和文化特色塑造属于内涵式改造。纵观国内外的成功案例,村庄改造的推动路径实际是"由外及里"的改造过程。比如韩国的"新村运动",其发展路径为"基础设施建设→扩散→充实和提高→国民自发运动→自我发展",取得了韩国的城乡一体化进程中意义非凡的成就,但也饱受争议:例如过于注重对物质建设,忽略环境和文化因素,农村的产业经济结构未有深刻变动,后续发展力不强等。再如日本的"造村运动",同样是从基础设施建设、环境整治入手,

发起了全面的村庄改造运动,然而日本在这一过程中强化了"一村一品"的产业特色塑造,不仅促进了农村的经济增长,也为村庄改造的可持续发展提供了内生性动力,见图4-8。

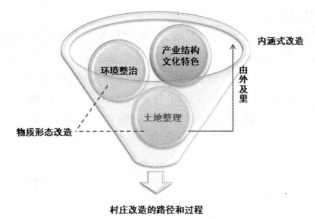

图 4-8　村庄改造的"三位一体"路径过程示意

发达国家的经验表明,村庄改造必须是"三位一体"的过程,"顾此失彼"会造成改造工作中的短板现象。相较而言,国内的村庄改造过程目前较为单一,偏向于物质形态改造,尤其以环境整治作为村庄改造的主要手段(土地整理因机制尚未成熟,大规模推广易受阻力),而内涵式改造未获得足够的重视。在借鉴成功经验、少走弯路的基础上,国内的村庄改造应注意到土地整理和环境整治、产业结构、文化特色塑造这三个环节是相辅相成的,从而建立一条"由外及里、内外结合、环环相扣"的改造路径。

4.3.3　村庄改造的因地制宜性

当然,欧、美、日、韩等国家在村庄改造上取得了许多成功的经验,这些经验对于正处于社会转型期的我国社会主义新农村建设,具有宝贵的借鉴和学习价值。但是,由于这些国家的国情和我国有着很大的区别,对于国外成功经验不能完全照抄。西方国家的土地私有制度决定了在农村发展过程中,政府对于私有土地和房产不加以过多干涉,把支持农村发展建设的重点放在道路交通设施建设、市政设施和公共基础设施等方面。

我国的农村发展经历了特殊的历史阶段,由于我国的农村土地实行集体土地所有制,农民拥有土地的使用权和耕作权,但是没有所有权和交易权。这样的土地所有制决定了我国的村庄改造必然存在诸多困难。对于广大靠天吃饭的农民,辛苦攒下的积蓄还要维持日常生活、子女教育、养老等方面的开销。通过农民自己的力量进行村庄改造、房屋翻新、扩建,无论从财力、物力和人力上都需要很大投入。然而,另一方面,如果完全靠国家资金扶持进行村庄改造建设更是一项非常巨大的投入,改造的压力可见一斑。同时,各个村庄的发展又有其复杂性,在社会经济、地域文化、农村建设方面各有差异,很难应用普适性的改造模式统一改造,因而需要根据当地发展的实际情况,在借鉴成功经验的基础上,审时度势、因地制宜地创建出富于自身特色的改造模式。

4.3.4 对比总结

国内外经验的共性主要有两个方面,一是政府发挥积极倡导与推动的作用。在传统社会向现代社会的转变过程中,农村地区的发展往往落后于城市,要改变这种不均衡局面,需对农村地区进行现代化转型,这一过程中,政府的投入和支持有着非常重要的意义。二是政府予以物力和财力上的支撑。资金保障是旧村改造工作得以顺利进行的重要支持。由于改造所需的资金量庞大,积极探索各种吸引资金的方式,鼓励全社会参与,多方投资,形成政府贷款、社会力量、企业投资、集体经济和个人资金等的合理配置,是优化组合的多元化筹措资金的途径。

而异同点方面,则主要由三大方面。首先,国外比较重视宏观的建设规划,国内比较注重微观的改造设计。比如韩国的"新村运动"发展到今天已经历了六个阶段,政府对每一个阶段都有较为清晰的规划目标,由浅到深、由易到难,都有通盘规划。国内浙江省、江苏省等地区坚持因地制宜,保留村庄特色,避免出现"千村一面"的现象,为改造村庄提供优秀的设计方案。其次,国外注重提供制度和机制上的保障,国内加大相关政策的扶持力度。比如韩国政府为支持"新村运动",在运动之初成立了特别委员会,形成了从中央到地方的组织领导体系,强调管理部门的统筹。国内各级政府部门相互协作,为改造提供各种合法、高效的政策服务,强调政策的整合。第三,国外较为重视农民的自主性参与,国内在这一方面尚处于组织培训和宣传阶段(表 4-4)。

表 4-4   **国内外经验的对比**

	国外经验	国内经验
共性	(1) 政府发挥积极倡导与推动的作用; (2) 物力和财力上的支撑	
异同	(1) 长远而系统的农村建设规划 (2) 制度和机制上的保障 (3) 广大农民的自主性参与	(1) 偏向改造的规划设计 (2) 加大相关政策扶持力度 (3) 积极组织培训和宣传

第5章　上海市郊区村庄改造的问题与建议

5.1　问题

5.1.1　村庄改造在城乡统筹中的角色有待加强

村庄改造的功能定位是新农村建设中必须回答的基本问题。上海城镇体系规划把上海未来 5 年的城镇体系分成中心城、新城、新市镇和中心村四个层级。按照此规划目标,未来将建设一批与上海国际大都市发展水平相适应的新城、新市镇,分布实施,整体推进,吸引农民进入城镇,逐步归并自然村,不断提高郊区的城镇化和集约化水平。显然,编制该规划的一个重要目的就是消除城乡二元结构,用梯级分布的新体系打破郊区发展与中心城区的二元对立,通过建立新城和新市镇完善的服务体系,使之承担疏解中心城人口、聚集新的产业、带动区域协调发展、发挥城市规模效益的功能,从而推动城乡一体化发展。但在这一城镇体系中,关于自然村的定位较为模糊,只明确了 5 万多个自然村,要归并到 600 个左右的中心村。但就目前四级城镇体系的实践过程来看,由于缺乏产业支撑、缺乏完备的公共服务设施,新城、新市镇的人口导入不足,使得村庄改造处在一个尴尬的位置,见图 5-1。

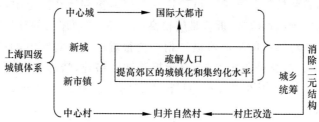

图 5-1　村庄改造在上海四级城镇体系规划中的图示

5.1.2　村庄改造的政策有待创新与突破

从实际效果来看,如果没有一系列的政策支撑和可行性的前瞻性思考,现行规划体制比较难以适应城乡统筹发展的需要。由于规划长期重城市、轻农村,往往将乡村与城市的发展看做两个互相独立运行的系统,所以即便看起来比较完美的规划,由于缺乏可行性,也往往会流于形式。由于村庄改造政策的模糊性或较难操作性,导致基层村庄改造的主体产生畏难情绪,消极响应,且很少有前瞻性谋划,往往是头痛医头、脚痛医脚,其结果常常导致村庄改造的各种成本趋高。

目前,村庄改造的政策执行在以下几个方面存在一定局限性。

1. 村庄改造处于修补式的硬件配置阶段,有较大提升空间

按照中央的要求,新农村建设目标应是"生产发展、生活宽裕、乡风文明、村容整洁、管理民主",村庄改造必须综合体现这一目标的约束。从实地调研的情况看,村庄改造中仍有一些修修补补、简单拆建的方式,类似应景之作,缺乏长效性和可持续性。比如,一些区县反映简单粉饰墙面的改造手段成效不大,往往老百姓第一年欢迎,随着墙面逐渐斑驳,继而开始反思和置疑该改造方式。这与村庄改造中最易出效果的工作模式不无关系,因此必须进一步通盘考虑村庄改造的目标,在体制机制上锐意创新,形成突破。

2. 村庄改造的模式偏向单一,多样性和差异性有待加强

作为特大型城市的上海,其聚集效应和对周边的辐射力非常明显。由于历史和现实的原因,导致村庄依托的社区背景有城市社区、城镇化社区和农村社区之分,形成了多样的村庄发展环境。这就要求上海的村庄改造必须突出上海特点,体现差异化与多样性。但从目前村庄改造规划和实际运行来看,却过于偏向单一模式。考虑到行政环境和行政成本,"一刀切"投入最低,但效果欠佳。因此,在村庄改造中需转换视角,从政策的制定者、推动者向受用者转换,切实从村庄发展的实际出发,坚持原则性和灵活性相结合,给村庄改造以更多的空间,体现差异性、多样性特征,充分展示村庄改造中的个性和活力。

3. 村庄改造中农民参与的主体作用还不够强

根据上海市实行的村级公益事业建设一事一议财政奖补推进农村村庄改造的政策要求,农民不但要积极参与,还要出资出劳。前文已提到,上海近郊农村农民房屋出租率很高,有些村大量外来人员居住在农民家里和违章搭建中,拆除违章建筑就要减少租户、减少出租收入,拆迁难度很高。此外,房前屋后的环境整洁和农民的生活习惯有关,长期形成的生活习惯一朝一夕很难改变。实践中,如何按照中央精神,宣传发动群众,让村民积极参与,自觉拆除违章搭建,清理好自家门前屋后的环境,支持配合施工单位,减少被动拆除可能引起的社会矛盾,发挥农民的主体作用方面仍有很大空间。

此外,前文提及农民是农村的主人,依靠农民的主体力量才是决定农村村庄改造建设的关键。国外发达国家的成功经验表明,村庄改造通过改善与农民生产生活息息相关的环境,培养农民自发、自助、协同的主体意识和创造性,使得村庄改造最终转变为"民间主导型"的群众运动,进而具有持续发展的生命力。而目前本市乃至国内的村庄改造工作尚处于"政府主导型"阶段,自上而下的行政化色彩比较重。如何激发村民的积极性,提高其参与村庄改造的主动性和自发性,是今后改造工作需要考虑的问题之一。

5.1.3 村庄改造的组织管理工作有待完善

经过近五年的实施,上海市农村村庄改造的一套工作机制和操作程序已经基本建立:在市级层面上,形成了由市农委、市建交委牵头,市发改委、市财政局、市规土局、市水务局、市绿化市容局等委办局组成的市村庄改造工作小组;在区县层面上,由区县政府作为村庄改造工作的责任主体,全面负责组织、推进本区县的村庄改造工作;而各乡镇则是村庄改造工作的具体实施者,组织项目施工,支持配合建设,由村党支部和村委会组织村民积极参与投工投劳,健全日常制度,搞好长效管理。2007年村庄改造试点建设完成后,由市级主管部门组织验收;自2008年开始,由区县负责组织验收工作,在区级验收通过后,市村庄改造工作小组进行抽查复核工作,并在2009年增加了区县互评环节。这套模式推行以来,基本适应了每年改造的农户数量和质量要求。

然而,通过实地调研和研究分析发现,目前村庄改造的组织体系仍然有进一步优化和完善的空间。

1. 部门之间存在职能交叉、权责不清等情况

目前村庄改造涉及众多的管理部门,部门之间存在职能交叉、权责不清、政出多门和出现问题难以追究责任等情况。"三农"问题具有复杂性,权能交叉、互相扯皮等情况比较突出,易造成群龙治水、各自为政的现象。此外,由于部门之间的整合力度不是很大,更多是临时性的当下协调和斡旋,容易造成基层管理部门孤立、被动地看待村庄改造。

2. 村庄改造的部分申报材料有待统一和规范

目前,村庄改造的申报材料包括改造方案和实施计划。其中,改造方案以设计文本为主,欠缺充分的规划图纸表达。即便部分村庄的改造方案中附有图纸,也存在图纸比例不清晰,表示方式不一致,缺乏适当图例说明的情况。因而,从项目申报材料中,难以观察村庄改造方案的空间形态表达,不利于项目后期的验收和评审。以《上海市实行村级公益事业建设一事一议财政奖补推进农村村庄改造项目申报书》(村级申报书)为例,部分申请材料中仅对村庄的改造范围予以平面图示意,且图示精度不高。除此以外,申报材料中的实施计划也存在描述过于笼统、套路化、模式化的现象。比如"村级申报书"中要求对"村级公益事业现状、主要建设内容、项目资金总构成、各级资金使用项目预计、项目资金预算、实施进度及阶段目标以及项目推进工作措施"等八大方面详细说明。然而从现有掌握的资料来看,出现了一些村的申报内容几乎完全相同的情况,并且关于资金预算方面的单价测算有待规范和核实。

3. 村庄改造的推进流程和组织体系有待完善

从村庄改造工作的推进流程分析,按步骤依次梳理组织工作,见表5-1。

(1)步骤一为村庄改造的第一阶段,即拟改造村庄组织召开一事一议村民议事会议,各乡镇完善改造方案、实施计划后进行申报。其中,"一事一议"制度体现了村民的民主参与机制。然而,由于村庄改造项目量大面宽、并具有一定的专业性,如果在这一环节未详尽向村民进行必要的项目介绍,村民很难通过民主议事方式准确定整治项目时,其认识与判断往往会有一定偏差。

(2)步骤二为各区县村庄改造牵头部门会同区有关部门对各乡镇上报的改造计划予以审核,确定改造计划后,上报项目,得到市农委、市财政局的计划批复。然而

通过对《上海市实行村级公益事业建设"一事一议"财政奖补推进农村村庄改造项目申报书》(村级申报书)的研究发现,目前项目申报在图纸说明、建设内容、资金预算、推进措施等方面的阐述过于简略,缺乏规范(图 5-2),不利于项目竣工后的综合验收。

图 5-2 "村级申报书"中唯一的图示范围说明

(3)步骤三为改造方案的编制以及各区县组织专家进行村庄改造规划的项目评审。部分区县在这一步骤上的实施力度还有待加强。个别区县长期以来对村域规划不够重视,区、镇、村等未将全面推进村域规划编制列入议事议程,使得许多干部和农民群众对村庄改造的建设目标及推进措施认识不清。

(4)步骤四为改造点全面推进项目的实施。从实地调研结果来看,村庄改造工程除路、桥、房、亭等重要项目有图纸表达以外,许多工程无图可依。例如墙体表达整修、宅前宅后环境整治等等。在这一方面,《上海市村庄改造标准(试行)》中并未提出具体的图纸标准,很大程度上依靠施工人员的"临场发挥",而施工单位的综合素质又往往参差不齐。

(5)步骤五为项目审计和区县验收阶段。从目前来看,需要引入第三方机构,即委托专业单位进行项目投资预决算审计,避免出现政府职能部门既是运动员又是裁判员的情况。

(6)步骤六为市级复核环节。目前的检查方式主要是面上检查和点上抽查。点上抽查原则上抽查两个点,一个点由区县推荐,一个由市村庄改造小组确定。从机制上来看,有待进一步加强盲检等抽查复核方式,以保证公平性、威摄性。

表 5-1　　　　　　上海村庄改造的具体流程分析和组织体系完善空间

具体流程		组织体系的完善空间
步骤一	村民议事会议讨论 （讨论实施项目、投资概算、 奖补资金数额、筹资筹劳额度等） 村委会 乡镇推荐	缺乏必要的项目实施介绍、项目筛选帮助和建议提供
步骤二	区县审核 计划批复	"项目申报书"有待细化，审核易流于形式 (1) 改造方案目前仅以文本为主，缺乏必要的图纸说明 (2) 项目资金预算欠精准和规范化 (3) 实施计划的说明过于简略和套路化 (4) 区县审核中缺乏重要职能主管部门的意见
步骤三	改造方案编制 规划评审	(1) 该步骤在部分区县的执行力度不到位，在过程中可能会 与步骤二合并 (2) 改造方案是否要经过村民议事会议讨论有待商榷
步骤四	项目实施	需要主管部门进行工程化管理
步骤五	项目审计 区县验收	需要引入第三方机构强化监管力度
步骤六	市级复核	强化抽查的随机性

5.1.4　村庄改造的工程管理环节有待优化

1. 村庄改造的项目特点影响操作流程

村庄改造项目与一般市政项目相比，有杂、碎、小等特点。杂，是项目多。村庄改造的项目有近十大类。凡是村庄里关系农民生产生活的问题，都可能作为村庄改造事项。碎，是零碎。一条路要改造，有的路段刚修过不用改，有的路段要翻建，还有的路段要加宽。许多项目都要因地制宜确定工程量。小，是每个项目工程量小、资金少。村庄改造以拾遗补缺、修修补补为主的特点决定了大多数项目是非标项目，与一般市政项目需要的公开招投标、政府采购等规范项目手续有区别。一些地方强调规范项目的管理，将村庄改造项目也列为必须公开招投标的项目，不但手续繁琐，准备工作时间长，而且为项目所投入的前期资金更多。因而，村庄改造的工程管理办法和操作流程受项目特点的影响极大。

2. 村庄改造项目的单价有待统一标准

根据现有数据，对各区县村庄改造项目的单价进行测算，并在此基础上计算全市层面上各改造项目的平均值，见表 5-2—表 5-5。

表 5-2 　　　　　　　　　　2008 年各区县村庄改造项目的单价测算

改造项目	农宅墙体整修（元/平方米）	农宅改厕（元/户）	新改建道路（元/公里）	纳入污水总管（元/户）	组团式处理（元/户）	三格化粪池处理（元/户）	修改建桥梁（元/座）	整治河道（元/公里）	供水管网改造（元/户）	运送垃圾（元/吨）	安装路灯（元/只）	整修公共活动场所（元/平方米）	新增绿化（元/平方米）
闵行	24	—	312 540	5 135	—	3 993	74 621	391 054	1 755	9	4 259	674	73
嘉定	10	1 730	535 172	5 510	1 876	—	226 818	348 999	3 205	12	3 684	1 006	
宝山	26	—	333 183		17 001	—	3 333	430 664	—	20	1 622	372	131
浦东	17	358	115 373	31 393	—	—	208 478	1 044 569	3 547	36	4 490	1 870	66
奉贤	17	766	298 990		—	394	161 082	235 843	2 042	14	10 333	606	33
松江	13	612	252 820	8 035	4 530	2 610	147 442	270 496	2 039	14	12 260	343	36
金山	22	598	350 069	5 339	7 108	—	88 000	410 178	1 200	108	4 658	1 660	42
青浦	22	—	383 571	10 096	8 493	9 052	211 814	42 308	—	3	10 150	220	80
崇明	46	1 210	223 547	—	6 070	675	211 875	63 300	—	64	17 229	1 603	12
平均价	20	1 421	197 255	23 102	7 227	1 868	160 324	500 212	2 938	17	7 268	1 114	72
最高值/最低值	2.2	3.4	4.6	6.1	9.1	23.0	68.1	24.7	3.0	36	10.6	1.7	11.0

表 5-3 　　　　　　　　　　2009 年各区县村庄改造项目的单价测算

改造项目	农宅墙体整修（元/平方米）	农宅改厕（元/户）	新改建道路（元/公里）	纳入污水总管（元/户）	组团式处理（元/户）	三格化粪池修缮处理（元/户）	桥梁修建（元/座）	整治河道（元/公里）	供水管网改造（元/户）	运送垃圾（元/吨）	安装路灯（元/只）	整修公共活动场所（元/平方米）	新增绿化总面积（元/平方米）
闵行	27	7 279	226 873	20 257	9 959	6 976	88 388	640 947	2 924	82	7 403	520	104
嘉定	21	1 105	300 065	5 325	4 130	3 709	103 200	102 377	3 610	110	2 000	307	57
宝山	27	—	332 544		12 000	—	22 320	557 279	—		—	274	128
浦东	17	25 000	538 494	32 762	30 156	—	143 243	944 838	4 920	46	2 999	979	104 069
奉贤	20	2 217	231 606		8 001	464	98 333	147 351	3 478	216	8 125	766	55
松江	28	1 352	223 930	5 324	5 172	4 119	59 688	390 304	3 610	110	9 040	306	93
金山	30	824	309 375	—		—	105 420	103 735	418	317	6 400	280	79
青浦	26	—	314 844		11 000	—	170 000	228 162	—		11 931	293	85
崇明	37	919	145 384	—	4 285	455	131 214	368 516	—		9 360	1 001	144
平均价	22	2 650	370 008	29 026	9 916	4 337	116 574	632 438	4 705	73	4 624	667	117
最高值/最低值	2.2	30.3	3.7	3.8	7.3	15.0	7.6	9.2	11.8	6.3	5.9	3.6	1 892.1

表 5-4　　　　　　　　2010 年浦东新区村庄改造项目的单价测算

改造项目	农宅整修(元/平方米)	农宅改厕(元/户)	道路新改建(元/公里)	桥梁新改建(元/座)	河道疏浚整治(元/公里)	生活供水管网改造(元/户)	村内路灯(元/座)	新改建公共设施(元/平方米)	村内绿化(元/平方米)
单价	16	1132	21431	444132	1282925	6710	3053	1426	137

表 5-5　　　　　　　　2011 年部分区县村庄改造项目的单价测算

改造项目	农宅墙体修整(元/平方米)	宅前屋后环境整治(元/户)	村内道路整修(元/平方米)	生活污水处理(元/户)	水系环境整治(元/平方米)	桥梁修建(元/座)	雨水沟(元/个)	环卫设施(元/户)	新建公共厕所(元/座)	新改建垃圾箱房(元/座)	新增垃圾桶(元/个)	安装路灯(元/只)	整修公共活动场所(元/平方米)	活动场地(元/平方米)	村庄绿化(元/平方米)	天然气入户(元/户)
闵行	33	—	92	—	697							5214	464		69	—
嘉定	41	586	96	11097	365			473				1785	312	144	56	18527
宝山	23	1655	—			114043					520	1399	173		117	
浦东	22	5311	—	15040		402810		53	120000	120000	500	3500	643		100	
奉贤	16	2820	100			148515						11764	451		118	
松江	24	2609	117	3851		47714	121					6122	141			
金山	31	897	104	1103	223	120276						6245	162		125	
青浦	25	465	156		959	164800						9331	242	161	65	
崇明	33	932	156			76667						6474	397	245	84	
平均价	28	1909	117	7773	561	153546	121	263	120000	120000	510	5759	332	159	82	18527
最高值/最低值	2.6	11.4	1.7	13.6	4.3	8.4		8.9			1.0	8.4	4.6	2.1	2.1	

　　针对上述四表进行分析后,发现如下情况:

　　(1) 各区县在同一改造项目的单价差距

　　在区县层面上,对每一项改造项目的单价进行横向比较,可以发现各区县在同一改造项目上的单价差距较大。差距非常显著的项目包括三格化粪池处理、修改建桥梁、整治河道、绿化面积等。在这些项目上,个别区县的单价甚至超出平均值的数倍。

（2）同一改造项目在不同年份的单价差距

按照年份，对每一项改造项目的单价进行纵向比较，可以发现同一改造项目在不同年份的单价差距也比较大。差距非常显著的项目包括：农宅改厕、整治河道、组团式处理、三格化粪池处理、供水管网改造、运送垃圾、绿化面积等。在这些项目上，部分项目的单价在前后年的差距达到了数十万元。以道路新改建为例，2008 年道路新改建的单价为 20 万元/公里，而 2009 年该项目的单价达到了 37 万元/公里，数值在上年的基础上翻了接近一番。通过横向和纵向的比较，能够发现各区县在同一改造项目上的单价差距要比同一改造项目在不同年份的单价差距大。

根据与部分区县相关人员的沟通，单价差异的原因有：①区与区之间，统一改造项目所改造的子项有所不同。比如嘉定区 2008 年新增绿化的单价为 44259 元/平方米，而最低的崇明县仅有 12 元/平方米，其中的差距在于嘉定的新增绿化中包括绿化广场、河道绿化、道路绿化等项目建设，而崇明县的新增绿化的内容就相对单纯。②区与区之间的改造标准有所不同。根据沟通了解，尽管市建交委出台了《上海市村庄改造标准（试行）》，但各区在实践操作中还是按照村的实际来。比如一些有基础，能突出特色，镇里有积极性的，会多做一些改造项目。③区县财力投入有所不同。比如按照浦东新区村庄改造的五年行动方案，将投入 78 亿元，完成近 20 万户的村庄改造目标。为完成这一目标，区级和镇级的资金投入力度较大。而部分区县把户均成本基本按照 2 万元/户标准进行实施，尽量控制和压缩成本，在部分项目的改造规模、材料选取上也有所差异。

3. 村庄改造项目内外之间的关系有待协调

村庄改造项目牵涉到不同部门，农村路桥属建交委，农村河道、供水排水和污水处理属水务局，垃圾、粪便、卫生厕所和村庄绿化属绿化市容局，"三室一站一店"又属于卫生、民政、文化、体育、商业、农业等部门业务指导。由于各部门有各部门的计划目标，项目、资金分条线下达，工程进度有先有后，建设标准和要求不统一，到了乡镇，这些问题就都暴露出来了，增加了基层在村庄改造工作中的难度。比如在实地调研中，部分村民反映污水纳管项目的建设晚于村庄改造，往往是在道路修整好以后，再重新翻开路面进行污水纳管的铺设，改造过程的反复折腾既浪费财力、人力，也易引起老百姓的反感。因而，村庄改造推进过程中需要考虑项目内部以及与其他工程之间的协调关系。

5.1.5 村庄改造的长效管理机制有待提升

建立长效管理机制涉及管理经费、管理职责、管理制度等三个方面。首先，2012年除个别区县的长效管理办法已拟定尚未正式下发，或未出台长效管理政策文件外，其他区县都已落实长效管理的实施意见。比如闵行区和宝山区均要求村庄改造长效管理资金由镇或村落实；青浦区已全面实施村级组织综合配套改革，要求长效管理资金由村级组织落实；浦东新区按照项目维护的分类，规定了长效管理资金由市、区、镇、村共同出资，等等。然而，实际工作中仍会出现长效管理资金落实不到位的情况,导致对基础设施建设、环境绿化、房屋改造较为重视,而对公共服务、日常管理和农民素质提高重视不够,存在"重硬件建设、轻日常管理"的现象。有些改造好的村庄过了一段时间,脏、乱、差的现象又回潮,极大影响了改造以后维护和保养工作的长期开展。

其次,长效管理人员的责任和管理制度亟待确立。通过实地调研发现,部分村庄存在保洁队伍管理薄弱,作为各村基础设施和环境养护管理重要依靠力量的保洁队伍,先天不足,存在较多问题,队伍建设有待加强。一是这些保洁队伍是政府促进就业项目,在定员时就以多解决就业为目标,因此人员素质参差不齐,许多队员责任意识不强;二是未接受过专门培训就直接上岗,保洁工作不够专业化,存在进入门槛低、工作时间短、作业不达标等现象;三是政府实行最低基本工资标准,不能再扣减,队员干好干坏一样的工资,缺乏有效的约束激励机制,许多村干部碍于情面,也不愿意认真管理。

5.2　建议

目前,郊区尚有农民户籍 90 多万户,剔除已规划为城镇化、工业化和重大基础设施的近 40 万户,以及已改造完成的 26 万户,还有近 24 万户农户居住的村落需要进行改造,按照现在确定的村庄改造奖补标准,和区县实际的执行情况,假设按照当前的进度继续推进村庄改造工作,仍需要约 5 年的时间,以及近 90 亿元的改造资金。

通过上述的研究分析,总结出上海农村村庄改造的工作重点在于落实"五项坚持"的指导思想:①坚持规划先行。要把村镇建设规划作为村庄改造的前提与基础来抓,充分发挥规划的引领、协调和指导作用。②坚持因地制宜。要从各村的实际情况出发,因地制宜地制定和实施村庄改造工作。③坚持政府主导。要充分发挥政府的导向作用,加大投入支持力度,引导农民和社会积极投入村庄改造,形成合力。④坚持村级主体。要充分尊重民意,发挥村级在村庄改造过程中的主体作用。⑤坚持长效管理。要建立健全长效管理机制,巩固和维护村庄改造的成果。因而,在"五项坚持"指导思想的引导下,提出为解决村庄改造相关问题的建议。

5.2.1　依据上海城乡规划体系制定中心村规划,为村庄改造打好基础

中心村是农村人口集中居住的社区,也是地域文化的承载体,依托于具体的环境而存在、一定的经济条件而发展。建设新农村,必须要依据传统的人文、自然的特色,使村与村之间各具不同的风貌。因此,村庄改造首先要为村庄定位,做好规划。按照《城乡规划法》的要求,要在镇域规划的基础上,细化做好村庄规划。中心村建设规划重点考虑自身特点,因地制宜,就地借势,体现城郊、林带、水乡、岛屿的区域特色和人与自然和谐的要求,秉承文化传统、突出生态理念。要以人为中心,围绕人的需要和全面发展,综合考虑中心村的生活、生产、生态等功能的安排和教育、文化、娱乐、办公等设施的布点,与基础设施建设、生态环境建设相配套。

1. 提升规划意识，合理运用村域规划手段

通过引导使村干部增强规划意识，善于利用村域规划布局村内生产、生活、生态空间，改善人居环境，促进可持续发展。村域规划编制做到农村要素配置方式三统一：①产业空间布局与生产要素分布相统一。村庄建设既有利于人口集聚，又有利于统一布局产业发展项目、公共事业项目、社会发展项目，达到道路交通、水利电力、文教卫生等公共资源的共享，着力为创造一个经济繁荣、环境优美、生活方便、社会稳定的富裕和谐新农村奠定基础。②农村社区建设与人文发展相统一。要形成以城带镇、以镇带村、村镇互动、梯度推进的城乡一体化新格局，充分体现人文环境、历史渊源、地缘关系、生活习惯等因素。资源配置要依法办事，同时要因地制宜，尊重民意，着力实现新农村村级经济社会发展效益最大化，农民群众的切身利益最大化。区相关部门及镇政府要承担推进村域规划编制的责任，探索经验，指导各村编制村域规划，从面上加以推进。

2. 进一步明确村庄改造的目标

上海的农村应以生态环境的优化为重点，以村庄改造、村容美好为亮点，以工业园区企业发展、能源循环利用为突破点，以居住环境良好、生态环境优美的人居乡村为最终落脚点，以建设生态文明、和谐、可持续发展的农村社会为目标，进一步提高农民的思想道德素质和科学文化素质，注重人与自然、社会、经济之间的可持续发展，力争使得上海的大多数农村成为全国文明村。

村庄改造要按照"田园村镇、生态社区"的理念，充分利用自然地形地貌，配置自由灵活的路网系统，合理布局农民住宅，同时还要充分体现乡村特色。把村庄改造与当地的产业发展相结合，推进粮食生产、蔬菜生产或特色农产品生产基地建设，形成不同特色的产业生产基地，拓展农业的领域和功能，发展蔬果采摘、鱼类垂钓、作物观赏等休闲农业项目，增加农民收入。大力开发村庄的特色旅游资源，把村庄改造与开发乡村休闲旅游资源有机结合起来，合理利用自然资源，发展湿地旅游、林地旅游、湖景海景游等旅游项目；保护和挖掘地域文化，发展农耕文明和古村文化传承、民间风情和农家情趣体验等文化旅游项目，开发农家庭院和绿色食品的旅游功能，发展吃农家饭、品农家茶、住农家院、干农家活的"农家乐"休闲项目。在郊区形成一批不同风貌、千姿百态的水乡生态村、森林生态村、田园生活体验村、创意工艺村、农家旅游村。

5.2.2 率先突破、创新理念，从根本上建立村庄改造的常态化机制

1. 以"一事一议"为村庄改造的政策基准，强化相关的政策配套

"一事一议"，是指在农村税费改革这项系统工程中，取消了乡统筹和改革村提留后，原由乡统筹和村提留中开支的"农田水利基本建设、道路修建、植树造林、农业综合开发有关的土地治理项目和村民认为需要兴办的集体生产生活等其他公益事业项目"所需资金，不再固定向农民收取，采取"一事一议"的筹集办法。上海在 2011 年正式纳入中央财政的奖补范围，通过实行村级公益事业建设一事一议财政奖补推进农村村庄

的改造。在具体操作过程中,目前上海各区县都履行基层民主制度,在项目的前期筹备工作中充分发挥村民议事会议的作用。然而,"一事一议"的议事原则包括群众自愿、权利和义务一致、公平负担等,其基本特征也有自身的特点,主要表现在用工采用货币决算,与过去农村摊派义务工中的"以资代劳"在体现农民意志方面有本质区别,以及工程权属共有等等方面。也就是说,"一事一议"的财政奖补已成为上海目前推进村庄改造的主要方式,但在配套方面却出现一定程度的政策"真空"。

在这一方面,浦东新区为其他区县做出了表率,已出台了数个支持村庄改造稳步推进的相关政策。例如,《浦东新区加强村庄改造项目建设监督管理的若干意见》(浦农委[2011]114号),通过明确监管责任、建立项目稽查机制、严格项目建设及监管单位产生程序、落实项目建设承诺制度、建立项目建设重大过失退出机制、完善审计审计工作、强化项目全程管理、完善对项目管理部门的监督、项目监管的村民参与机制和实施项目考核绩效评估等十大方面,为加强村庄改造项目建设的监督管理设立了标准。再如,《浦东新区村庄改造项目建设形成资产管理的若干意见》(浦农委[2011]115号),对村庄改造项目建设形成的建筑、构筑及设施性资产,分层次进行资产管理并明确产权归属。通过资产产权界定与分类管理方案的拟定,明确了村庄改造项目资产的使用、变更及处置。此外,由浦东新区新农村建设联席会议办公室印发的《关于加强浦东新区村庄改造监理工作管理考核的通知》和《关于对村庄改造总承包公司开展考核的通知》等文件,对村庄改造过程做出进一步的政策完善。因此,上海市其他区县可在借鉴浦东新区经验的基础上,联系本区实际,可以"一事一议"为村庄改造的政策基准,强化相关的政策配套,从而充分体现"一事一议"制度的特点。

2. 村庄改造模式的多样化,统筹兼顾外来人口的需求

由于每个村庄的发展都有其复杂性,很难应用单一的改造模式统一改造,因而需要根据当地发展的实际情况,因地制宜地创建出多样化的改造模式。下表按照村庄依托的社区背景之分,分析了三种情形的村庄改造模式。事实上,村庄改造是一个范围较大的概念,其改造内容不仅仅局限于村庄整治,还包括土地流转、宅基地置换、农村产业结构调整以及"一村一品"产业发展等方面。尽管在当前上海的村庄改造中,部分农村地区尚不具备如下的改造条件,但作为前瞻性的思考,结合未来的发展趋势,应对将村庄改造的模式进行总结和归纳,以供参考,见表5-6。

表5-6　　　　　　　　　　　　　村庄改造框架

产业基础	社区形态	居住形态	改造模式	改造内容	改造主体
第三产业为主	城市社区	租住型城中村	公寓式	安置留地	政府
第二、三产业	城镇化社区	混居型、租住型条块式	新建型、分治型	基础设施建设、安置留地	政府、集体
现代农业	农村社区	自住型离散状村庄	综合整治型	基础设施建设、土地流转	政府、集体、农民

（1）城市社区背景的村庄改造规划

在城市社区，目前村庄改造中最大的问题是"城中村"，即农村村宅改造如何与城市化发展同步的问题。"城中村"问题的实质是自然村没有规划改造到位。因此，在当前的村庄改造中必须接受以往的教训。首先在规划上要有前瞻性，不要就事论事，防止因二次改造而造成巨大的浪费。其次，城市发展要"有序化"，平行推进。城市社区的村落改造过程以集中式"农民公寓"居住为宜。鉴于农民和市民收入的差距较大，福利待遇较少，这方面可以通过大力发展村级集体经济等手段加以弥补。而针对外来人员，可以通过置换后的原村民的旧居集中统一管理，有条件的也可建造外来人员公寓。

（2）城镇化社区的村庄改造规划

此类社区的产业基础主要是工业和第三产业，也有少量的第一产业。其村民的居住形式主要是混居型、自建型条块式居住小区兼有适度的公寓房。改造规划模式为新建型和分治型。这些村庄处在城市化进程中。因此土地集约使用尤为重要，改造模式可在原有的基础上，对新建住宅尽可能进行公寓式安排，而针对外来人员则以混居为主，有条件也可集中居住。

（3）农村社区的村落改造规划

这类社区的主要产业是农业，从事第一产业的主要是中老年人，居住模式主要为自住型离散状村庄，年轻人往往是城镇上班、乡下居住。而外来人口主要居住在偏房或私下搭建房。这类村庄的改造规划，在产业结构上应以现代高效、观光农业为主，在居住环境上实行综合整治。整治内容主要包括路、水、环境保护、河道整治等基础工作，卫生医疗、文化娱乐等公共服务体系，并通过促进宅基地流转达到土地集中节约的效果。

此外，随着中国城乡经济社会的快速发展，在发达城市周围，尤其是像上海这样包容性、开放度大的特大型沿海城市，在城市郊区的农村形成了特有的复合型二元结构，形成了原住民（主要是当地农民）与外来移民之间的新二元差别。这种结构的特点，一是在原有的城乡二元差别基础上锲入了一定数量的外来人口，表现在某些村落的外来人口远远多于原住民。二是原住民与外来人员的联系更多的是经济联系，彼此之间缺乏社会交往和文化联系。三是外地人口的导入客观上导致了原住民的分化和新的整合。这种复合型结构作为一种常态将贯穿在村庄改造的始终。

比如闵行区，其外来人口占总人口数的近 66%。在村庄改造中，为保持村容整洁，需要拆除一些违章建筑，但拆除违章建筑涉及村民的切身利益（多数违章建筑出租给外来人口生活和居住），部分居民不愿意拆。同时，根据实地调研，一部分村干部在认识上也有偏差。一方面由于违章建筑是农民收入的来源之一，不忍心拆；另一方面，对村庄改造中的拆迁工作有畏难思想，害怕引发不稳定事件，缺乏有效的应对办法和措施。另外，在一些外来人口众多的村庄，存在保洁难、公厕整洁度保持难等问题，并且位于城乡结合部的农村住宅，由于房租相对低廉，外来人口多，其生活卫生习惯与本地居民不完全一致,下水道排污管中垃圾较多,排污管堵塞现象时有发生。这些情况亟待村庄改造在利用多样化模式的基础上,统筹兼顾外来人口的需求。

3. 建立健全"政府主导、市场运作、农民参与"的村庄改造机制

村庄改造千头万绪,建立多元化的投入机制是村庄改造的重要保证。根据时任中共中央总书记胡锦涛关于农村"两个趋向"的重要判断,我国整体上已经进入了以工补农、以城带乡的发展阶段。上海的村庄改造必须紧紧依托上海特大型城市的综合优势,建立以政府为导向,以村级集体经济为核心,社会各界组织团体和受益群众共同参与的投入网络机制。

（1）各级政府的主导作用

村庄改造工作量大面广,资金需求大,政府不可能包办,因此必须发挥财政投入"四两拨千斤"的导向作用,设立专项资金,实行各种配套政策,调动各级地方政府推进自然村落改造的积极性,避免基层"等、靠、要"的消极被动行为。考虑到上海的具体情况,应在市、区(县)、镇乡级财政建立村庄改造专项资金,并列入各级人代会预决算方案,实行相关的跟踪监督检查措施。同时,按照市政府的要求,加大市级财政对村庄改造的投入。财政资金重点向、向农村基础设施建设倾斜、向农村公共服务倾斜、向经济薄弱村倾斜、向基本农田和生态保护区倾斜。政府财政来源虽然较少,但相对来说比较稳定、可靠,可以形成长期、稳定的投入机制。

（2）村级集体经济的核心作用

随着新型城镇化的不断推进,上海郊区村庄土地资源的经济价值日益凸显,村级经济已成为促进农业发展、农民增收和改变农村面貌的重要因素。浙江省在新农村建设中的一个重要经验就是注意恢复和壮大集体经济,允许村庄土地整理过程中新增加的耕地,按照一定的比例留归村庄开发出租,招商引资,所得收入全部留归村集体,为发展乡村集体经济创造了良好的条件。因此,本课题建议在确定村庄改造的政策体系时,可考虑如何恢复和发展村级集体经济,采用安置留地方式,为农村集体经济发展增加后劲。

（3）受益农民的主体作用

村庄改造为了村民,还要依靠村民,以让农民得到实惠作为评判村落改造建设的标杆。要坚持农民自主自愿的原则,充分发挥农民在村庄改造中的主体作用。在改造过程中,可适当组织和引导农民对生产性、经营性和部分公益性项目实行投资、投劳、投工,要克服村庄改造中一味依赖政府、依赖他人的思想。有意识地提升农民的劳动技能、就业能力和科技文化素质,培育有文化、懂技术、会经营、善管理的新型农民,同时还要注意引导、鼓励先富起来的农民企业家,投资家乡的村庄项目,以回报家乡,建设家乡。

（4）社会组织的参与作用

充分调动城市工商企业、社会中介组织、大专院校、科研院所等部门支持新农村建设的积极性,通过各种联谊活动促进城乡之间的互动,特别是发挥各种专业性社会组织的特长,通过多方的群策群力,共同推进村庄改造的顺利进行。

5.2.3 加强政府部门之间的整合,形成村庄改造工作合力

顺应行政体制改革的趋势,上海各级政府正全力推进服务型政府建设。这不仅是深化体制改革,全面贯彻落实科学发展观,履行政府社会管理和公共服务职能的需要,更是解决三农问题,全面推进社会主义新农村建设,扎实开展村庄改造的重要体制保障。结合当前服务型政府建设的实际,村庄改造工作应继续加大对不同职能部门的机构整合力度,实行职能的有机统一,合理界定涉农政府部门职能,规范政府部门权限。在机构设置上,精简各类议事协调机构及其办事部门,加大涉农部门横向覆盖的范围,减少管理层级,提高工作效率,克服群龙治水、各自为政的弊端,发挥各种惠农政策的集合效应,突出有限资金的使用效果。

根据上海市现有村庄改造组织体系,建委是牵头部门之一,但从村庄改造的整体推进来看,虽然多数项目属于建委的管理范围,实际工作程序却未能体现,因而在区县层面上需提供建委更大的工作空间,提高在村庄改造建设管理过程中的工作比重。因此,针对这一情况提出两种解决方案:方案一为"逐步跟进",即加强建委在每一环节的工作力度,从前期筹备到后续的工程监管,建委作为牵头部门之一,在必要的环节,必须出具审核意见。相关规划方案的评审,可由市建委进行安排,由市建委科技部门组织方案评审会。同时还需强化对村庄改造过程的建设指导和工程监督。方案二为"前后统筹",即农委和建委作为村庄改造工作的两个牵头单位,由农委主要负责村庄改造工作的计划组织立项和统筹,承担项目的前期工作,在村庄改造项目立项以后,可由建委主要负责项目实施和建设管理工作,使得两大牵头部门的管理权责明晰,形成有效整合,见图5-2。

本文对村庄改造组织体系的职能分工建议进行了图示。通过两大牵头单位——农委和建委各负其责,相互协作,进一步整合部门资源和力量,建立健全分工协作机制,稳步扎实地推进村庄改造工作。

前述分析中已针对目前村庄改造组织工作步骤进行了梳理,并评议了流程开展过程中有待完善的环节。针对区县层面实际管理工作的需求,建议区县建委在以下4个环节加大工作投入力度:①在村庄组织召开一事一议村民议事会议阶段,区建委可培训相关技术人员,向村民开展必要的项目介绍,让村民了解村庄改造与自身生产、生活的关联度,确保项目实施中能够维护农民利益。②在村庄改造项目的申报阶段,区建委应参与到部门审核环节,对项目申报的图纸说明、建设内容、资金预算、推进措施等方面进行把关,并出具相应的审核意见。③区建委负责村庄改造规划的项目评审,也可由市建委城镇建设处委托第三方评审,确保改造方案的公正性、科学性和合理性,建议由市建委科技部门组织相关工作。④区建委负责项目实施过程中的建设管理工作,提出指导意见,比如以"项目工程结合统筹会"的形式,会同水务、绿化等专业部门,开展村庄改造项目之间的协调工作,使改造结果符合《上海市村庄改造标准(试行)》的技术要求。

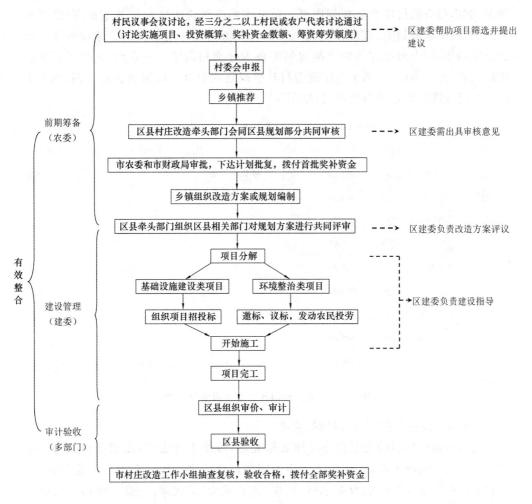

图 5-2　村庄改造组织体系的职能分工建议

5.2.4　实现工程化管理,建立建设、管理、监督于一体的运作机制

1. 申报材料的规范化

务必要确保申报材料的统一和规范化,使得项目审批、实施、验收和长效管理工作等能够顺利开展。申报材料的统一和规范化可以分为以下三个方面:

(1)改造方案和实施计划的文字阐述要详尽,并有针对性

目前,村庄改造申报材料的文字说明存在过于简略、套路化和模式化等现象。有鉴于此,建议改造方案和实施计划的文字说明必须详尽务实,能够实事求是地阐述村庄的发展现状、建设内容、资金构成、实施进度以及推进措施等方面。文字表述需有针对性,能够说明目标改造村庄的特点,资金测算符合技术标准的规范。

(2)增加改造方案的图纸说明,并表达清晰、符合规范

改造方案中需附加图纸说明,图示表达应用统一格式。即按照改造项目的实施

情况,制作相应的村庄改造规划图纸。最基本的图纸说明应包括改造范围图、总平面图、道路交通规划图、市政设施规划图和公共服务设施规划图等。建议村庄改造的图纸制作,与上海市控制性详细规划的技术标准相衔接。一方面,该技术标准已比较成熟,另一方面,有利于村庄改造与其他规划的整合。以图例表达为例,例举上海市控制性详细规划的图例示意,见图 5-3。

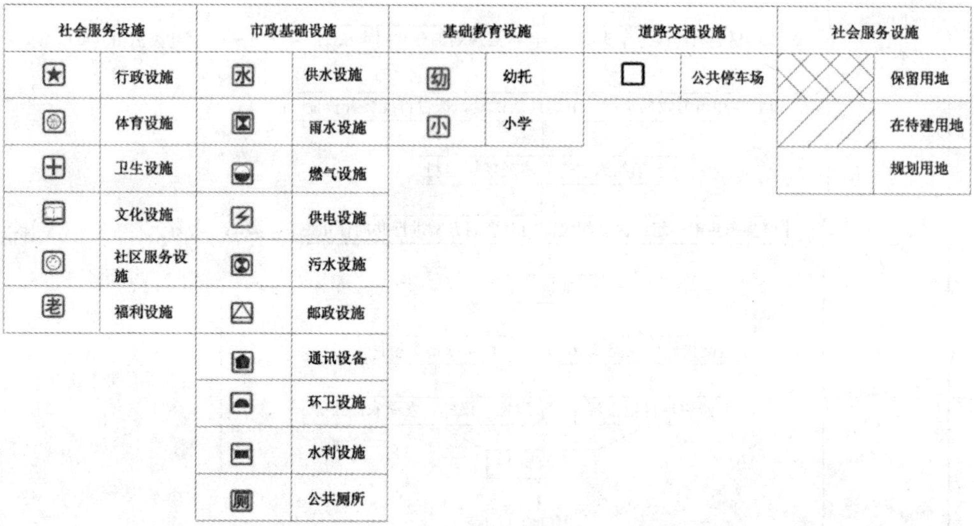

社会服务设施		市政基础设施		基础教育设施		道路交通设施		社会服务设施	
★	行政设施	水	供水设施	幼	幼托	□	公共停车场		保留用地
◎	体育设施	⊠	雨水设施	小	小学				在待建用地
⊞	卫生设施		燃气设施						规划用地
▢	文化设施	⚡	供电设施						
◉	社区服务设施	◉	污水设施						
老	福利设施	△	邮政设施						
		◉	通讯设备						
		⌂	环卫设施						
		▢	水利设施						
		厕	公共厕所						

图 5-3 上海市控制性详细规划图例示意

（3）资金预算数据充足且准确、明晰

项目申报材料中的资金预算必须数据充足,按照工程定额,做到准确、清晰、完整。从目前的情况来看,资金预算方面的问题还比较多。比如在部分申报材料中,工程单价和资金预算栏的数据填写,出现"或有或无"的现象:一是不能够说明资金预算的构成情况;二是单价不符合工程定额;三是工程量的估算缺乏说明。这一系列必要数据的缺失不利于项目审核,对项目的后期验收、审计工作也造成困扰。

2. 村庄改造项目推进过程规范化

（1）加强建设管理。对工程量大、技术要求高的项目,镇(乡)政府作为项目实施的主体,必须严格按照有关规定和程序,采取公开招标方式确定由有资质的优秀企业施工,委托有资质的监理公司进行监管,统一委托有资质的专业单位进行预算审计和决算审计。实行工程竣工结算、审价、审计制度。把预审结果作为工程招标标的,以达到控制造价目的。具体可借鉴宝山区经验,在前两年的预审中,预算造价低的镇核减 10%,高的镇核减 20%;第一次是对工程决算进行审价,确定项目最终造价。第二次审价主要审核工程量的增减,并对增加工程量的单位造价进行审核。虽然增加了工程管理的二类费用,但通过专业的监理公司进行监管和专业单位进行项目投资预决算审计,大大加强了工程监管力度,有效地控制了造价,避免出现各区县项目实施单价差异过大等情况。

（2）加强资金使用管理。对财政补贴资金要建立专户,实行镇级财政报账制,市、区两级财政资金和建设镇（乡）配套资金要全部进入专户,封闭运行。资金下拨实行审批程序,在项目启动后由中标施工单位按照工程进度提出申请,经监理公司认定,镇乡政府把关,区牵头部门审核签字,区财政依据上述流程按工程进度进行拨付,做到专款专用,并由区财政局负责资金使用情况的监督检查。

（3）加强检查验收。根据有关建设要求,结合区县实际,进一步细化检查验收内容和标准,制定村庄改造项目竣工验收工作方案,明确竣工验收材料、原材料质量资料、监理评估报告、质监评价报告等,由区建委、区农委、区财政局、区发改委、区市容绿化局等专业部门组成项目检查验收小组,通过实地查看、听取汇报、查阅相关资料相结合的方式进行检查验收。对不符合要求的项目提出整改意见,确保工程质量。市村庄改造工作小组在接到区县验收总结报告后,组织成员对各区县村庄改造工作验收情况进行实地审核复查,并作出整体评估。

3. 建立适应村庄改造特点的项目管理办法

针对村庄改造项目杂、碎、小的特点,除工程量大、技术要求高的必须采取规范的项目管理外,一些改造项目可采取总量控制、综合奖补的办法。具体标准由镇村提出,采取邀标、议标的方式确定中标单位,最大限度地减少工程造价和简化手续。可以把村庄改造的内容分成基础设施类和环境整治类两大类,基础设施类走工程建设程序,严格招投标,实施工程监理等规范程序;对环境整治类,调动村民委员会积极性,把资金放到村委会,由村委会组织村民具体实施,区县、镇乡进行验收,达到标准后下拨奖励资金。加强项目审计和监管,可请专业的社会中介作第三方监理,使村庄改造工程成为"阳光工程"、"廉洁工程"。

4. 加大村庄改造项目和资金的整合力度

村庄改造涉及方方面面,以环境整治为例,包括改水改厕、整治河道、清洁家园、环境保护等,与此对应的是众多管理部门,在资金使用上往往也是各行其是,资金使用效率偏低。目前,村庄改造涉及的"婆婆"过多,部分村的改造没有考虑到将来与大市政接轨,有限的资金未充分发挥最大化利用效率。因而,需要以村庄改造为平台,将各部门确定的建设项目和资金聚焦在村庄改造的点上,统一安排项目、统一确定标准、统一调度、资金统一监督验收,达到"各炒一盘菜,同摆一桌席"的目的。

5.2.5　完善村庄改造目标任务配套的长效机制,持续推进村庄改造

1. 健全长效管理机制

长效管理机制的最核心问题,即资金的落实。从前述国内外村庄改造经验中,我们可以发现,国外村庄改造为民间主导型,政府在此过程中的核心职能为引导和规范,对村庄改造的推进工作起到"四两拨千斤"的作用,并不背负长期养护的财政负担。而国内的改造经验如浙江,通过恢复和壮大集体经济,允许村庄土地整理过程中新增加的耕地,按照一定的比例留归村庄开发出租,招商引资,所得收入全部留归村集体,最终由经济能力较为充裕的村级组织承担村庄改造的长效管理责任,见表 5-7。

这些经验可以给上海村庄改造建立长效管理机制提供思路,一是建议从市级"三农"资金中专门划出一块为长效管理资金。二是要在今后工作中,力求由"政府主导型"的村庄改造发展为"民间主导型",发挥村民主体作用。通过调动村民积极性,提高基层参与工作的主动性和自发性。三是发展村集体经济,可借鉴浙江的做法,也可通过产业结构的调整,从村庄自身寻求发展经济的可能性,为长效管理提供资金来源。四是推进村级公益设施管理和养护体制改革,按照"谁投资、谁受益、谁所有、谁养护"的原则,明确农村基础设施的所有权,落实养护主体。村民通过"一事一议"筹资筹劳、加上财政奖补形成的资产,归村集体所有,村级组织承担日常管理养护责任。五是建立资金管理与监督制度,加强保洁员队伍建设,健全养护投入机制。鼓励有条件的地方建立承担日常管理养护责任的农民专业合作经济组织,成为农村专业养护队伍,提高管理水平。六是在以村级组织作为长效管理责任主体的基础上,另辟蹊径。目前,浦东新区在长效管理机制中划分了专业养护和一般养护的出资渠道和补贴标准,通过区分不同类型管护对象和工作性质,采取不同的有效管护方式,区别于其他区县在长效管理机制上存在的笼统和权责不清现象。

表 5-7 　　　　　　　　浦东新区曹路镇"常态化+网格化"的长效管理模式

管理步骤	具体内容
制定新农村建设长效管理目标责任书	(1) 形成八大项目分类管理机制 (一般项目→属地化管理,专业项目→对外发包并组建巡查队) (2) 形成宅前屋后垃圾清理机制 (在村民自愿、有偿的前提下,农村生活垃圾集中采集和分类处理)
建立外包式网格化管理	乡村路桥、雨污水管网、组团绿化、河道等专业养护内容对外发包,由专业公司实施专业养护
建立村民文明素质养成机制	(1) 形成党员干部文明示范机制 (2) 形成文明志愿服务培育机制 (3) 形成村民公共生活培育机制
建立外来人员服务管理机制	(1) 强化外来人员居住地管理机制 (2) 深化农村社区平安联动机制

2. 加强养护队伍建设

按照各村合理配置养护保洁人员的数量,改变部分村保洁人员与工作量不匹配的现象;强化岗位技能培训,提高队伍素质,增强队员责任意识和敬业精神,提高保洁作业水平和质量;健全考核奖惩机制,通过奖勤罚懒充分调动队员积极性,提高养护保洁员的上岗率、履职率、保洁率;要探索建立农村养护保洁的管理机制和体制,比如采取选择委托专业公司、委托社会组织或个人、组建养护队伍、村民或有关单位自行操作等多种方式,实行专业化和集中化管理,对村庄改造后的道路、雨污水管网、河道、绿化、污水净化处理池等各类基础设施进行全覆盖的养护保洁。

最终,以建立常态化、规范化的村庄改造长效管理制度为突破口,健全和完善本市的农村公益性设施和村容环境管护制度,努力实现农村"村容整洁、设施完好,管理有序、运行正常"。

中篇

上海市郊区农村危旧房改造评价

第6章　上海市郊区危旧房改造评价绪论

6.1　评价背景

6.1.1　评价背景

自2009年以来,根据国家安居工程的建设要求,上海市加强建设和交通委员会(以下简称市建交委)会同上海市民政局开展了农村低收入户危旧房改造工作。这项工作得到老百姓的一致好评,各相关部门也积累了丰富的工作经验。由于农村危旧房改造量大面广,在具体推进过程中,上海的各个区县针对组织管理、改造模式、建设标准、财政补贴等方面存在一定差异,遇到的困难和问题也不尽相同。因此,在继续推进实施改造工作的同时,有必要系统地总结实施以来,这项工作所取得的经验、遇到的困难、存在的问题、获得的成效,在此基础上提出进一步优化完善的政策建议和具体的实施措施,指导这项民生工作能够更顺利、更高效地推进,更好地解决农村低收入家庭生活上的基本困难,更好地改善郊区农村百姓基本的居住和生活条件,以此促进城乡的统筹发展、社会的和谐进步。

2012年,建设部、国务院扶贫办等七部委印发文件,要求继续开展农村危旧房改造工作。为贯彻落实中央有关要求,进一步提高农村危旧房改造的质量和水平,了解农民的实际需求,由市建交委组织牵头,各区县多部门共同参与,以上海复旦规划建筑设计研究院为课题研究主体开展"上海农村低收入户危旧房改造后评估研究"的相关工作。

6.1.2　评价依据

(1)《上海市农村村民住房建设管理办法》(市政府71号令,2010年12月20日修正版)等村民建房方面的管理办法、规定、规范。

(2) 住房和城乡建设部《关于印发住房和城乡建设部落实中华人民共和国国民经济和社会发展第十二个五年规划纲要有关主要目标和任务实施方案的通知》(建计函[2011]299号)和国务院扶贫办等七部委《关于印发农村残疾人扶贫工作"十二五"实施方案的通知》(残联发[2011]22号),上海市人民政府办公厅《关于印发2009年市政府要完成的与人民生活密切相关的实事的通知》,上海市建交委等部门《关于2010年本市农村低收入户危旧房改造的实施意见》等文件,以及各区县根据国家和上海市文件精神所制定的实施意见、资金补贴方案、工作计划等各项制度设计。

(3) 各层次城乡规划和土地利用规划,以及其他有关文件、规划、材料。

6.2 评价目的和意义

6.2.1 评价目的

对农村低收入户危旧房改造这一民生工程、实事项目的实施成效进行评价、评估;调查民情民意,更深入了解农村低收入户危旧房改造的现实诉求;对该项工作的进一步推进提出政策和机制建议。

6.2.2 评价意义

一方面,通过深入了解农村低收入户危旧房改造的基本现状,特别是对一些成功案例的分析、总结,对本市农村危旧房改造问题进行探讨与思考,结合村民建房、村庄改造、村庄规划、土地流转、社会保障、新型农村社区建设等相关方面进行系统研究与展望,提出下阶段政策措施完善的基本思路。另一方面,为完善相关工作制度做基础性研究,包括资金补贴、操作流程、改造标准、监管验收,等等,并提出工作建议。

6.3 评价思路、内容、方法与技术路线

6.3.1 评价思路

首先回顾和总结上海近年来,针对农村低收入户家庭危旧房改造这项由市建交委组织、多部门参与的民生工程的工作开展和推进情况;在此基础上,客观评价相关部门的工作完成情况,科学评估所取得的综合效益,认真总结工作推进过程中的成功经验,正视存在的困难,理性分析不足与问题;最后针对相关部门就如何进一步开展、推进和做好这项工作,从政策制定、组织模式、工程施工、技术标准、建设管理、长效机制等方面提出解决问题的方法、优化完善的建议、改进的政策措施等。

6.3.2 评价内容

1. 关于农村低收入户危旧房改造的实施效果评价

不仅关注工程质量等技术问题,尤其要关注社会效应、社会评价和社会需求。一方面,通过问卷调查和访谈,了解农村低收入户对危旧房改造工作的认识和评价、对政策完善的建议、实施前后的心态变化,了解尚未享受此项惠民政策的困难群众的反响和需求;另一方面,也深入了解区县政府和基层乡镇在实施中存在哪些困难、在具体操作有关环节中存在哪些问题、如何提高该项工作的针对性和有效性,以及有关工作效率、进度、节奏,等等。

2. 关于一些具体操作环节的分析和探讨

诸如如何科学组织施工、监管、验收,如何提高施工质量,如何解决竣工验收、交付使用后出现的质量问题,如何组织开展施工保险等具体环节工作,如何结合住建部对农村房屋的抗震、节能要求做好农村地区普通农民房屋抗震、节能改造等等,为政策的完善和机制的创新打下基础。

3. 关于进一步完善农村低收入户危旧房改造工作的建议

（1）如何进一步优化工作流程；

（2）如何准确把握补贴标准和改造标准；

（3）如何科学确定改造规模和资金规模；

（4）如何创新补贴方式和改造方式；

（5）如何完善改造前的遴选机制、改造中的工作机制和改造后的长效维护机制；

（6）如何提高公平性、有效性、长效性等等。

6.3.3　评价方法

评价偏向于应用性研究，以经验性分析研究为主。具体的研究方法主要包括文献研究法、实证研究法、比较分析法、访谈研究法。

1. 文献研究法

为了探讨课题所涉及的问题，本课题查阅了国内部分城市在农村危旧房改造方面的相关政策及理论研究，作为开展课题研究的基础。

2. 实证研究法

为了使研究成果更有针对性，便于后续相关政策研究工作的开展，本课题以上海各区县近年来在危旧房改造过程中的具体案例进行研究，并分析问题、总结经验。

3. 比较分析法

主要通过对国内外危旧房改造或类似的建设行为，进行相关比较研究，总结上海郊区危旧房改造在今后的推进过程中可以借鉴的相关经验。

4. 实地踏勘、访谈研究法

在课题开展过程中，对与课题研究内容相关的人士进行访谈，包括市、区（县）的建交委、农委、民政局等相关部门，镇政府、村委会、村民，及相关领域的专家等。通过调研问卷、访谈咨询、实地调研的形式获取信息，了解对有关问题的看法和建议。

6.3.4　技术路线

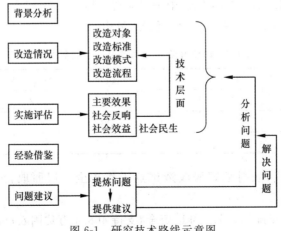

图 6-1　研究技术路线示意图

第7章　上海市郊区危旧房改造的基本情况

7.1　全国层面

7.1.1　总体概述

据住建部抽样调查分析,按农村危险房屋鉴定技术导则(试行)的标准,2008年底全国农村共有约3000万平方米C级和D级危房。农村危房主要有两种形式:一是房屋建筑质量差,虽然建成时间不长,但已无法安全使用;二是建成年代久远(有的达百年以上),已超过房屋使用寿命。从地区分布上看,落后地区农村危房比例高、数量多,发达地区比例低、数量少。但是即使在最发达的如上海、北京、广州等地区,农村也存在一定数量的危房。

2009年初,中央1号文件以及《政府工作报告》都明确提出扩大农村危房改造试点的要求。国家住建部、发改委、财政部等部门开始项目实施的前期准备工作。2009年,中央决定安排40亿元开展扩大农村危房改造试点后,国家住建部、发改委、财政部等部门立即开展实施工作。当年5月初,三部委印发《关于2009年扩大农村危房改造试点的指导意见》(建村[2009]84号),明确了试点工作的基本政策。2010年,中央决定安排75亿元开展扩大农村危房改造试点。同年4月下旬,国家住建部、发改委、财政部印发了《关于做好2010年扩大农村危房改造试点工作的通知》(建村[2010]63号)。2011年,中央决定安排166亿元支持扩大农村危房改造试点。同年5月中旬,国家住建部、发改委、财政部印发了《关于做好2011年扩大农村危房改造试点工作的通知》(建村[2011]62号)。2012年年初,中央最初决定安排225亿元支持扩大农村危房改造试点。5月底,中央追加资金到318.72亿元。7月初,三部委联合印发了政策文件,下达了补助资金及任务,见表7-1。

表7-1　　　　　　　　2008—2012年农村危房改造试点主要指标

年份	2008	2009	2010	2011	2012	合计
资金(亿)	2	40	75	166	318.72	601.72
任务(万户)	4	79.4	120	265	400	868.4
标准(元)	5000		6000		7500	6929(均值)

截至2011年底,农村危旧房改造试点工作在全国层面取得了以下几方面的进展:

(1)中央累计安排283亿元补助资金,支持468.4万贫困农户危房改造;

(2)各年度开工户数基本上超计划,2009年、2010年、2011年的当年竣工率分别为 83.2％、94.0％、97.0％；

（3）实施危房改造的农户，按贫困类型划分，五保户、低保户占 25％，其他贫困户占 72.6％；

（4）改造后 90％以上基本达到抗震结构要求，新建住房户均面积 75 平方米；

（5）户均改造建设费用 3.23 万元，其中各级政府补助 0.96 万元；

（6）全国农村危房改造农户档案管理信息系统录入率达 91.1％，基本实现农户档案户户可查、及时汇总和永久保存。

7.1.2　适用对象

全国层面的农村危旧房改造对象必须同时满足两个条件：住房危险且家庭贫困。其中，"住房危险"是按《农村危险房屋鉴定技术导则（试行）》鉴定为 C 级或 D 级危房，一般由住建部认定。"贫困"指的是农村分散供养五保户、低保户和其他贫困农户（2010 年起突出了贫困残疾人家庭），一般由民政或扶贫部门认定。

7.1.3　相关标准

1. 认定标准

根据住建部联合国家发改委和财政部出台的《关于做好 2012 年扩大农村危房改造试点工作的通知》（建村［2012］87 号）的文件，中央扩大农村危房改造试点补助对象重点是居住在危房中的农村分散供养五保户、低保户、贫困残疾人家庭和其他贫困户。各地按照优先帮助住房最危险、经济最贫困农户解决最基本安全住房的要求，合理确定补助对象。坚持公开、公平、公正原则，规范补助对象的评定、审批程序，实行农户自愿申请、村民会议或村民代表会议经民主评议、乡（镇）审核、县级审批。同时，建立健全公示制度，将补助对象基本信息和各审查环节的结果在村务公开栏公示。区县级政府组织做好与经批准的危房改造农户签订合同或协议的工作。

2. 补贴标准

根据住建部联合国家发改委和财政部出台的《关于做好 2012 年扩大农村危房改造试点工作的通知》（建村［2012］87 号）的文件，2012 年中央补助标准为每户平均 7500 元，在此基础上对陆地边境县边境一线贫困农户、建筑节能示范户每户再增加 2500 元补助。各省（区、市）要依据农村危房改造方式、建设标准、成本需求和补助对象自筹资金能力等不同情况，合理确定不同地区、不同类型、不同档次的分类补助标准。

有关资金筹集和使用管理，按照《中央农村危房改造补助资金管理暂行办法》（财社［2011］88 号）等有关规定加强扩大农村危房改造试点补助资金的使用管理。补助资金实行专项管理、专账核算、专款专用，并按有关资金管理制度的规定严格使用，健全内控制度，执行规定标准，严禁截留、挤占和挪用。各级财政部门要会同发展改革、住房城乡建设部门加强资金使用的监督管理，及时下达资金，加快预算执行进度，并积极配合有关部门做好审计、稽查等工作。

3. 改造标准

根据住建部联合国家发改委和财政部出台的《关于做好 2012 年扩大农村危房改造试点工作的通知》(建村[2012]87 号)的文件,有以下 3 种改造标准。

(1) 翻建新建或修缮加固住房建筑面积原则上控制在每户 40 至 60 平方米。地方政府积极引导,防止出现群众盲目攀比、超标准建房的问题。各地组织技术力量编制可分步建设的农房设计方案并出台相关配套措施,指导农户先建 40 至 60 平方米的安全房,便于农民富裕后扩建。农房设计需符合农民生产生活习惯,体现民族和地方建筑风格,注重保持田园风光与传统风貌。加强地方建筑材料利用研究,传承和改进传统建造工法,探索符合标准的就地取材建房技术方案,推进农房建设技术进步。要结合建材下乡,组织协调主要建筑材料的生产、采购与运输,并免费为农民提供主要建筑材料质量检测服务。

(2) 合理选择改造建设方式,原则上拟改造农村危房属整体危险(D 级)的应拆除重建,属局部危险(C 级)的应修缮加固。各地因地制宜,积极探索符合本地实际的危房改造方式,提高补助资金使用效益。重建房屋以农户自建为主,农户自建有困难且有统建意愿的,地方政府发挥组织、协调作用,帮助农户选择有资质的施工队伍统建。坚持以分散分户改造为主,在同等条件下危房较集中的村庄可优先安排任务。积极编制村庄规划,统筹协调道路、供水、沼气、环保等设施建设,整体改善村庄人居环境。

(3) 农房设计要符合抗震要求,可以选用县级以上住房城乡建设部门推荐使用的通用图,也可使用有资格的个人或有资质的单位的设计方案,还可由承担任务的农村建设工匠设计。

4. 施工资质标准

农村危房改造必须由经培训过的农村建筑工匠或有资质的施工队伍承担。承担农村危房改造项目的农村建筑工匠或者单位要对质量安全负责,并按合同约定对所建房屋承担保修和返修责任。

5. 验收标准

建立农村危房改造质量安全管理制度,严格执行《农村危房改造抗震安全基本要求(试行)》(建村[2011]115 号),积极探索抗震安全检查合格与补助资金拨付进度相挂钩的具体措施。地方各级尤其是县级住房城乡建设部门要组织技术力量,开展危房改造施工现场质量安全巡查与指导监督。乡镇建设管理员要在农村危房改造的地基基础和主体结构等关键施工阶段,及时到现场逐户进行技术指导和检查,发现不符合抗震安全要求的当即告知建房户,并提出处理建议和做好现场记录。

7.2 上海市层面

7.2.1 总体概述

根据国家安居工程的建设要求,上海市高度重视农村低收入户的危旧房改造工作,该项工作由上海市建交委会同市民政局联合开展。2009—2011年的三年中,共完成近8000户的农村危旧房改造,各级财政投入约2亿元。

2009年上海市的农村低收入户危旧房改造工作被列为"市政府要完成的与人民生活密切相关的实事项目"之一。作为此项工作的开头年,改造工作于当年4月份全面启动,7月底前完成了对改造对象、改造方式的排摸、确认工作和实施意见、改造技术要求的制订等前期准备工作,于8月中旬进入施工阶段,11月底基本完成改造,同时开展了竣工一户验收一户的工作,年底全部竣工且通过验收。2009年农村低收入户危旧房改造的计划完成量为2000户,实际完成2016户,资金投入约4700万元。按照这一改造实施步骤,2010年计划完成量为3880户,实际完成3943户。2011年计划完成量为1931户,实际完成1947户,资金投入约5100万元。

在改造工作的开展过程中,上海市的农村低收入户危旧房改造机构主要由市建交委牵头,市民政局、市财政局配合,各区县政府组织实施。按照"农民自愿、政府扶持、保底帮困、因地制宜、安全适用"的要求,经梳理排摸、农户自愿申请、村评议、镇(乡)审核、区(县)审批,确定改造对象和改造方式。经过近几年的努力,农村低收入户危旧房改造已经成为完善上海城乡住房保障体系、促进农村民生改善的一项重要工作。

7.2.2 适用对象

开展农村低收入家庭危旧房改造是一项重要的民生工作,也是国家保障性安居工程建设的重要内容。根据《关于2010年本市农村低收入户危旧房改造的实施意见》(沪建交联[2010]592号)文件,上海市的农村危旧房改造对象必须同时符合以下"双困"条件。

(1) 经济困难,属于农村低保家庭或无能力自行改善居住条件的低收入家庭;

(2) 住房危旧,并且是农户实际居住使用的住房。

因此,"经济困难"和"住房危旧"这两大条件是上海市开展农村低收入家庭危旧房改造工作遴选改造对象的基本标准。

7.2.3 相关标准

1. 认定标准

上海市在国家层面的标准上,更加细化了对满足"农村低收入家庭"和"危旧房"两者条件的改造对象认定标准。

(1) 农村低保家庭的认定:根据《上海市城乡居民最低生活保障申请家庭经济状况认定标准(试行)》(沪府办发[2012]32号)的通知,上海市城乡居民最低生活保障申请家庭经济状况的认定标准包括:①申请家庭月人均收入低于本市同期城乡居民最低生活保障标准。②3人户及以上家庭人均货币财产低于3万元(含3万元),2人户及以下家庭人均货币财产低于3.3万元(含3.3万元),并随本市经济社会发展适时适度调整。③申请家庭成员名下无生活用机动车辆(残疾人用于功能性补偿代步的机动车辆除外)。④申请家庭成员名下无非居住类房屋(如商铺、办公楼、厂房、酒店式公寓等),但有"居改非"房屋且兼作家庭唯一居住场所的除外。⑤城镇居民申请家庭成员名下仅有 1 套住房或无房,或者有 2 套住房但人均建筑面积低于统计部门公布的上年度本市人均住房建筑面积。上述住房包括商品住房、售后公房、老式私房、实行公有住房租金标准计租的承租住房、宅基地住房。农村居民申请家庭除宅基地住房、统一规划的农民新村住房外,家庭成员名下无其他商品房。

(2) 农村低收入家庭的认定:根据《关于开展 2012 年农村低收入家庭危旧房改造和调差统计的通知》(沪建交[2012]214 号),上海市的农村低收入家庭的调查统计口径为"家庭人均月收入低于本市 2012 年低保家庭人均月收入的 1.5 倍,并注明低保家庭和持证残疾人"。这一认定标准已在往年的基础上有所调整,见表 7-2。

表 7-2 农村低收入家庭认定标准的历年调整情况

年份	农村低收入家庭的认定标准
2010	属于农村低保家庭或无能力自行改善居住条件的低收入家庭
2011	家庭人均月收入低于 360 元的低保户和家庭人均月收入低于 540 元(低保户标准的 1.5 倍)的低收入户。低保、低收入户中的持证残疾人,需注明
2012	家庭人均月收入低于本市 2012 年低保家庭人均月收入的 1.5 倍,并注明低保家庭和持证残疾人

改造对象的认定,必须坚持公开、公平、公正原则,规范审核、审批程序,实行农户自愿申请、村民主评议、镇(乡)审核、区(县)审批。同时,要建立健全公示制度;镇(乡)政府要组织做好与经批准的危旧房改造农户签订合同或协议工作。具体申请和认定办法由各区(县)制定。

(3) 危旧房认定标准:根据《关于开展 2012 年农村低收入家庭危旧房改造和调差统计的通知》(沪建交[2012]214 号),危旧房的调查统计口径为"房屋结构严重损坏或承重构件属于危险构件,随时可能丧失稳定和承载能力;年久失修、渗漏严重、不能满足正常居住使用需求"。这一认定标准也是在往年的基础上略有调整,见表7-3。

表 7-3 农村危旧房认定标准的历年调整情况

年份	农村危旧房的认定标准
2010	(1)结构已严重损坏或承重构件已属危险构件,随时有可能丧失结构稳定和承载能力,不能保证居住和使用安全的房屋;
2011	(2)年久失修、漏雨严重、不能满足正常居住使用要求,必须修缮的有证房屋; (3)破损较严重、使用条件较差、人均居住面积明显低于当地农民居住面积的有证房屋
2012	(1)房屋结构严重损坏或承重构件属于危险构件,随时可能丧失稳定和承载能力; (2)年久失修、渗漏严重、不能满足正常居住使用需求

此外,根据住房和城乡建设部《关于印发"农村危险房屋鉴定技术导则(试行)"的通知》(建村函[2009]69号),房屋危险性鉴定,应按下列等级划分:①A级,结构能满足正常使用要求,未发现危险点,房屋结构安全。②B级,结构基本满足正常使用要求,个别结构构件处于危险状态,但不影响主体结构安全,基本满足正常使用要求。③C级,部分承重结构不能满足正常使用要求,局部出现险情,构成局部危房。④D级,承重结构已不能满足正常使用要求,房屋整体出现险情,构成整幢危房。上海市的农村危旧房改造参照上述房屋鉴定技术的规定,原则上以C级和D级作为改造认定的标准。

2. 补贴标准

根据《关于2010年本市农村低收入户危旧房改造的实施意见》(沪建交联[2010]592号)中提出改造资金的来源,通过农户自筹、政府补助,共同筹集改造资金。政府补助资金,由区(县)财政承担;财力困难的区(县),补助资金可在市财政下达的一般性财政转移支付"三农"类资金中统筹安排。同时,鼓励村集体、同村农户和社会各界出资出劳。村委会做好宣传发动,努力形成村民共同扶贫帮困良好氛围。补助标准原则上按每户危旧房改造实际造价的80%至100%予以政府补助。其中,农村低保困难家庭的补助金额每户不超过3万元;农村低收入家庭的补助金额每户不超过2.6万元;修缮改造的补助金额每户1万元内。经认定确实无力出资的特殊困难农户家庭,政府可适当增加补助费用。具体政府补助标准,由各区(县)制定。

3. 改造标准

上海市根据住建部的文件精神,并结合自身情况于《关于2010年本市农村低收入户危旧房改造的实施意见》(沪建交联[2010]592号)中提出改造标准为如下3种:

(1)要区分不同危旧房情况,以满足最基本的居住功能和安全为前提,因地制宜、合理确定改造标准,科学制定改造工程方案。修缮改造,依据不同修缮内容,按照有关技术标准执行;无相关修缮标准的,由各区(县)牵头负责部门委托相关技术单位提供技术指导。翻建改造,以紧凑型、小户型、单层为主,控制建设造价和建筑面积。改造后住房的用地和建筑面积应符合农民个人建房相关政策规定。具体翻建标准,由各区(县)制定并指导实施。

(2)改造以原址翻建、加固修缮等方式为主。根据拟改造房屋实际,参照国家和本市有关房屋鉴定技术规定,合理确定翻建或修缮改造方式(拟改造房屋属整栋危房D级的必须拆除翻建,属局部危险C级的应修缮加固)。

(3)改造工程要精心组织、认真指导、加强管理,注重工程质量、安全施工、节能节地、环境保护、乡村风貌,积极采用农村实用技术、材料、工艺和设备,并考虑材料的可回收与再利用,确保工程质量和安全、成本控制。

4. 施工资质标准

改造工程可由农户自行选择符合条件的施工队伍自建自修,或由镇(乡)政府选择有资质的施工队伍统建统修等。

5. 验收标准

各区（县）建设管理部门建立农村危旧房改造质量安全管理制度，组织力量做好设计、监理及技术指导等服务。镇（乡）人民政府负责组织竣工验收，经验收合格后的房屋方可交付使用，验收结果须送区（县）建设管理部门备案。

各区（县）改造牵头部门会同区（县）相关部门对本区（县）镇（乡）改造工作予以指导和检查，并按要求定期向市建委交通委报送本区（县）改造工作简报。年底，市建设交通委将会同市相关部门对各区（县）改造工作完成情况组织进行专项检查，并向市政府通报改造落实完成情况，见表7-4。

表7-4　　　　　　　　农村低收入户危旧房改造工作区县考评表

项目大类	考评内容		复核验收小组考评
	项目子类	工作要点	
组织推进情况	工作机制建设情况	(1) 建立区县低收入危旧房改造工作小组,明确牵头部门和各相关部门职责(10分)	
		(2)镇(乡)、村分管领导、工作班子明确,保障危改实施扎实有力(10分)	
		(3)建立区(县)、镇(乡)指导协调沟通机制,部门配合协作,解决各类难题(10分)	
	规章制度建设情况	(1)健全危旧房改造工作制度和规范,确保危改工程质量达标(5分)	
		(2)健全资金管理和使用各项制度和规范,确保资金使用安全(5分)	
		(3)建立档案管理制度,做到一户一档,配备使用电脑设施(5分)	
	公众参与情况	(1)规范公示制度,维护农民的知情权、监督权(5分)	
		(2)探索、建立各项激励机制,鼓励社会各界积极投入(5分)	
	节点完成情况	按照市政府下达任务时间节点要求完成改造(5分)	
	项目实施情况	(1)按照协议书要求完成改造任务,质量达标(5分)	
		(2)上网登记,做好一户一档(5分)	
资金情况	资金投入使用情况	(1)区县危旧房改造专项资金足额配套到位(10分)	
		(2)改造资金专款专用,严格管理(10分)	
验收总结情况	验收情况	建立各有关部门、相关专家共同组成验收队伍,严格验收标准,对每户改造户进行验收(5分)	
	总结情况	完成验收总结报告编写、相关资料、档案汇总(5分)	
验收总分	总分	100分	

7.2.4　改造流程

上海市的农村低收入户危旧房改造基本遵循"农户自愿申请、村民主评议、镇（乡）审核、区（县）审批"的认定方式，按照"项目确认→组织实施→竣工备案"的流程进行改造工作的推进。在此基础上,各区(县)结合自身情况进行调整,因地制宜地推进危旧房改造。如图 7-1 所示,课题对上海农村低收入户危旧房的改造流程进行解析。

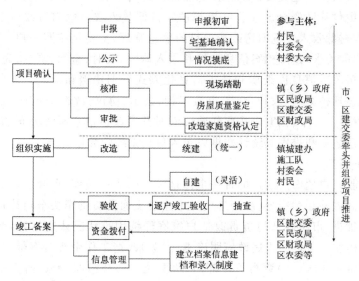

图 7-1　上海市农村低收入户危旧房改造的流程解析

1. 项目确认

农村低收入户危旧房改造项目的确认,是在市级工作任务下达之后,首先由各区(县)编制工作计划和资金预算。主要由区建交委牵头,联合区民政局、财政局、农委及区各镇(开发区)地方政府,就本区的农村低收入户危旧房改造工作开展推进会议,明确年度的工作目标和时间节点。其次,本着符合条件、自愿申请要求改造为前提,由村委会摸查情况,并通过公示听取村民意见无异议后,审核并汇总到上级主管部门。第三,区建交委、民政局以及相关部门根据上报初审的汇总名册,现场踏勘。其中,区建交委会主要负责对农户实际居住使用的住房质量情况进行现场踏勘并认定,区民政局负责对改造家庭经济困难状况的审核,区建交委和民政局共同核定当年农村低收入户危旧房改造计划,并由区财政局负责改造资金的落实。

2. 组织实施

各级政府是农村低收入户危旧房改造工作的实施责任主体。在改造实施前,需要签订"翻建和修缮协议书","协议书"分两个层次签订,首先是区民政局与各镇人民政府签订协议,其次是各镇与相关村委会和相关户签订三方协议,明确相关事项和各方责任。改造模式分为两种,一种是统建,即由镇政府选择有资质的施工队伍修缮;另一种是自建,即由农户自行选择符合条件的施工队伍自建自修。改造以原址翻建、加固修缮等方式为主。根据拟改造房屋实际,参照国家和本市有关房屋鉴定技术规定,合理确定翻建或修缮改造方式。

3. 竣工备案

农村危旧房改造工作完成后,在区建交委质量监督部门的指导下,各镇政府负责组织竣工验收。区建交委组织相关职能部门进行工程竣工验收复查,经验收合格的房屋方可拨付补助资金。验收结果须送农村低收入农户危旧房改造牵头部门备案。此外,农村低收入户危旧房改造项目的信息管理,主要是按照一户一档、批准一户、建档一户的要求,建立档案信息建档和录入制度,及时、全面、真实、完整、准确地将每户危旧房改造信息以纸质和数字信息化方式分别建档和录入。每户农户危旧房改造档案包括档案表、农户申请、审核审批、公示、协议、改造前后住房资料(含影像资料)等材料。其中,档案表按照住建部农村危房改造信息系统公布的样表制作。各区(县)改造数量和进度等统计数据以录入信息系统的数据为准。

4. 责任分工

农村低收入户危旧房改造的责任主体是区(县)人民政府,市政府相关职能部门依据各自职能做好相关指导、协调工作。市建设交通委负责牵头全市改造工作的综合组织协调推进,市民政部门负责改造户家庭经济困难状况认定指导,市财政局负责协调资金落实。区(县)人民政府明确本区(县)改造工作牵头负责部门,并负责落实相关改造资金。区(县)牵头负责部门,负责统一协调组织、推进落实所辖行政区域范围内的改造工作。

目前除金山区和浦东新区,其他区(县)主要由区建交委负责牵头全区改造工作的综合组织协调;区民政局负责补助对象认定、计划审核、参与计划审定及区级验收工作;区财政局负责区级财政承担资金拨付、参与计划审定及区级验收工作;区农委参与计划审定及区级验收工作;相关镇、开发区负责本辖区范围内翻建、修缮工作的计划上报、方案编制、组织实施、竣工初验及本级财政承担的资金拨付工作。此外,各区(县)改造牵头部门要会同区(县)相关部门加强对本区(县)镇(乡)改造工作的指导和检查,并按要求定期向市建交委报送本区(县)改造工作简报。年底,市建交委将会同市相关部门对各区(县)改造工作完成情况组织进行专项检查,并向市政府通报改造落实完成情况。

第8章　上海市郊区危旧房改造的实施评估

8.1　主要效果

8.1.1　总体实施效果

自农村低收入户危旧房改造工作以来,此项工作有效帮助了一部分农村贫困家庭翻建和修缮危旧房屋,解决了他们的住房危险和住房困难,取得了较好的社会效益。表8-1汇总了近几年上海各区县农村低收入户危旧房改造计划与实际实施的数据。结合该表从市域层面,具体分析历年各区县农村低收入户危旧房的改造情况,见图8-1。

表 8-1　上海近几年农村低收入户危旧房改造计划与实际实施情况汇总表

序号	区县	2009 年			2010 年			2011 年			三年合计		
		计划完成量（户）	实际安排量（户）	比例	计划完成量（户）	实际安排量（户）	比例	计划完成量（户）	实际安排量（户）	比例	计划完成量（户）	实际安排量（户）	比例
1	崇明县	1 316	1 303	99.0%	2 487	2 487	100.0%	1 454	1 454	100.0%	5 257	5 244	99.8%
3	金山区	130	139	106.9%	159	181	113.8%	83	83	100.0%	372	403	108.3%
4	松江区	94	126	134.0%	160	171	106.9%	85	97	114.1%	339	394	116.2%
5	奉贤区	80	80	100.0%	92	92	100.0%	73	74	101.4%	245	246	100.4%
6	浦东新区	300	277	92.3%	928	958	103.2%	197	201	102.0%	1 425	1 436	100.8%
7	闵行区	20	20	100.0%	20	20	100.0%	9	9	100.0%	49	49	100.0%
8	宝山区	20	20	100.0%	—	—					20	20	100.0%
9	嘉定区	20	24	120.0%				3	3	100.0%	23	27	117.4%
10	青浦区	20	27	135.0%	34	34	100.0%	27	26	96.3%	81	87	107.4%
	合计	2 000	2 016	100.8%	3 880	3 943	101.6%	1 931	1 947	100.8%	7 811	7 906	101.2%

1. 2009 年

根据当年度安排的危旧房改造计划完成量,金山区、松江区、嘉定区和青浦区的实际安排量超过原定计划,超额完成改造工作,完成比例分别为金山区(106.9%)、松江区(134.0%)、嘉定区(120.0%)和青浦区(135.0%);奉贤区、闵行区和宝山区的实际安排量与计划完成量持平;崇明县和浦东新区的实际安排量比计划完成量略少。可以看到,各区县中以崇明县的危旧房改造任务最重,占全市农村低收入户危旧房改造总量的比例为65%,其次是浦东新区(占比14%)、金山区(占比7%)、松江区(占比 6%)、奉贤区(占比 4%),而闵行区、宝山区、嘉定区和青浦区的危旧房改造实际安排量相当,占改造总量的比例较小,为 1% 左右,见图 8-1 和图 8-2。

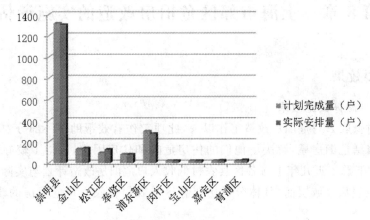

图 8-1　2009 年各区县农村低收入户危旧房改造情况

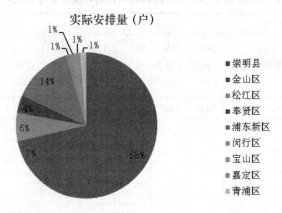

图 8-2　2009 年各区县农村低收入户危旧房改造占总量的比例分布

2. 2010 年

根据当年度安排的危旧房改造计划完成量,金山区、松江区、浦东新区的实际安排量超过原定计划,超额完成改造工作,完成比例分别为金山区(113.8%)、松江区(106.9%)和浦东新区(103.2%),崇明县、奉贤区、闵行区和嘉定区的实际安排量与计划完成量持平。可以看到,各区县中仍然以崇明县占全市农村低收入户危旧房改造总量的比重最大,占总量的比例为 63%,其次是浦东新区(占比 24%)、金山区(占比 5%)、松江区(占比 4%)、奉贤区(占比 2%),闵行区和青浦区危旧房改造实际安排量相当,占改造总量比例为 1% 左右,见图 8-3 和图 8-4。

3. 2011 年

根据当年度安排的危旧房改造计划完成量,松江区、浦东新区、奉贤区的实际安排量超过原定计划,超额完成改造工作,完成比例分别为松江区(114.1%)、浦东新

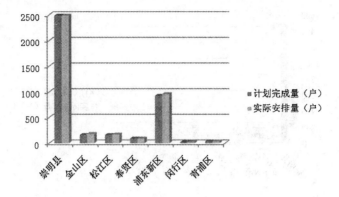

图 8-3 2010 年各区县农村低收入户危旧房改造情况

实际安排量（户）

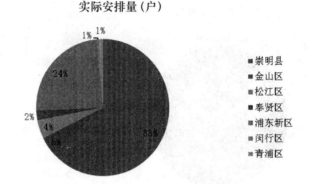

图 8-4 2010 年各区县农村低收入户危旧房改造占总量的比例分布

区（102.0％）和奉贤区（101.4％），崇明县、金山区、闵行区、嘉定区和青浦区的实际安排量与计划完成量基本持平。可以看到，各区县中以崇明县占全市农村低收入户危旧房改造总量的比重最大，占总量的比例上升为 75％，其次是浦东新区（占比 10％）、松江区（占比 5％）、金山区（占比 4％）、奉贤区（占比 4％），闵行区和青浦区的危旧房改造实际安排量占改造总量的比例非常小，见图 8-5 和图 8-6。

综上所述，将各区县农村低收入户危旧房改造的数量按照时间顺序作曲线分析，如图 8-7 所示可以发现，近三年崇明县和浦东新区的危旧房改造数量波动较大，其他各区的改造数量也略有起伏，整体呈现如下趋势：2009—2010 年农村低收入户危旧房改造工作达到一个顶峰，随着改造过程的逐步推进，农村的危旧房数量已有较大幅度的减少；自 2011 年开始，各区县改造的计划完成量比往年有所减少，并由于行政区划的调整，浦东新区的改造计划完成量随南汇区的并入而增加。2009 年和 2010 年各区县危旧房的实际改造量多数超额完成，或与当年的计划完成量持平，而 2011 年这一情况有所变化，说明农村低收入户危旧房改造的推进力度在 2009—2010 年比较大，经过近两年的努力，全市面上的农村危旧房数量已经显著减少。

此外，将各区县历年危旧房的改造数量进行整合，可以发现 2009—2011 年间各

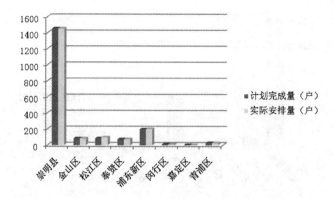

图 8-5　2011 年各区县农村低收入户危旧房改造情况

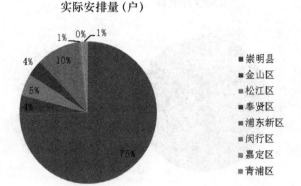

图 8-6　2011 年各区县农村低收入户危旧房改造占总量的比例分布

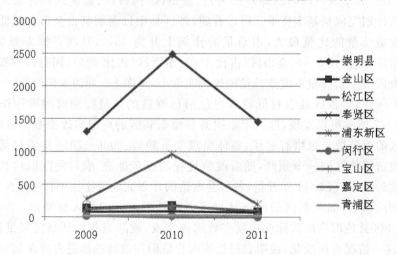

图 8-7　2009—2011 年各区县农村低收入户危旧房改造数量的变化情况

区县危旧房改造数量的比例分布:其中,崇明县作为改造"大户",一直占据该项工作的重心,占全市农村低收入户危旧房改造总量的比重为66%,其次是浦东新区(占比18%)、金山区(占比5%)、松江区(占比5%)、奉贤区(占比3%),闵行区、青浦区、宝山区和嘉定区占改造总量的比例较小,所占比例为1%及以下,见图8-7和图8-8。

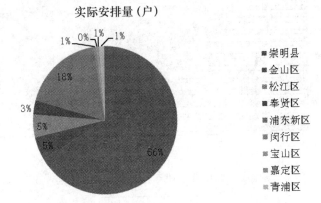

实际安排量(户)

图例:崇明县、金山区、松江区、奉贤区、浦东新区、闵行区、宝山区、嘉定区、青浦区

图 8-8　2009—2011 年各区县农村低收入户危旧房改造占总量的比例分布

8.1.2　各区县实施效果

按照行政辖区的划分,进一步分析各区县农村低收入户危旧房的改造情况。

1. 崇明县

(1)完成情况

崇明近三年共完成 5244 户农村危旧房改造,经过村民委员会组织排摸、村民代表大会讨论通过、乡镇政府审核确认、县民政局审核的认定程序,2009 年完成的改造数量为低保户 1020 户(翻建 391 户,修缮 629 户);低收入户 283 户(翻建 135 户,修缮 148 户);2010 年完成的改造数量为低保户 1373 户、低收入户 1114 户,其中翻建的为 1064 户、修缮的为 1423 户;2011 年完成的改造数量为低保户 714 户、低收入户 740 户,其中翻建为 690 户、新建为 55 户、修缮为 709 户。崇明县的农村低收入户危旧房改造工作一般于 6 月启动,在 8 月底前完成了改造对象、改造方式的排摸、确认工作和实施意见、改造技术要求的制订等前期准备工作,并于 9 月中旬进入施工阶段,11 月底基本完成改造,12 月中上旬完成验收,见表 8-2 和图 8-9、图 8-10。

表 8-2　　　　　　　　　　崇明县农村低收入户危旧房的改造情况

年份	竣工数	翻建(户)	修缮(户)	补助(万元)
2009	1 303	526	777	1 420
2010	2 487	1 064	1 423	2 520
2011	1 454	745	709	1 794
合计	5 244	2 335	2 909	5 734

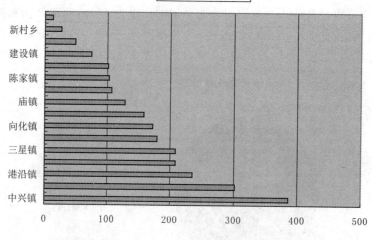

图 8-9　2010 年崇明县各镇改造完成情况

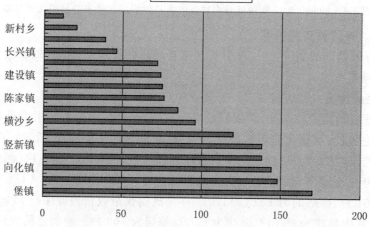

图 8-10　2011 年崇明县各镇改造完成情况

（2）资金来源与补助标准

崇明县采取了如下方式：①在资金来源方面，遵循农村危旧房改造按农户自筹和政府补助相结合的原则，根据不同家庭情况采取两种补助标准。低保户的改造资金由政府进行定额补助，低收入户按低保户补助标准的 80％ 进行定额补助，超出补助资金以外的投入由农户自筹。②在补助标准方面，翻建按每平方米 450 元进行补助。其中，1 人户为 30 平方米，2 人户为 40 平方米，3 人以上户补助面积上限为 60 平方米，现有权证面积低于上述标准的按权证数补助。修缮按 1～2 人户 6 000 元，3 人以上户 8 000 元进行补助。（由于物价上涨等因素的影响，2010 年、2011 年在此基础上已有一定的调整）。③在补助资金拨付方面，补助资金在改造房屋经验收合格后一次性拨付。

表 8-3　　　　　　　　　　　　崇明县改造资金来源与补助标准表

补助原则	农户自筹、政府补助相结合
补助标准	低保户与低收入户由政府定额补助,比例为 1∶0.8
翻建标准	2009、2010:低保户 450 元/平方米(1 人户 30 平方米;2 人户 40 平方米;3 人以上补助面积为 60 平方米)
	2011:低保户 500 元/平方米(1 人户 30 平方米;2 人户 40 平方米;3 人以上补助面积为 60 平方米)
修缮标准	2009、2010:1~2 人户 6 000 元;3 人以上户 8 000 元
	2011:1~2 人户 8 000 元;3 人以上户 10 000 元
补助资金拨付方式	验收合格后一次性拨付

(3)工作思路与方式

崇明县的农村危旧房改造工作,与市级层面的要求保持一致。主要抓工作中的 3 个环节:①抓住改造对象的确定环节。为确保改造任务的完成,由村委会按照先低保后低收入,先修缮后翻建,先特危房后破损房的原则,拟定当年的改造对象名单,并经村民代表大会讨论通过并公示一周无异议的,经乡镇审核报民政局审定后确定改造对象的名单,确保改造对象名单的客观、公正。②抓住改造方式的确定环节。根据拟改造房屋实际,由村委会拟定改造方式后报镇(乡)政府,镇(乡)政府村建部门对上报的名单,参照有关房屋鉴定技术规范,逐户审定,并通过公示听取村民意见,确保改造方式的合理确定。③抓住质量验收环节。各镇(乡)对危旧房改造工作开展情况进行监管,相关职能部门对各镇(乡)工作开展情况进行不定期检查,确保工程质量和安全。同时改造房屋须符合改造技术要求,对不符合改造要求的不予验收,不拨付补助资金,确保改造补助资金用到实处。另外,在改造过程中,将危旧房改造同新农村建设和创建优美乡镇相结合、同拆除违法建筑相结合、同节约土地相结合,促进了新农村的建设。

此外,作为上海农村低收入户危旧房改造任务最重的区域,崇明县按照相关要求,对"十二五"期间农村低收入家庭危旧房改造目标已做初步统计,如表 8-4 所示。可以看出,尽管近几年崇明县的改造工作已取得较大成绩,但在未来几年,农村低收入户危旧房的改造任务依旧十分重。

表 8-4　　　　　　　　　　　　崇明县 2012—2015 年农村低收入户
危旧房调查统计汇总表(仅为排查数据)

年份	汇总		低保户				低收入户			
	总户数	其中残疾人户数	翻建(户)	修缮(户)	小计		翻建(户)	修缮(户)	小计	
					户数	其中残疾人户数			户数	其中残疾人户数
2012	2473	212	569	412	981	123	816	676	1492	89
2013	2122	91	395	353	748	52	672	702	1374	39
2014	1513	65	269	290	559	45	391	563	954	20
2015	1431	33	234	269	503	24	370	558	928	9
合计	7539	401	1467	1324	2791	244	2249	2499	4748	157

三年来,崇明县农村低收入户危旧房的改造工作显现了 3 个特点:①改造量较大。在上海市域范围内与其他区相比,崇明县的经济发展较为薄弱,且农村低收入户危旧房的改造任务量繁重,未来仍有较大的改造需求,可以说上海市农村低收入户危旧房改造的工作重心在崇明县。②翻建户少于修缮户。③经过改造,农村困难群众的住房条件显著改善。

2. 金山区

(1) 完成情况

2009 年农村危房改造项目计划完成 130 户危旧房屋改造任务,但实际完成超出了计划,补助 139 户,其中翻建 74 户,修缮 65 户,总补助资金 191 万元。2010 年,完成翻建、修缮危房共 181 户,其中翻建 97 户,修缮 89 户,当年用于农村低收入户危旧房改造项目的区补资金为 259 万元。2011 年,全年改造总户数为 83 户,区级补助资金为 135 万元,其中,翻建户 42 户,修缮户 41 户。三年共计完成农房改造 403 户,财政投入 585 万元,见表 8-5、图 8-11 和图 8-12。

表 8-5　　　　　　金山区农村低收入户危旧房的改造情况

年份	竣工数(户)	翻建(户)	修缮(户)	补助(万元)
2009	139	74	65	191
2010	181	97	84	259
2011	83	42	41	135
合计	403	213	190	585

注:数据统计以汇总到市建委处的为准,并通过农户档案管理信息系统核定

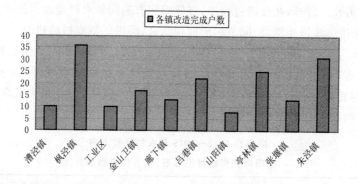

图 8-11　2010 年金山区各镇改造完成情况

(2) 资金来源与补助标准

金山区区分不同危旧房情况,以满足最基本的居住安全和居住功能为前提,因地制宜、合理确定补助标准。对需要翻建的农村低保家庭的区级补助每户不超过 3 万元,农村低收入家庭的区级补助每户不超过2.6万元;对需要修缮的农村低保低收入家庭的区级补助每户不超过 1 万元。镇级财政补助资金按照区、镇(金山工业区)1:0.5的比例配套。村级对农村危旧房改造的资助,由镇(金山工业区)根据实际情

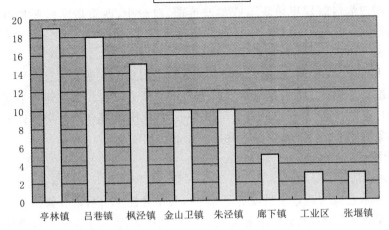

图 8-12　2011 年金山区各镇改造完成情况

况自行确定,见表 8-6。

表 8-6　　　　　　　　　　金山区改造资金来源与补助标准表

区县	年份	翻建		修缮	区级补助	镇级补助	村级资助
		低保	低收入				
金山区	2009—2011	≤3.0 万元	≤2.6 万元	≤1.0 万元	镇按区 0.5 计		按实际合理确定

（3）工作思路与方式

与其他各区县不同,金山区的农村低收入户危旧房改造工作在区级层面仍然由区民政局牵头,其改造实施工作的推进采用如下方式:区民政局每年在四、五月份,以会议或下发通知的形式明确对象范围,要求通过排摸申报、初审拍照、落实地基、现场勘察、当场确定、审批汇总、签订协议、资金到位、验收拍照和立卷存档等程序完成整个工作。①通过村委会排摸并申报到镇社会救助事务管理所(简称社救所);②镇级社救所汇总后逐户初审,并对初审通过的危旧房屋进行拍照;③镇级社救所协调本镇土地部门落实需要翻建房屋的宅基地;④区民政局根据各镇初审后的汇总名册,再逐户现场勘察,当场根据具体情况确定补助经费,并现场向村和户提出翻建或修缮的基本方案和要求;⑤各镇社救所根据区民政局的现场确定,为每户填报一份"金山区农村贫困户危房翻建申请表",经区民政局审批后汇总;⑥签订翻建和修缮协议书,"协议书"分两个层次签订,首先是区民政局与各镇人民政府签订双方协议,其次是各镇与相关村委会和相关户签订三方协议。以明确相关事项和各方责任;⑦根据不同情况,落实各级补助资金,并按协议要求的方式拨款。在区补的基础上,镇、村经济实力强的可多补,经济实力弱的可少补,没有经济实力的协助相关事宜的落实和处理;⑧按照"尽量赶在汛期之前完工"的要求,镇级社救所逐户验收,对符合要求的进行拍照存档,对不符合要求的提出整改措施;⑨区民政局按照每户的"金山区农村贫困户危房翻建申请表",收集改造前、改造中、改造后三张照片,以及汇总表、拨款存根和与各镇签订的《农村贫困户危房翻建(修缮)协议书》分别存档,并将有关信息输入市建交委的信息系统。

2009 年至 2011 年间,金山区农村低收入户危旧房的改造工作显现了 3 个特点:①补助标准稳步提高。农村困难群众改造房屋的压力减少。②翻建户多于修缮户。由于补助标准的提高,翻建户的资金压力变小,农村困难群众的住房条件显著改善。③补助对象的家庭结构分布明显。残疾人家庭占到三成。

3. 青浦区

(1) 完成情况

2009 年农村危房改造项目改造了 27 户,其中翻建 27 户,未有修缮户,总补助资金 108 万元。2010 年,完成翻建危房共 34 户,其中翻建 34 户,也未有修缮户,当年用于农村低收入户危旧房改造项目的区补资金为 182 万元。2011 年,全年改造总户数为 26 户,区级补助资金为 165 万元,其中翻建户 18 户,修缮户 8 户。三年共计完成农房改造 87 户,财政投入 455 万元,见表 8-7、图 8-13 和图 8-14。

表 8-7　　　　　　　　　青浦区农村低收入户危旧房的改造情况

年　份	总数	翻建(户)	修缮(户)	资金(万元)
2009	27	27	0	108
2010	34	34	0	182
2011	26	18	8	165
总　计	87	79	8	455

注:数据统计以汇总到市建委处的为准,并通过农户档案管理信息系统核定。

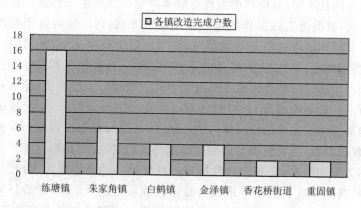

图 8-13　　2010 年青浦区各镇改造完成情况

(2) 资金来源和补助方式

2010 年青浦区农村低收入户翻建每户按 6.5 万元配套经费标准进行,其中区财政 4.5 万元,镇、街道 2 万元。2011 年农村低收入户翻建每户按 6.0 万元、修缮每户按 3.0

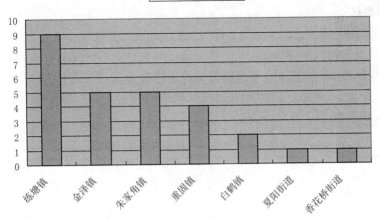

图8-14　2011年青浦区各镇改造完成情况

万元的配套经费标准进行,由区、镇两级财政各承担一半。考虑到人工费及水泥等原材料涨价因素,2012年的补贴标准从上年翻建6.0万元/户的基础上提高到9.0万元/户,修缮3万元/户的基础上提高至4.5万元/户,由区、镇两级财政各承担一半,见表8-8。

表 8-8　　　　　　　　2010—2012年青浦区改造资金来源与补助标准表

区县	年份	翻建		修缮	区级补助	镇级补助
		低保	低收入			
青浦区	2010	6.5万元		—	区4.5万元	镇、街道2万元
	2011	6.0万元		3.0万元	区镇各半	
	2012	9.0万元		4.5万元	区镇各半	

（3）工作思路与方式

青浦区农村低收入户危旧房改造的工作流程具体分为三个阶段:第一阶段由各镇、街道负责调查摸底。具体由所在村委会组织对象排摸并在本村公示,经公示无异议后,报所在镇、街道审核,报区民政部门予以核实确认公示。第二阶段是在公示无异议后,由各镇、街道填写农村低收入户危房翻（修）建审批表,由财政落实资金,各镇街道选择有资质的施工单位签订施工合同。第三阶段于工程完工后由各镇、街道组织竣工验收,验收合格后填写竣工备案表。之后报区建交委、民政局、财政局竣工备案。由区财政局将资金拨付给区建交委,再下达各镇、街道。

三年来,青浦区农村低收入户危旧房的改造工作显现了3个特点:①危旧房改造工作稳步推进。与崇明县和金山区的改造数量相比,青浦区的改造数量较小。②以翻建户数为主。因采用翻建方式的改造成本较高,青浦区改造资金的投入也相对较大。③改造注重"两个结合"。一方面是危旧房改造与无障碍环境建设相结合,考虑到农村低收入户大多为残疾人、智障、老年人等实际情况;另一方面危旧房改造与新农村建设相结合,使得危旧房改造工作与目前新农村建设中的村庄整治工作形成一个统一整体。

4. 奉贤区

(1) 完成情况

根据目前数据的掌握情况,2009 年奉贤区的农村危旧房改造户数为 80 户,其中翻建 45 户,修缮 35 户。2010 年农村危房改造户数为 92 户,其中翻建 58 户,修缮 34 户,总补助资金 92 万元。2011 年农村危房改造户数为 74 户,其中翻建 43 户,修缮 31 户,总补助资金 212 万元,见表 8-9、图 8-15 和图 8-16。

表 8-9 奉贤区农村低收入户危旧房的改造情况

年份	竣工数(户)	翻建(户)	修缮(户)	补助(万元)
2009	80	45	35	69
2010	92	58	34	92
2011	74	43	31	212
合计	246	146	100	373

注:数据统计以汇总到市建委处的为准,并通过农户档案管理信息系统核定。

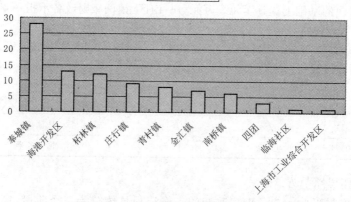

图 8-15 2010 年奉贤区各镇改造情况

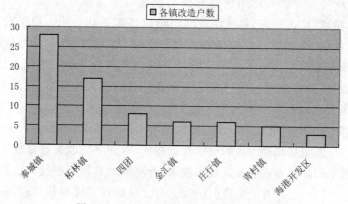

图 8-16 2011 年奉贤区各镇改造情况

（2）资金来源和补助方式

奉贤区的改造资金采取农户自筹、政府补助共同筹集方式，同时鼓励村集体、同村农户和社会各界出资出劳。低保户的翻建、修缮经费由区、镇二级按 5：5 比例承担；低收入户及其他困难家庭的翻建、修缮经费由区、镇、本人按 4：4：2 比例承担。区级补助经费待翻建、修缮工作结束、验收合格后由区财政拨入相关镇（开发区）财政账户，见表 8-10。

表 8-10　　　　　　　　　　奉贤区改造资金来源与补助标准表

补助原则	农户自筹、政府补助共同筹集。同时鼓励村集体、同村农户和社会各界出资出劳
低保户补贴	翻建、修缮经费由区、镇二级按 5：5 比例承担
低收入户及其他困难家庭	翻建、修缮经费由区、镇、本人按 4：4：2 比例承担
补助资金拨付方式	验收合格后由区财政拨入相关镇（开发区）财政账户

（3）工作思路与方式

奉贤区的农村低收入户危旧房改造的工作流程展开为：①召开危旧房改造工作布置会议。②有关镇、开发区民政部门和规划部门相互配合，对辖区内的农村低收入家庭危旧房进行调查统计，上报初步符合条件的户数。③区重大办（建交委）会同区民政局对各镇摸底户数进行现场踏勘、审核、估价，确认无误后由各镇进行公示。④落实改造补助资金，由区建交委向区财政申请专项补助资金。⑤各镇具体实施危旧房改造工程，施工期间加强监督、检查，确保安全和质量。⑥区重大办、区民政局组织中途检查。⑦对改造工程进行区级验收，各镇进行年度工作总结。⑧各镇完善档案资料，建立档案信息建档和录入制度，整个改造过程中拍好 3 张照片（改造前—改造中—改造后）。⑨由区重大办将纸质资料装订成册。⑩年底拨付补助款。

三年来，奉贤区农村低收入户危旧房的改造工作显现了 3 个特点：①改造工作完成较早。与其他区县相比，奉贤区改造工作的推进相对较早。通过改造任务的早布置、早落实，确保困难群众尽快住上新屋。根据现有掌握的资料，奉贤区一般安排在10 月底完成改造任务的建设。②建立了工作考核验收制度。比如，制定了《奉贤区2009 年度农村贫困户危旧房翻改建工程区级验收方案》，把自评和考核验收结合起来，并把考核验收结果作为区级资金贴补的重要依据，这是改造工作在区级工作过程中的一大创新。③改造工作已经取得了一定的成效。

5. 嘉定区

（1）完成情况

根据目前数据的掌握情况，2009 年嘉定区的农村危旧房改造户数为 24 户，其中翻建 19 户，修缮 5 户。2010 年嘉定区未有危旧房改造工作。2011 年嘉定区的危旧房改造户数为 3 户，与计划安排量持平，其中翻建 2 户，修缮 1 户，见表 8-11。

表 8-11   嘉定区农村低收入户危旧房的改造情况

年　份	总数	翻建（户）	修缮（户）
2009	24	19	5
2010	—	—	—
2011	3	2	1
总　计	27	21	6

注：数据统计以汇总到市建委处的为准，并通过农户档案管理信息系统核定。

（2）资金来源和补助方式

改造资金通过农户自筹、政府补助共同筹集，区财政承担的政府补助资金，区建交委将改造资金计划按照低保家庭改造每户 3 万元，低收入家庭每户 2.6 万元、修缮改造每户 1 万元的标准立入当年财政预算，保障农村低收入户危旧房改造政府补助资金的落实，有条件的街镇可适当安排相应补助资金。改造补助资金标准与市相关部门的调整协调一致，见表 8-12。

表 8-12   2012 年嘉定区改造资金来源与补助标准表

区县	年份	翻建		修缮	区级补助	镇级补助
		低保	低收入			
嘉定区	2012	≤3.0 万元	≤2.6 万元	≤1.0 万元	全由区承担	有条件街镇可适当安排相应补助资金

（3）工作思路与方式

首先是年度计划的确认。区建交委依照区民政部门按照有关标准规定确认的嘉定区当年农村低保低收入户名单后，布置落实各镇进行当年低保低收入户危旧房调查统计。各镇在组织开展调查统计的基础上，依据现有符合条件、自愿申请要求改造的前提，逐户审定，合理确定翻建或修缮改造方式，并通过公示听取村民意见无异议后，审核并汇总在每年的六月底前，向区建交委上报镇级下年度低保低收入户危旧房改造计划。区建交委会同区民政局等根据上报计划进行审核后，制定下年度区低保低收入户改造计划和预算，并纳入下年度财政预算。其次改造以原址翻建，加固修缮为主。翻建改造，以满足最基本的居住功能和安全为目标，以紧凑型、小户型、单层为主。有条件的可以结合农村宅基地置换和农村村庄改造整体规划统筹安排，整体改造。第三是区级政府改造补贴资金的下拨。农户需填写危旧房改造申请补助审批表并和镇或所在村民委员会签订改造协议书，协议书要明确改造的方式、面积、补助标准、补助金额、时间节点、技术要求、付款方式、拆除违法建筑及双方的权利义务等内容。区级政府改造补贴资金经镇级验收合格后一次性拨付。

三年来，嘉定区农村低收入户危旧房的改造工作显现了如下特点：①改造户数在市域层面上所占的份额较小。与其他改造任务较重的区县相比较，嘉定区的农村危旧房改造户数不大。②改造方式灵活。在《嘉定区区农村低收入户危旧房改造工作实施办法》(2012)中,特别提到在确保当年计划的完成情况下,"改造工程可由农户自行选择符合条件的施工队伍自建自修,或者由镇政府选择有资质的施工队伍修建。要确保当年计划的完成"。

6. 松江区

(1) 完成情况

2009 年松江区的农村危旧房改造共完成 126 户,翻建 43 户,修缮户 83 户。2010 年农村危旧房改造共完成 171 户,翻建 69 户,修缮户 102 户。2011 年农村危旧房改造共完成 97 户,翻建 50 户,修缮户 47 户。三年共计完成农房改造 394 户,见表 8-13、图 8-17 和图 8-18。

表 8-13　　　　　　　　松江区农村低收入户危旧房的改造情况

年份	翻建(户)	修缮(户)	合计
2009	43	83	126
2010	69	102	171
2011	50	47	97
合计	162	232	394

注:数据统计以汇总到市建委处的为准,并通过农户档案管理信息系统核定。

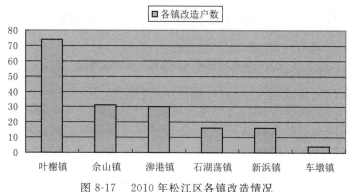

图 8-17　2010 年松江区各镇改造情况

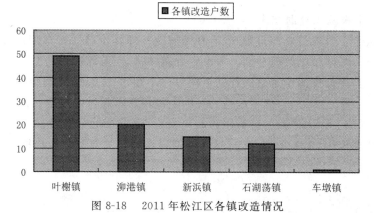

图 8-18　2011 年松江区各镇改造情况

（2）资金来源和补助方式

松江区对农村危旧房改造的资金来源于区政府、镇政府、村委会和个人，其中区政府、镇政府、村委会和个人出资比大致为4∶4∶1∶1。在补助资金拨付方面，各镇改造后的房屋经逐一质量验收合格后一次性拨付。

（3）工作思路与方式

松江区农村低收入户危旧房的改造工作一般于当年3月启动，在4月底前完成改造对象、改造方式的排摸；并制定总体实施计划，于5月中旬进入施工阶段，11月底基本完成改造，12月组织验收。

三年来，松江区农村低收入户危旧房的改造工作显现了如下特点。①翻建户数少于修缮户数。从统计的数据来看，松江区是继崇明县和金山区之后的改造重点区域，三年来翻建户数为162户，修缮户数为232户，翻建的户数量远小于修缮户数。②采用周进度表的方式，强化了有关职能部门对改造工程过程的实时进度和质量把控。

7. 闵行区

（1）完成情况

2009年闵行区的农村危旧房改造户数为20户，其中翻建8户，修缮12户。2010年的农村危旧房改造户数为20户，其中翻建8户，修缮12户。2011年的农村危旧房改造户数为9户，其中翻建6户，修缮3户。三年完成农村危旧房改造共计49户，见表8-14。

表 8-14　　　　　　　　闵行区农村低收入户危旧房的改造情况

年　份	总数（户）	翻建（户）	修缮（户）
2009 年	20	8	12
2010 年	20	8	12
2011 年	9	6	3
总　计	49	22	27

注：数据统计以汇总到市建委处的为准，并通过农户档案管理信息系统核定。

（2）资金来源和补助方式

改造资金主要通过农户自筹、政府补助解决。原则上按每户危旧房改造实际造价的80%至100%予以政府补助。考虑到近期材料、人工等费用上涨因素，适当提高补贴标准。其中低保困难家庭的补助金额每户不超过4万元，农村低收入家庭的补助金额每户不超过3万元；修缮改造的补助金额每户不超过2.5万元；经区建设交通委、区民政局核实无力出资的特殊困难农户家庭，政府补助金额每户不超过8万元。政府补助资金由区、镇各承担50%，区级补助资金经相关部门验收合格后拨付，见表8-15。

表 8-15　　　　2012 年闵行区改造资金来源与补助标准表

区县	年份	翻建		修缮	区级补助	镇级补助	其他
		低保	低收入				
闵行区	2012	≤4.0 万元	≤3.0 万元	≤2.5 万元	区镇各半		考虑到近期材料、人工等费用上涨因素,适当提高补贴标准。经区建交委、区民政局核实无力出资的特殊困难农户家庭,政府补助金额每户不超过 8 万元

（3）工作思路与方式。闵行区农村低收入户危旧房改造工作的推进分为 5 个部分：①确定对象。由村委会按照条件进行梳理排摸,拟定需翻建、修缮房屋的低收入农户名单,报所在镇政府；各镇政府负责向区民政局汇总上报当年危旧房改造家庭申请材料；区民政局负责改造家庭经济困难状况的审核,并向区建设交通委反馈意见；区建设交通委在此基础上,对农户实际居住使用的住房质量情况进行现场踏勘并认定。②制订计划。区建交委、区民政局共同核定当年农村低收入户危旧房改造计划,改造计划由村委会公示一周无异议后正式确定。③落实资金。区财政局根据区建设交通委编制的改造计划,负责资金落实。④实施改造。⑤竣工验收。农村危旧房改造工作完成后,在区建设交通委质量监督部门的指导下,各镇政府负责组织竣工验收。区建设交通委组织相关职能部门进行工程竣工验收复查,经验收合格后的房屋方可交付使用,验收结果须送区建交委备案。

三年来,闵行区农村低收入户危旧房的改造工作显现了如下特点：①改造数量不大。通过数据分析发现,闵行区的改造任务占全市的份额较小。随着改造工作的逐步推进,闵行区内的危旧房数量未来将维持在一个较低水平。②改造方式以统建为主。

8.2　改造评析

8.2.1　对象评析

按照关于 2010 年本市农村低收入户危旧房改造的实施意见（沪建交联［2010］592 号）文件的要求,上海市的农村危旧房改造对象必须同时符合"双困"条件。一是经济困难,属于农村低保家庭或无能力自行改善居住条件的低收入家庭；二是住房危旧,并且是农户实际居住使用的住房。

首先是经济困难家庭的认定方面。在实际工作中,农村低保家庭的认定较为明确,可以通过《上海市城乡居民最低生活保障申请家庭经济状况认定标准（试行）》（沪府办发［2012］32 号）等相关文件进行排查,而针对农村低收入家庭的认定,在调研过程中,许多参与改造工作的基层人员反映"农村低保户的准入门槛比较过硬,而低收入户的准入门槛相对模糊,需要面上平衡,维持内部稳定,不要让老百姓有想法"。这就需要强调公开、公平、公正的原则,特别要加强改造对象认定的公示环节,规范操作程序,公开补助政策、申请条件、审批程序和审批结果,做到"申报、公示、核准、审批、改造"相结合,阳光操作,接受群众监督。

其次是危旧房的认定方面。根据《关于开展 2012 年农村低收入家庭危旧房改造和调差统计的通知》(沪建交[2012]214 号),对农村危旧房认定的调查口径为"①房屋结构严重损坏或承重构件属于危险构件,随时可能丧失稳定和承载能力;②年久失修、渗漏严重、不能满足正常居住使用需求",结合住房和城乡建设部《关于印发"农村危险房屋鉴定技术导则(试行)"的通知》(建村函[2009]69 号)中提出的房屋危险性鉴定等级划分,上海市的农村危旧房改造原则上以 C 级和 D 级作为改造认定的标准,其中"C 级,部分承重结构不能满足正常使用要求,局部出现险情,构成局部危房;D 级,承重结构已不能满足正常使用要求,房屋整体出现险情,构成整幢危房"。上述认定口径和危旧房的等级划分,使得实际工作中危旧房的认定标准较为明确。然而实地调研中发现,仍有个别区县参与改造工作的基层人员对危旧房的等级划分标准较为陌生,需要在今后工作中加强宣传和培训的力度,见图 8-19。

8.2.2 分类评析

借鉴农村危旧房改造对象的认定条件,分类评析着重从两个角度入手。一是对经济困难农户家庭的分析,主要评析农户的贫困类型、农户家庭年收入和贫困残疾家庭;二是对符合改造条件的危旧房分析,包括改造数量、资金筹措、危房改造前、危房改造后和改造过程等五个方面,其中各个单项又有一定的延伸细化和对比分析。

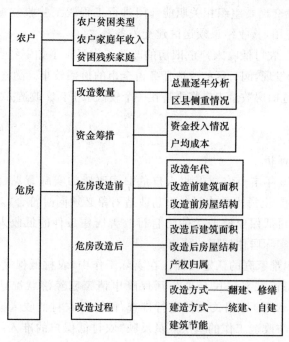

图 8-19　分类评析的建构框架

1. 经济困难农户家庭的分析

（1）农户贫困类型

首先,上海市农村低收入危旧房改造家庭的贫困类型主要有三类:低保户、分散供养五保户和其他贫困户。其中,全市面上改造家庭贫困类型中低保户的占比为44%,分散供养五保户的占比为1%,其他贫困户的占比为55%,说明改造家庭基本以低保户和其他贫困户(低收入)为主,体现了上海市实际工作中农村危旧房改造家庭符合国家政策优先"三最"之一的最贫困群众标准,见图8-20和图8-21。

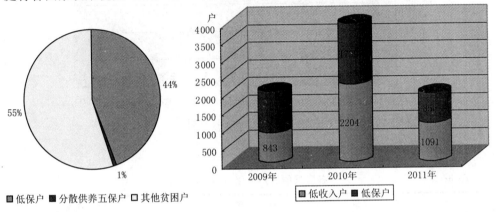

图8-20　农户贫困类型分析　　　　　　图8-21　农户贫困类型分析

其次,逐年分析上海2009—2011年各年度危旧房改造的农户贫困类型,在数据处理上将分散供养五保户划归为低保户类别,这样本市的农户贫困类型主要有低收入和低保户两种。从总量上看,改造对象优先于低保户家庭的政策得到了体现。工作开展的三年中,2009年低保户的数量和占比较高,2010年低保户的数量有了大幅度的增长,同期占比有所下降,至2011年,经过前两年的面上覆盖,农户贫困类型由以低保户为主转变为以低收入户为主,见表8-16。

表8-16　　　　　　　　　　全市各年的农户贫困类型分析

	2009年	占比	2010年	占比	2011年	占比
低收入户	843	41.8%	2 204	55.9%	1 091	56.0%
低保户	1 173	58.2%	1 739	44.1%	856	44.0%
改造总数	2 016	100%	3 943	100%	1 947	100%

第三,观察危旧房改造家庭的贫困类型在各区县的侧重情况:可以发现,除崇明县和青浦区的低保户数量远远超出低收入户数量,其他七个区县呈现相反的情况。其中,崇明县以绝对的总量位居区县层面改造数量的第一位,间接说明上海市农村低收入户危旧房改造工作的重心在崇明。此外,奉贤、浦东和松江也有相当的份额,浦东新区的低收入户数量仅次于崇明,闵行、宝山和嘉定的危旧房改造农户数量份

额较小,见表 8-17 和图 8-22。

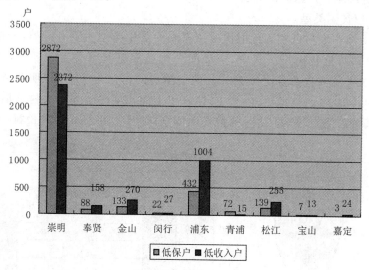

图 8-22　各区县的农户贫困类型分析

表 8-17　　　　　　　　　**各区县的农户贫困类型分析表**

	崇明	奉贤	金山	闵行	浦东	青浦	松江	宝山	嘉定	合计
低保户(户)	2 872	88	133	22	432	72	139	7	3	3 768
低收入户(户)	2 372	158	270	27	1 004	15	255	13	24	4 138
合计	5 244	246	403	49	1 436	87	394	20	27	7 906

（2）农户家庭年收入

对改造户的家庭经济情况进行分析,将家庭年收入划分为九大区间值,用曲线图示本市危旧房改造户上年的家庭纯收入情况,可以发现,曲线呈递减状态。从全市层面上来看,上海农村危旧房改造户的上年家庭纯收入普遍低于 1 万元,并且以少于 5000 元为主,见图 8-23。

此外,分析上海各区县危旧房改造户的家庭经济情况。结合两年的数据分析得出,崇明县改造户收入低于 5000 元的,占 81.2%;奉贤区改造户收入低于 10 000 元的,占 82%;金山区改造户收入低于 15 000 元的,占 82.2%;而闵行区改造户收入位于 15 000～25 000 元区间的,占 70.7%;浦东新区改造户收入低于 10 000 元的,占 87.3%;青浦区改造户收入低于 10 000 元的,占 94.3%;松江区改造户收入低于 15 000元的,占 85.4%。由此来看,上海各区县中危旧房改造户的家庭经济情况,较低的为崇明县,建议市级财政在今后的工作中强化扶持力度,见图 8-24 和图 8-25。

（3）贫困残疾家庭

上海农村低收入危旧房改造家庭中包含相当一部分的贫困残疾家庭,对其研究能够加深对补助资金渠道的理解,这一类家庭在符合低收入危旧房改造条件的基础

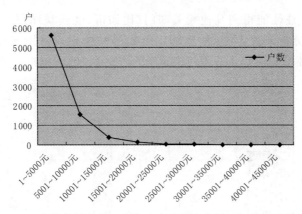

图 8-23　上海市农村低收入户危旧房改造家庭的上年家庭纯收入情况

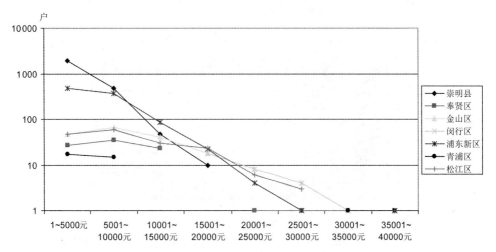

图 8-24　2010 年上海市各区县农村低收入户危旧房改造家庭上年家庭纯收入

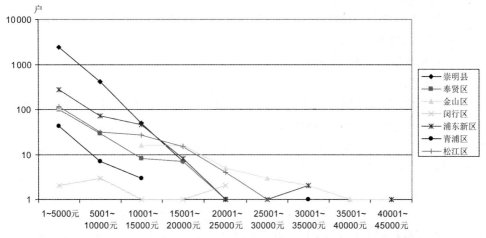

图 8-25　2011 年上海市各区县农村低收入户危旧房改造家庭上年家庭纯收入

上,在改造过程中往往能得到其他相关部门(比如市、区残联)的资金或物质方面的扶持。结合数据分析来看,全市面上 2010 年改造户中包含贫困残疾家庭的占比为 17.8%,2011 年改造户中包含贫困残疾家庭的占比为 15.5%,见图 8-26 和图 8-27。

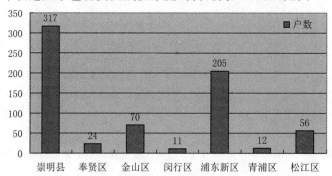

图 8-26　2010 年上海市各区县农村低收入户危旧房改造贫困残疾家庭情况

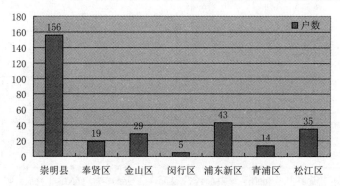

图 8-27　2011 年上海市各区县农村低收入户危旧房改造贫困残疾家庭情况

(4)其他

通过历年的数据统计,农户类型中有少量的少数民族,总共有 6 户,其中崇明县有 4 户,浦东新区有 2 户。

2. 农村危旧房分析

(1)改造数量

前述总体实施效果部分对本市危旧房的改造数量已进行分析,在此不多赘述。总体而言,上海农村低收入户的危旧房改造工作在 2010 年达到了顶峰,经过三年的努力,2012 年后已进入常态化。崇明县作为改造的"大户",占据该项工作的重心,建议今后的工作加强对这一区域的侧重和扶持力度,见表 8-18 和图 8-28。

(2)资金筹措分析

经过三年的努力,上海全市农村低收入危旧房改造工作的资金总投入共计 1.86 亿元,全市改造户数共计 7906 户。其中,2009 年和 2011 年的改造资金投入相当,以 2010 年的资金投入量最多,达到了 8807 万元,见表 8-19。

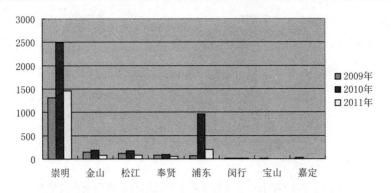

图 8-28　上海各区县的危旧房改造数量汇总

表 8-18　　　　　　　　　上海全市面上的危旧房改造数量汇总表　　　　　　　　单位：户

年份	崇明	金山	松江	奉贤	浦东	闵行	宝山	嘉定	青浦	合计
2009	1 303	139	126	80	277	20	20	24	27	2 016
2010	2 487	181	171	92	958	20	—	—	34	3 943
2011	1 454	83	97	74	201	9	—	3	26	1 947
合计	5 244	403	394	246	1 436	49	20	27	87	7 906

表 8-19　　　　　　　2009—2011 年上海危旧房改造的资金投入情况

年份	改造资金（万元）	改造户数（户）
2009	4 700	2 016
2010	8 807	3 943
2011	5 100	1 947
合计	18 607	7 906

　　上海农村低收入户危旧房改造的资金构成主要分为三类：政府补助资金、农户危房改造贷款和农户其他自筹资金。从全市层面上来看，改造资金以政府补助资金和农户其他自筹资金为主，其中 2010 年政府补助资金占比 55%，农户其他自筹资金占比 44%；2011 年政府补助资金占比 55%，资金量为农户其他自筹资金占比 43%，与上年比较相差不大。另外，农户危房改造贷款的占比略有提升，2010 年改造贷款占比为 1%，2011 年的占比为 2%，见图 8-29 和图 8-30。

　　将 2010 年和 2011 年的数据进行汇总，可以看到全市各区县资金投入的占比情况，以崇明县的资金投入量最大，占比达到 51%，其次是浦东新区，占比为 28%，金山区、松江区、奉贤区、青浦区和闵行区的占比份额相对较小，都在 10% 以下，见图 8-31。

　　将数据细化，如表 8-20 所示，可知 2010—2011 年本市各区县对农村低收入户危旧房改造资金投入的详细情况。依据该表，计算区县中各类资金的占比情况，比如青浦区的改造户数较少，改造资金全部由政府补助构成；而崇明县、浦东新区和金山

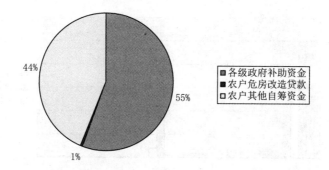

图 8-29 2010 年上海市农村低收入户危旧房改造资金构成情况

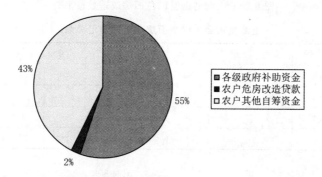

图 8-30 2011 年上海市农村低收入户危旧房改造资金构成情况

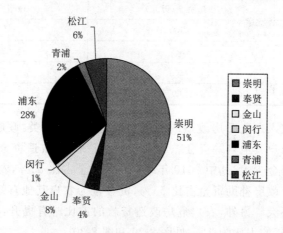

图 8-31 全市各区县资金投入的占比情况

区的改造户数较多,政府补助少于农户自筹的份额,其中崇明县政府补助资金与农户自筹资金的比例接近 1:1,浦东新区该比例为 0.9:1,金山区该比例为 0.5:1。松江区、奉贤区和闵行区,政府补助大于农户自筹的份额,其中奉贤区政府补助资金与农户自筹资金的比例为 8:1,松江区该比例为 1.5:1,闵行区该比例为 7:1,见图8-32。

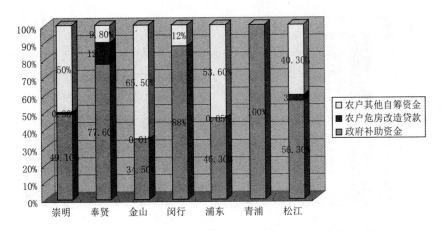

图 8-32　2010—2011 年各区县农村低收入户危旧房改造资金占比情况

表 8-20　　　　　　　　　2010—2011 年各区县农村低收入户

危旧房改造资金投入详细情况　　　　　　单位：万元

	政府补助资金	农户危房改造贷款	农户其他自筹资金	合计
崇明	4 316	79	4 395	8 790
奉贤	388	63	49	500
金山	404	0.2	767	1 171.2
闵行	81	0	11	92
浦东	1 820	2	2 108	3 930
青浦	265	0	0	265
松江	433	26	310	769
合计	7 707	171	6 029	13 907

　　对 2010 年和 2011 年数据的整理，可以看到 2010 年户均政府补助较高的区县为闵行区、青浦区和奉贤区，在 2 万元/户以上，其他区县基本为 1.5 万元/户左右，崇明县的户均政府补助略低，平均为 1.0 万元/户，2010 年全市层面上的户均政府补助为 1.25 万元/户左右。将 2011 年的数据与 2010 年进行对比，发现除松江区，其他区县的户均政府补助数额有不同程度的增长，其中闵行区的户均政府补助达到了 4.7 万元/户，青浦区达到了 4.9 万元/户，2011 年全市面上的户均政府补助为 1.25 万元/户左右，见图 8-33 和表 8-21。

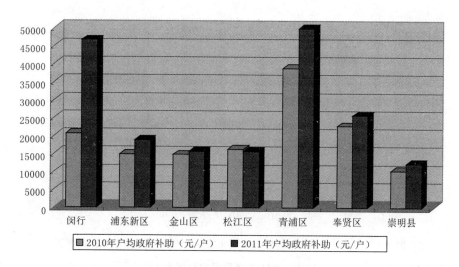

图 8-33　2010—2011 年各区县农村低收入户危旧房改造户均政府补助情况

表 8-21　2010—2011 年各区县农村低收入户危旧房改造户均政府补助细表

	2010 年户均政府补助（元/户）	2011 年户均政府补助（元/户）	变化量（元/户）
闵行	20 579	46 667	26 088
浦东新区	14 969	18 905	3 936
金山区	14 792	15 687	895
松江区	16 351	15 761	−590
青浦区	38 824	49 940	11 116
奉贤区	22 726	25 690	2 964
崇明县	10 303	12 339	2 036
平均	12 507	14 501	1 994

　　此外,通过整理 2010—2011 年各区县户均农户自筹资金的数据,可以看到 2010 年户均农户自筹资金中较高的是金山区(2.4 万元/户)、浦东新区(1.7 万元/户)、松江区(1.1 万元/户),其他区县的农户自筹资金低于 1 万元/户,2010 年全市层面上的户均农户自筹资金为 0.99 万元/户;2011 年部分区县的户均农户自筹资金高于上年,其中金山区(3.8 万元/户)、浦东新区(2.4 万元/户)、松江区(1.2 万元/户)、崇明县(0.8 万元/户),2011 年全市面上的户均农户自筹资金为 1.1 万元/户,见图 8-34 和表 8-22。

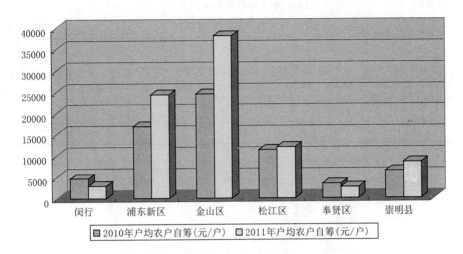

图 8-34　2010—2011 年各区县农村低收入户危旧房改造户均农户自筹资金情况

表 8-22　　　　　2010—2011 年各区县农村低收入户
危旧房改造户均农户自筹资金情况

	2010 年户均农户自筹 （元/户）	2011 年户均农户自筹 （元/户）	变化量 （元/户）
闵行	4 605	2 917	−1 688
浦东新区	16 839	24 286	7 447
金山区	24 400	38 037	13 637
松江区	11 310	12 020	710
青浦区	0	0	0
奉贤区	3 369	2 610	−759
崇明县	6 356	8 456	2 100
平均	9 877	11 172	1 295

在改造资金数据的基础上，能够估算出本市各区县农村危旧房改造的户均成本。按照翻建和修缮的改造方式，以及农户贫困认定条件，利用数据库中现有的2010 年和 2011 年数据，分别以低保户和低收入户的划分整理出危旧房改造的户均成本情况，见表 8-23 和图 8-35。

表 8-23 　　　　　　　　　2010 年上海各区县农村低收入
危旧房改造的户均成本　　　　　　　　单位：元/户

2010		崇明	浦东	金山	松江	奉贤	闵行	青浦	平均
翻建	低保户	25 857	54 854	53 955	40 727	42 073	32 583	45 000	30 632
	低收入户	26 135	40 739	61 056	39 763	30 953	31 400	45 000	35 042
修缮	低保户	9 687	30 620	14 042	24 251	24 950	16 667	10 000	12 821
	低收入户	9 854	21 509	20 493	14 216	19 968	15 200	10 000	15 073

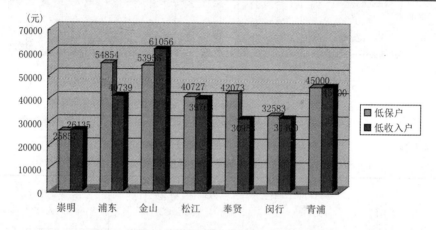

图 8-35 　2010 年上海各区县农村低收入危旧房改造的翻建户均成本

可以看到,在利用翻建的改造方式方面,低保户的户均成本均值低于低收入户的户均成本均值,而区县层面又各有异同。比如 2010 年的数据分析中,低保户的户均成本均值为 3.1 万元,低收入的户均成本均值为 3.5 万元。户均成本低于这一均值的为崇明县,其他区县普遍高于该均值。当年,低保户的户均成本低于低收入户的户均成本为崇明县和金山区,其他区县有异于这一情况。再将 2010 年与 2011 年的数据进行对比,2011 年的户均成本在上年的基础上,有一定的增长,低保户的户均成本均值为 3.3 万元,低收入的户均成本均值为 4.0 万元,见表 8-24 和图 8-36。

表 8-24 　　　　　　　　　2011 年上海各区县农村低收入
危旧房改造的户均成本　　　　　　　　单位：元/户

2010		崇明	浦东	金山	松江	奉贤	闵行	青浦	平均
翻建	低保户	27 821	71 792	59 667	55 294	38 351	62 588	55 622	32 918
	低收入户	30 505	60 461	90 625	36 167	34 151	61 821	66 526	39 773
修缮	低保户	12 848	27 991	18 667	17 588	32 938	21 427	25 001	14 624
	低收入户	12 755	23 020	18 290	16 873	27 124	26 569	30 000	15 468

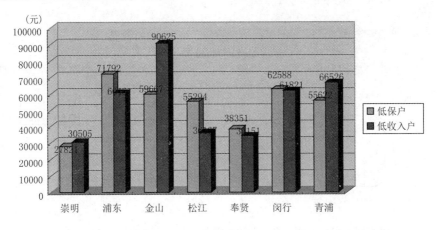

图8-36 2011年上海各区县农村低收入危旧房改造的翻建户均成本

在利用修缮的改造方式方面,低保户的户均成本均值也是低于低收入户的户均成本均值,且区县层面有一定的差异。2010年的数据分析中,低保户的户均成本均值为1.3万元,低收入的户均成本均值为1.5万元。户均成本低于这一均值的为崇明县和青浦区,其他改造成本较高的区县为浦东新区和奉贤区。当年,低保户的户均成本低于低收入户的户均成本为崇明县和金山区,其他区县有异于这一情况。再将2010年与2011年的数据进行对比,2011年的户均成本在上年的基础上,略有一定程度的增长,低保户的户均成本均值为1.46万元,低收入的户均成本均值为1.55万元,见表8-25和图8-37、图8-38。

表8-25   2010-2011年各区县农村低收入
危旧房改造的户均成本变化   单位:元/户

		2010 户均成本均值	2011 户均成本均值	变化量
翻建	低保户	30 632	32 918	2 286
	低收入户	35 042	39 773	4 731
修缮	低保户	12 821	14 624	1 803
	低收入户	15 073	15 468	395

从补助标准方面来看,通过市农村危旧房改造按农户自筹和政府补助相结合的原则,由政府定额补助,不足部分由村民自筹。2009年翻建改造的补助金额在每户2.6万~3万元内,修缮改造原则上每户7000元;2010年修缮改造的补助金额每户不高于1万元,原则上按每户危旧房改造实际造价的80%至100%予以政府补助。2011年,根据前两年工作情况看,最高3万元的补助标准偏低,因此提高标准,翻建的最高补助为3.5万元。

各区县根据自身情况,在市级标准上有所调整:比如改造任务量大面宽的崇明

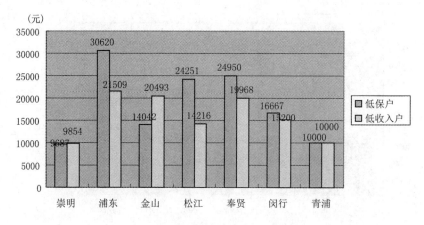

图 8-37　2010 年上海各区县农村低收入危旧房改造的修缮户均成本

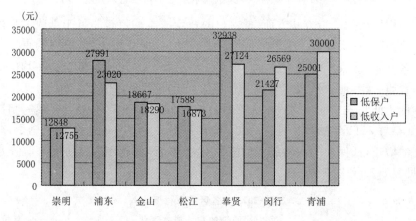

图 8-38　2011 年上海各区县农村低收入危旧房改造的修缮户均成本

县,补助标准按照 1 人户为 30 平方米,2 人户为 40 平方米,3 人以上户补助面积上限为 60 平方米的标准进行补助。金山区、闵行区、嘉定区和青浦区考虑到低保户和低收入户的差别,分别出台了相应的补助标准,并规定了区级和镇级的补助金额比例分配,除此以外,嘉定区规定补助由区级财政全权负责,有条件街镇可适当安排相应补助资金;青浦区在 2009 年采用的是区级补助占多数,镇、街道占少数的分配方法,在 2010 年以后进行调整,采用区级、镇级各承担一半的资金投入方式。奉贤区明确了区政府、镇政府、村委会、个人之间的资金投入分配,未规定翻建和修缮的补助金额上限。从补助标准来看,青浦区的补助标准在全市各区县中最高。各区县农村低收入户危旧房改造的补贴标准汇总及各省市农村危旧房改造补助标准,如表 8-26 和表 8-27 所示。

表 8-26

上海市各区县农村低收入户危旧房改造的补贴标准汇总表

序号	区县	年份	翻建 低保	翻建 低收入	修缮	区级补助	镇级补助	村级资助	其他	备注
1	全市	2009	有证面积翻建改造资金由政府定额补助，金额在每户2.6万~3万元内。		有证面积修缮改造原则上每户7000元。				原则上按每户危旧房改造实际造价的80%至100%予以政府补助。经认定确实无力出资的农村特殊困难家庭，政府可适当增加补贴费用。具体由政府补助标准，由各区(县)制定。户自筹和政府补助低于改造资金不足部分由农村民自筹	通过农户自筹、集体补助、政府改造资金补助。财政资金由区(县)财政承担；财政困难区(县)，由市财政资金补助。同时，鼓励村集体、社会各界出资出力参与，村委会要做好宣传发动，努力形成共同帮困良好的氛围。区政府对工程经费验收合格后发放(开)财政账户
		2010	≤3.0	≤2.6						
		2011	≤3.5	≤2.6	≤1.5					
2	崇明县	2009—2010	450元/平方米	360元/平方米	1~2人户6000元；3人以上户8000元。				1人户30平方米；2人户40平方米；3人以上补助面积为60平方米。现有权证面积低于上进标准的按权证面积补助。低收入户按政府改造补助标准的80%进行定额补助，超出定额补助标准以外的投入由农民自筹	
		2011	500元/平方米	400元/平方米	1~2人户8000元；3人以上户10000元。					
3	金山区	2009—2011	≤3.0	≤2.6	≤1.0		镇按区0.5计	根据实际确定		
4	松江区	2009—2011				区政府：镇政府：村委会：人＝4:4:1:1		个	低保户翻建、修缮经费由区、镇二级按5:5比例承担	
5	奉贤区	2009—2011							低收入户及其他困难家庭翻建、修缮经费由区、镇、本人按4:4:2比例承担	
6	闵行区	2012	≤4.0	≤3.0	≤2.5	区镇各半			由区承担相应补助资金	考虑近期材料、人工等费用上涨因素，经区建交委、区民政局核实，对出资的特殊困难家庭，政府补助金额每户不超过8万元
7	嘉定区	2012	≤3.0	≤2.6	≤1.0	区4.5万元	镇、街道2万元			
8	青浦区	2010	6.5	3.0		区镇各半			1人户不应大于50平方米，2人户控制在50~60平方米，3人户控制在80~90平方米，具体面积由各镇、街道根据实际情况参照本区农村民住房建设管理有关规定确定	
		2011	6	3.0		区镇各半	镇、街道各半			
		2012	9.0	4.5		区镇各半				

表 8-27　　　　　　　　　各省市农村危旧房改造补助标准

区域	补助标准	标准细化	备注
全国	2012 年中央补助标准为每户平均 7 500 元	对陆地边境县（团场）边境一线贫困农户、建筑节能示范户每户再增加 2 000 元补助	合理确定不同地区、不同类型、不同档次的省级分类补助标准
上海	按每户危旧房改造实际造价的 80％ 至 100％ 予以政府补助	① 农村低保困难家庭的补助金额每户不超过 3.5 万元（2011） ② 农村低收入家庭的补助金额每户不超过 2.6 万元（2010） ③ 修缮改造的补助金额每户 1 万元内（2010）	经认定确实无力出资的特殊困难农户家庭，政府可适当增加补助费用。具体政府补助标准，由各区（县）制定
重庆	每户建筑面积 60～80 平方米、造价控制在 5 万元内	由市、区县（自治县）两级财政补助七成，农民自筹包括农民通过承包地、林地、宅基地抵押贷款和社会捐助等方式	① 江北区等地的五保户、低保户及其他贫困户享受现行中央农村危房改造补助政策，其余 D 级农村危房改造资金由各区自筹解决 ② 江津区等地按照 市、区县两级财政 40∶60 比例分担 ③ 万州区等地按照市、区县（自治县）两级财政 60∶40 比例分担
武汉	对新建住房，全市统一建房面积、统一建筑标准，只建平房，不建楼房，以政府专项投入为主	政府专项投入由市、区两级分担，其中市级财政负担住房建设成本的 60％，其余部分由各区政府负责筹措	新建住房的建筑面积为：1 人的农户为 30 平方米，2 人的农户为 40 平方米，3 人的农户为 62 平方米，4～5 人的农户为 80 平方米，6 人以上（含 6 人）的农户为 100 平方米
太原	由中央、省、市、县四级财政平均每户补助 11000 元	① 建筑节能户经各县（市、区）住建部门按《建筑节能实施方案》认定后，中央每户另补助 2 000 元 ② 危房改造补助资金原则上由中央每户补助 6 000 元，其余 5 000 元省、市、县财政按照 4∶3∶3 比例配套解决	① 每户实际补助标准由各县（市、区）人民政府根据当地实际按照新建、改建、修缮、置换、人口、面积等情况测算后确定 ② 危房改造牌匾制作费由市财政解决。各县（市、区）财政补助数额据各自年度目标任务安排。该项工作摸底调查、建立档案、工作培训、监督管理等工作经费由各级财政专项列支
甘肃	计划实施 20 万户，共安排资金 8 亿元	省财政每户补助 2 000 元，计 4 亿元；市州及县市区每户补助 2 000 元，计 4 亿元。其余资金通过向住房和城乡建设部积极争取和农民自筹的途径解决	——

续表

区域	补助标准	标准细化	备注
成都	按 1 万元/户的标准对区(市)县进行补贴	区(市)县可结合当地农村低保户实际情况和补助情况给予一定的配套资金	① 中央、省对农村低保户危旧房改造补助资金优先用于居住土坯房农村低保户数在 500 户以上的三圈层区(市)县农村低保户土坯房改造 ② 除此之外,市政府对 2010 年 12 月 31 日市民政局登记在册居住在土坯房内的 8098 户农村低保户
杭州	平均每户 3 800 元(淳安县为平均每户 5 800 元)	① 各区县(市)、乡镇(街道)参照省、市农村困难家庭危房改造补助资金标准,按照一定比例配套落实相应的补助资金 ② 已列入省下达计划的 7500 户农村困难家庭危房改造,其补助资金由省、市财政按照 1:1 补助 ③ 由市财政部门向省级财政积极争取新增的 2500 户农村困难家庭危房改造补助资金,如省级财政不予安排,其差额由市级财政承担	① 根据保障基本居住条件的原则,需新建、改建、扩建、翻建、修缮住房的面积控制标准及施工标准由各区、县(市)自行确定 ② 采用"民建公助"模式的困难家庭危旧房改造资金,要通过"政府出一点、集体补一点、银行贷一点、村民自筹一点"的方式,切实加以保障
山东	设立专项资金,采取以奖代补的方式	市、县(市、区)政府既可对农户直接补助,也可对集中建设的农房项目开发单位和自建房农户给予贷款贴息	危房改造涉及新增的建设用地,在年度土地利用计划安排上,拿出适当比例用地指标予以保障,依法办理集体建设用地手续

（3）危房改造前分析

对已改造过的危旧房进行统计,发现全市面上符合改造条件的农村危旧房的建造年代集中在 20 世纪 60、70 和 80 年代,特别地,以 1970 年代为主。而具体到区县层面,除崇明县,其他区县已改造过的危旧房以 1980 年代为主,其次是 1970 年代。此外,由于崇明县和浦东新区的改造量基数较大,也存在相当数量建造时间集中在 1960 年代的危旧房,见图 8-39 和表 8-28。

表 8-28　　　　　　　　　　　各区县危旧房改造前的建造年代　　　　　　　　　　单位:户

年代	崇明	浦东	金山	松江	奉贤	闵行	青浦	合计
1949 年以前	112	77	6	10	3	1	2	211
1950—1959	298	68	1	6	2	0	1	376
1960—1969	771	205	9	12	9	2	5	1 013
1970—1979	1 459	361	62	68	45	9	15	2 019
1980—1989	730	381	155	142	89	13	27	1 537
1990—1999	519	61	22	23	9	2	1	637
2000—2009	6	3	2	4	2	1	4	22

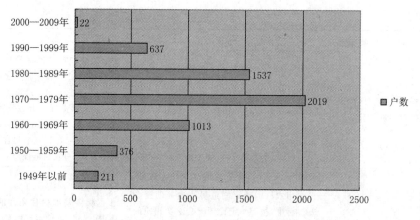

图 8-39　全市层面上危旧房改造前的建造年代

　　对已改造过的危旧房进行统计,发现全市面上符合改造条件的农村危旧房的建造面积集中在 0～30 平方米、31～60 平方米、61～90 平方米和 91～120 平方米,特别地,以 31～60 平方米和 61～90 平方米为主。具体到区县层面,基本也与这一情况相符,见图 8-40、图 8-41 和表 8-29。

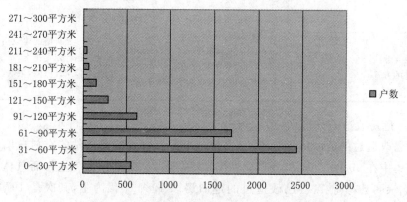

图 8-40　全市面上危旧房改造前的建造面积

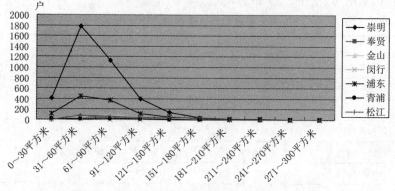

图 8-41　各区县危旧房改造前的建造面积分布情况

表 8-29　　　　　　　　　　　各区县危旧房改造前的建造面积汇总表　　　　　　　　　单位：户

面积 ＼ 区县	崇明	奉贤	金山	闵行	浦东	青浦	松江	合计
0～30平方米	405	6	12	2	112	15	6	558
31～60平方米	1786	45	52	7	454	13	78	2435
61～90平方米	1130	33	85	4	370	18	58	1698
91～120平方米	394	19	40	6	113	8	40	620
121～150平方米	135	17	36	2	54	2	38	284
151～180平方米	38	14	16	3	31	5	41	148
181～210平方米	12	8	17	1	18	0	4	60
211～240平方米	2	17	5	2	8	0	3	37
241～270平方米	0	1	5	1	2	0	0	9
271～300平方米	0	1	0	0	1	0	0	2

　　对已改造过的危旧房进行统计，发现危旧房改造前的房屋结构以砖木、石木、土木结构为主，占比为 54％，其次是砖混结构，占比为 30％，再者是砖、石等简易砌体结构，占比为 15％，这三大类构成了全市面上危旧房改造前的房屋结构。具体到区县层面，崇明县以砖木、石木、土木结构占绝对的多数，奉贤区和浦东新区也以砖木、石木、土木结构为主，金山区砖混结构和砖木、石木、土木结构相当，闵行区以砖、石等简易砌体结构为主，青浦区以砖木、石木、土木结构和砖、石等简易砌体结构为主，松江区砖混结构占绝对的多数，见图 8-42 和图 8-30。

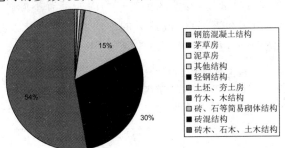

图 8-42　全市面上危旧房改造前的建造结构

表 8-30　　　　　　　　　　　各区县危旧房改造前的建造结构汇总表　　　　　　　　　单位：户

建造结构 ＼ 区县	崇明	奉贤	金山	闵行	浦东	青浦	松江	合计
钢筋混凝土结构	19	1	3	0	1	0	1	25
茅草房	9	2	0	0	0	0	0	11
泥草房	15	1	0	0	2	1	0	19
其他结构	4	0	19	0	3	0	3	29
土坯、夯土房	37	0	5	0	0	2	0	44
竹木、木结构	13	0	0	0	1	0	1	15
砖、石等简易砌体结构	613	13	17	27	150	16	35	871
砖混结构	925	14	104	1	480	5	162	1691
砖木、石木、土木结构	2259	43	109	0	519	27	3	2960
合计	3894	74	257	28	1156	51	205	5665

（4）危房改造后分析

通过对危旧房数据库中采集的数据进行分析，可以发现，数据库中危旧房建筑面积在改造前与改造后保持一致的为 4019 户，占比为 67.9%，改造后发生变化的有 1904 户，占比为 32.1%，将各区县的样本数据，总结如表 8-31 所示。

表 8-31 　　　　　　　　各区危旧房改造后建筑面积发生变化的详细情况

区县＼面积变化	改造后建筑面积发生变化的户数	面积增加（平方米）	占比	面积减少（平方米）	占比
崇明	1544	149	10%	1395	90%
奉贤	33	17	52%	16	49%
金山	78	77	99%	1	1%
闵行	3	3	100%	—	—
浦东	165	135	82%	30	18%
青浦	39	32	82%	7	18%
松江	41	31	76%	10	24%
合计	1904	444	23%	1460	77%

经过统计比较，各区县改造前后的户均面积均有一定的变化：除奉贤区和崇明县，改造后的户均面积有所减小，其他区县的户均面积都有不同程度的增加，其中变化量较大的区县为金山区和青浦区，改造后的户均面积分别比改造前增加了 19.27 平方米/户和 17.65 平方米/户，见表 8-32 和图 8-43。

表 8-32 　　　　　　　各区县危旧房改造后户均面积的变化情况 　　　　　　单位：平方米/户

区县＼户均面积	改造前户均面积	改造后户均面积	变化量
闵行	112.71	115.46	2.75
浦东新	72.41	77.07	4.66
金山	102.33	121.6	19.27
松江	99.24	103.98	4.74
青浦	67.18	84.83	17.65
奉贤	108.19	106.84	-1.35
崇明县	63.64	53.73	-9.91
平均	70.29	65.87	-4.42

通过对改造后房屋结构数据的统计，发现危旧房经过改造以后，主要以四大类型为主，分别为砖混结构，砖木、石木、土木结构，砖、石等简易砌体结构和钢筋混凝土结构。其中以砖混结构为主，砖木、石木、土木结构次之。此外，通过危旧房改造前和改造后的房屋结构对比，可以得知，经过改造后，砖混结构的占比有了极大的提

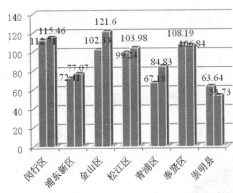

图 8-43　各区县危旧房改造后户均面积的变化情况

高,占比由原先的 30% 增至 69%;砖木、石木、土木结构和砖、石等简易砌体结构的占比下降;此外,钢筋混凝土结构在改造后的占比提升,但所占份额不大。从抗震性角度考虑,钢筋混凝土的房屋结构较佳,迫于成本压力,目前尚不能广泛推广,建议今后加大政府的补助力度,见图 8-45 和图 8-45。

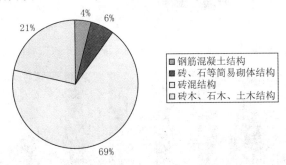

图 8-44　全市面上危旧房改造后的房屋结构

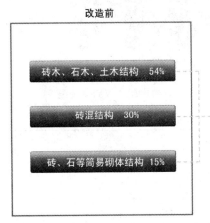
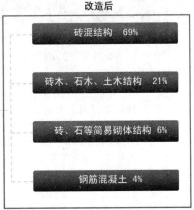

图 8-45　危旧房改造前和改造后的房屋结构对比情况

从汇总的数据来看,上海全市层面上农村危旧房改造后的房屋产权,绝对高额的比例(99.69%)归属于农户,只有极小比例的房屋在改造后归村集体。具体分析各区县的情况,2010 年改造后归村集体所有的房屋,奉贤区有 6 户,闵行区有 3 户;而 2011 年改造后归村集体所有的房屋,奉贤区有 3 户,其他区县没有。另有个别区县的房屋在改造后归"其他所有"(产权归属暂不详),这类房屋的数量极少,见图 8-46—图 8-48 和表 8-33。

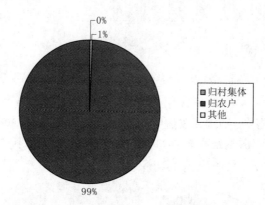

图 8-46　上海市农村危旧房改造后的房屋产权归属情况

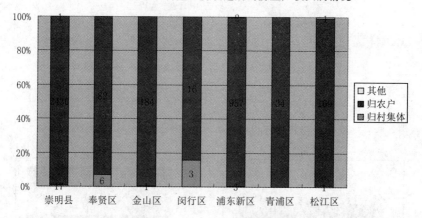

图 8-47　2010 年各区县危旧房改造后的房屋产权归属情况

表 8-33　　　近两年上海全市面上农村危旧房改造后的房屋产权情况　　　　　单位:户

产权 年份	归村集体(户)	归农户(户)	其他(户)	总计
2010 年	31	3872	4	3907
2011 年	4	1938	2	1944
总　计	35	5810	6	5851

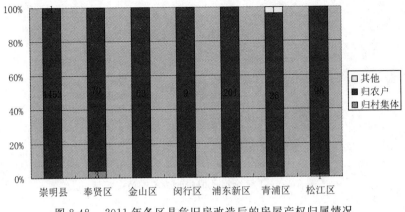

图 8-48　2011 年各区县危旧房改造后的房屋产权归属情况

（5）改造过程分析

对 2010—2011 年全市的危旧房改造前情况进行统计发现，全市面上以 C 级危房居多，其中 C 级危房的占比为 57%，D 级危房的占比为 30%，其他原因改造的危房占比为 12%，此外有占比 1% 的无房户，比如 2010 年和 2011 年的无房户总计为 40户。具体到各区县，其中 C 级危房和 D 级危房主要集中在崇明县、浦东新区、松江区和奉贤区，金山区以集中其他原因改造的危房为主，除此之外，其他区县的危旧房改造量较小，见表 8-34、表 8-35、图 8-49 和图 8-50。

表 8-34　　　　　　　　　2010 年各区县的危旧房情况统计　　　　　　　单位：户

区县 危旧房	崇明	奉贤	金山	闵行	浦东	青浦	松江	合计
C 级危房	1527	18	7	11	617	6	102	2288
D 级危房	856	35	23	8	142	22	19	1105
其他原因	60	33	147	—	198	—	50	488
无房户	5	2	8	—	5	6	—	26
合计	2448	88	185	19	962	34	171	3907

表 8-35　　　　　　　　　2011 年各区县的危旧房情况统计　　　　　　　单位：户

区县 危旧房	崇明	奉贤	金山	闵行	浦东	青浦	松江	合计
C 级危房	848	30	17	3	114	6	57	1075
D 级危房	525	20	9	6	34	15	24	633
其他原因	79	23	54	—	51	2	13	222
无房户	2		3	—	2	4	3	14
合计	1454	73	83	9	201	27	97	1944

上海农村低收入户危房的改造方式分为四种：无房户新建、修缮加固、异地新建和原址翻建。其中，修缮加固和原址翻建是最常用的两种改造方式。通过全市面上

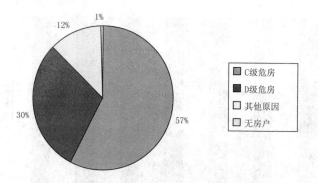

图 8-49　上海全市危旧房改造前的情况统计

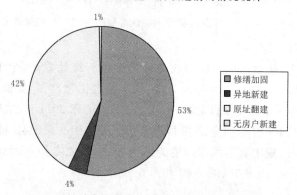

图 8-50　上海农村危旧房改造的改造方式分析

的数据分析,可以发现上海农村低收入户危旧房的改造方式以修缮加固为主,占比为 53%;其次是原址翻建,占比为 42%;异地新建和无房户新建的占比所占份额较小。根据全市层面上的情况,再将危旧房的改造方式按照低保户和低收入两个类型进行划分,并分年度整理出相关情况统计。各种改造方式都呈现如下情况集中在低收入户的 C 级危房改造,和低保户的 D 级危房、其他原因的危房改造,除此之外,无房户新建在低保户和低收入的改造量上差别不大,见表 8-36 和表 8-37。

表 8-36　　　　　2010 年全市按低保户、低收入户的危旧房改造情况统计　　　　单位:户

		C 级危房	D 级危房	其他原因	无房户	合计
修缮加固	低保户	824	57	88	—	969
	低收入户	963	48	185	—	1196
异地新建	低保户	20	59	2	—	81
	低收入户	35	53	6	—	94
原址翻建	低保户	183	471	57	—	711
	低收入户	262	417	150	—	829
无房户新建	低保户	—	—	—	14	14
	低收入户	—	—	—	12	12
合计		2 288	1 105	488	26	3 907

表 8-37　　　　　**2011 年全市按低保户、低收入户的危旧房改造情况统计**　　　单位:户

		C 级危房	D 级危房	其他原因	无房户	合计
修缮加固	低保户	281	76	31	—	388
	低收入户	426	51	70	—	547
异地新建	低保户	7	17	—	—	24
	低收入户	14	21	12	—	47
原址翻建	低保户	183	220	47	—	450
	低收入户	164	248	61	—	473
无房户新建	低保户	—	—	—	9	9
	低收入户	—	—	—	5	5
合计		1075	633	221	14	1943

由 2010 年、2011 年各区县农村低收入户危房的改造方式和建造方式汇总得知,总体上来看,崇明县的改造任务量大面宽,以修缮加固为主,奉贤区以原址翻建为主,金山区以修缮加固为主,闵行区原址翻建的户数略多于修缮加固,浦东新区以修缮加固为主,青浦区以原址翻建为主,松江区修缮加固和原址翻建的户数相当,见表8-38、表 8-39。

表 8-38　　　　　　　　**2010 年各区县改造方式和建造方式汇总表**

年份	区　县	改造方式	户数
2010	崇明县	无房户新建	5
		修缮加固	1389
		异地新建	147
		原址翻建	907
	奉贤区	无房户新建	2
		修缮加固	32
		异地新建	3
		原址翻建	51
	金山区	无房户新建	8
		修缮加固	92
		原址翻建	85
	闵行区	修缮加固	8
		原址翻建	11
	浦东新区	无房户新建	5
		修缮加固	546
		异地新建	25
		原址翻建	386
	青浦区	无房户新建	6
		修缮加固	6
		原址翻建	22
	松江区	修缮加固	92
		异地新建	1
		原址翻建	78

表 8-39　　　　　　　　**2011 年各区县改造方式和建造方式汇总表**

年份	区　县	改造方式	户数
2011	崇明县	无房户新建	2
		修缮加固	709
		异地新建	53
		原址翻建	690
	奉贤区	修缮加固	31
		原址翻建	42
	金山区	无房户新建	3
		修缮加固	36
		异地新建	2
		原址翻建	42
	闵行区	修缮加固	3
		原址翻建	6
	浦东新区	无房户新建	2
		修缮加固	101
		异地新建	14
		原址翻建	84
	青浦区	无房户新建	4
		修缮加固	9
		异地新建	1
		原址翻建	13
	松江区	无房户新建	3
		修缮加固	47
		异地新建	1
		原址翻建	46

从建造方式上来看,主要有两种:统建和自建,这两种建造方式各有优劣。比如统建,其优点在于能掌握进度、节约原材料、保证质量安全、资金管理规范有效,缺点在于因受资金制约,不能走正规建设招投标程序,存在瑕疵,正规公司不愿做,利润太少,甚至负利润,做得越多亏得越多;而自建,其优点在于灵活多样,农户可根据自身不同条件确定施工人员,农户建房可以规避正规建设程序,缺点在于进度难以掌握、原材料不易统筹安排,见图 8-51 和图 8-52。

分析上海全市层面的农村危旧房改造的建造方式,2010 年全市采取自建方式的占比为 84%,2011 年该比例有所提高,占比达到 87%,说明多数区县以自建为主,统建为辅。其中,以自建为主的区县主要有崇明县、奉贤区、金山区和浦东新区;完

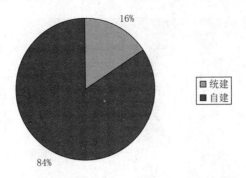

图 8-51　2010 年上海市农村危旧房改造的建造方式分析

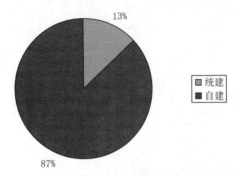

图 8-52　2011 年上海市农村危旧房改造的建造方式分析

全是统建的,为青浦区;闵行区在 2010 年的农村危房改造中采用自建方式,在 2011
年采用统建方式,见图 8-53 和图 8-54。

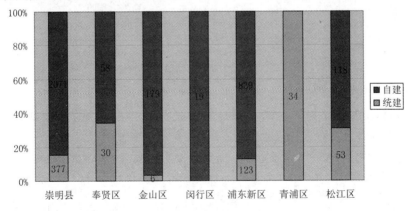

图 8-53　2010 年上海各区县农村危旧房改造的建造方式分析

　　按照住建部的文件精神,国家鼓励在农村危旧房的改造中多利用建筑节能政
策,并因此设立了建筑节能补贴。目前,在上海市的农村危旧房改造中,根据对 2010
和 2011 年两年全市近六千个改造户数据的统计分析,建筑节能示范户的数量仅有
140 户,占总改造户的比例极小。并且,建筑节能示范户主要集中在崇明县,其他个

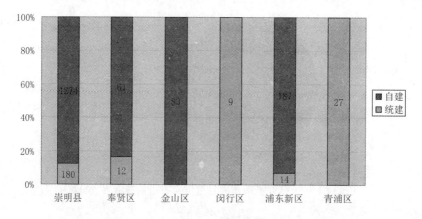

图 8-54　2011 年上海各区县农村危旧房改造的建造方式分析

别区县也有零星的示范户,比如青浦区和松江区。对建筑节能补贴情况的分析,可以发现,得到建筑节能补贴的金额位于 1 000 元以下的占比 25%,2 000 元以下的占比 22%,3 000 元以下的占比 17%,5 000 元以下的占比 10%。另外,在 5 000 元以上的区间档也有少量的占比,见图 8-55。

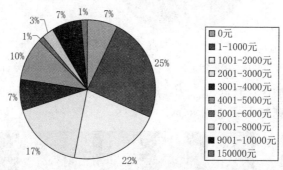

图 8-55　建筑节能补贴情况的分析

此外,建筑节能的内容进行研究,发现 2010 年和 2011 年全市面上的建筑节能数量基本相同,仅为一百多户,占改造总量的比重过低;并且仅分布在崇明和松江,建筑节能的内容多为墙体、门窗、地面和屋面,见表 8-40 和表 8-41。

表 8-40　　　　　　　　　　2010 年全市危旧房的建筑节能内容

节能内容 区县	地面	门窗	墙体	墙体、 屋面	墙体、 地面	墙体、 门窗	墙体、门窗、 地面	墙体、门窗、 屋面、地面	屋面	合计
崇明	1	1	2	—	3	1	2	54	1	65
松江	—	—	—	4	—	—	—	—	—	4
合计	1	1	2	4	3	1	2	54	1	69

表 8-41　　　　　　　　　　　　2011 年全市危旧房的建筑节能内容

节能内容 区县	门窗	墙体、 屋面	墙体、 门窗	墙体、门窗、 屋面	门窗、 屋面	门窗、屋面、 地面	墙体、门窗、 屋面、地面	屋面	合计
崇明	1	4	1	2	1	3	50	2	62
松江	1	—	—	1	—		2	—	4
合计	2	4	1	3	1	3	52	2	66

8.3　社会效益

上海农村低收入户危旧房改造工作的社会效益主要有以下 5 个方面。

(1) 农村危旧房改造政策深得群众认同和赞赏,密切了政府和群众的关系,促进农村地区的和谐稳定。在危旧房改造过程中各区县基本都能做到注重民主参与和监督,在制定改造计划前充分调查,了解每家困难户房屋的具体情况;确认改造对象时经过层层的审议、审核和公示,做到公正公平;实施改造的过程中也能够及时听取民意,接受整改。深入细致的工作和公正公开的原则得到了群众的普遍认同。

(2) 农村低收入户危房改造的对象是农村低保和低收入家庭,因为他们的经济来源只能维持基本生活,完全靠他们自身的财力,很难解决使用寿命到期、年久失修危旧房屋的翻建和修缮问题。因此,对农村贫困家庭实施危旧房屋翻建和修缮补助工作,是党执政为民、政府以人为本工作理念的鲜明体现。该项工作不仅使农村贫困对象"住有所居",改善了农村的民生问题,也对改善农村的村容村貌起到了关键作用,有力推动了社会主义新农村建设的步伐。

(3) 农村的投资消费增长,并在一定程度上带动农村就业问题。在市建委等相关部门的组织领导下,危旧房改造事业在各区的农村地区蓬勃发展起来,随之而来的是房屋建设投资、配套设施投资的增长,随着农房和相关配套设施的不断建设,还会促进相关产业的消费增长,如水泥、沙、砖、钢材、铝材、石材等建材产业。这些增长的投资和消费带动了相关产业劳动力就业的问题,并直接刺激了农村经济,繁荣了农村市场。

(4) 邻里之间更加和睦,重树朴实民风。危旧房改造中通过政府引导,村民们自发伸出援手,有钱出钱,有力出力。这种亲善有爱的互帮互助行为,使得村民之间关系更加融洽,促进了农村精神文明建设及和谐农村的建设。

(5) 农村危旧房得到改造,居住环境效益得到提高。农村低收入户危旧房改造政策的实施,使得绝大多数迫切需要改造危旧房却没有经济能力的家庭,在政府的补贴和帮助下完成了危旧房的改造,大大提高了农村危旧房的改造率。另外,政府在保障被改造家庭房屋安全功能的同时,考虑到农户生活方便卫生舒适等方面的要求,做到分区明确,功能合理,使农村低收入户家庭不仅生活得到最基本的保障,也要让他们生活得更有尊严。

8.4 社会反响

农村低收入户危房改造是一项市委、市政府高度重视的重大民生工程,是改善最贫困农民居住条件、改变农村环境面貌、缩小城乡差距、推动新农村建设的重要举措,是合民心、顺民意、符民愿的善举。

(1)困难户评价

危旧房改造工程深受群众欢迎,得到受益群众的高度评价,受益者普遍表示感谢党和政府的关怀。崇明县竖新镇春风村村民张凤清讲:"住进了新房,就像到了天堂",又如青浦区练塘镇金志勇讲:"谢谢,谢谢政府,没有政府的帮助,像我这样情况,房子是造不起来的……政府帮助我们家把房子造起,我心里无比地感谢"。

图 8-56　农村危旧房改造前后的对比分析

(2)村干部评价

在本课题调研过程中,所有村干部都对农村低收入户危旧房改造政策给予很高的肯定,表示这是项惠民利民的好工程。危旧房改造的实施使困难户生活更有尊严,邻里之间更加和睦,缩短了农户间的住房差距,也使得村里的工作更好开展,并且在促进社会公平、农村和谐稳定发展等方面起到了很好的推进作用。

(3)区级政府评价

奉贤区政府认为,此项工作的实施,及时解决了一部分困难群众的燃眉之急,是一项"雪中送炭"的工作,是实实在在帮助在社会发展过程中因各种原因而暂时生活贫困的农户家庭。在项目实施过程中,受惠群众一声声"感谢党、感谢政府"的感谢声,使农村困难群众切切实实地感受到了政府的关怀和温暖,政府在老百姓心中的地位也得到了巩固和加强。同时,困难群众左邻右舍、亲朋好友出工出料、出资相助的感人场面,也反映了此项工作对树立社会扶贫帮困风气的正面引导作用。

金山区政府认为,农村低收入户危房改造工作,有效帮助农村贫困家庭解决了翻建和修缮危旧房屋的困难,缓解了他们的经济压力,帮助他们摆脱了住房危险和住房困难。该项工作在操作上始终坚持公开、公平、公正和合理的原则,深受群众欢迎,受益者普遍感谢党和政府的关怀,感觉到社会主义优越性的存在。

松江区政府认为,改造切实解决了农村困难群众的住房困难,使群众真正体会到党和政府的温暖,享受到党的惠民政策的实惠,使更多群众能平等共享经济发展与社会进步的成果,促进了社会和谐和社会主义新农村建设。

(4) 市相关部门评价

切实解决了农村困难群众的住房困难。市政府将实施农村低收入户危旧房改造工作列入与人民生活密切相关的实事工程这一举措,是认真实践"维护民利、解决民生、落实民权"的具体体现。自 2009 年至 2011 年上海市共完成农村低收入户危旧房改造 7906 户,超出计划 95 户,并提前完成,帮助困难群众解决了住房困难问题,改善了困难户的居住条件。改造农户都说"共产党好,人民政府好",从老百姓发自内心的真挚话语中,深刻提现了危旧房改造工作"以民为本,为民解困"的宗旨。

促进了新农村建设。通过危房改造工程,大大改善了村容村貌,特别是困难群众改造好的新房向农村新村集聚,加快了新农村建设统一规划的实施。危房的改造,也从根本上消除了住房安全隐患,确保了困难群众的生命财产安全,危房改造工程真正成了困难群众的"遮风避雨"工程。通过危旧房改造,拉动农村内需、促进农村经济的发展。

第9章 国内外农村危旧房改造的经验借鉴

9.1 理论综述

对于农村危旧房改造,国内外的相关研究还比较少。在我国,农村房屋一般是村民自己建设、自己管理的,建筑质量相对低下,与发达国家有着较大的差距。英国的农村房屋平均使用年限为 110 年,美国为 80 年,中国的农村房屋使用年限往往不到 30 年,甚至更少。并由于许多农房的超长使用,加上经济实力的限制,使用过程中的保养维护投入也少,导致一些农村房屋破败不堪,面临使用的安全隐患。由于国情的差别,本研究综述分为国外和国内两个部分,为后续的政策建议研究打下坚实的理论基础。

9.1.1 国外研究综述

由于体制的特殊性,大规模农村危旧房改造是我国复杂国情下的特有现象,国外不存在本质上与我国农村危旧房改造完全相同的问题,但也有部分相关性的理论研究。以下,按照时间顺序依次对国外的相关研究进行回顾。

Jane Jacobs(1961)基于农村地区的社会问题探讨了美国农村过分模仿城市进行建造的缺陷,认为大规模的农村改造是极其不对的。她从社会经济学的理论观点出发,认为"差异性是农村的本性",政府进行农村改造时忽略了灵活性以及自由性,不允许改造中存在小规模产业将不可避免地影响到农村的差异性,大规模的改造破坏了农村充满活力的空间以及农村丰富的文化遗产。

Lewis Mumford(1961)在《城市发展史》中说道:"大部分农村政府在过去 30 年中指导农村改造时看起来进行了很多有益的创新,实际上这些创新对解决本质的问题没有帮助,持续开展密集破坏型的改造之后,还需要不断的修正弥补。"另外还指出,重建规划要以人为本,重视人的生理需求以及精神需求,农村改造最关键的是要根据人的需求量体裁衣。Mumford 非常反感片面的以巴洛克式风格进行的极度宏大的改造工程。

Crystal Alexander(1975)也批判了以往的大规模改造,并极力反对这样的改造模式,认为这样做会破坏农村富有特色的建筑文化以及许多有价值的历史事物,不仅经济上得不到改进,还会毁坏农村舒适和谐的环境。他进一步研究了政府采取不间断的规划管理农村改造重建的方式,建议未来农村改造中不仅要保留农村环境的合理之处,还应该主动改进和革新农村环境中不合理的地方。他反对快速单一性的大规模建造,支持渐变的多样性的小规模建造,并认为政府要协助建设中小规模的公益设施,而对于历史文化保护区中的改造建设则应该采取科学的限制性条件来把关。

Vervaeke 和 Lefebvre(1999)研究了法国北部—加来海峡大区中质量低劣的旧住宅,通过研究政府旧住宅改造的公共政策及其对社会占有的影响,以及与所有权结构、提供改造资金的行为者产权策略之间的关系,发现这个地区保持了工人阶级占有的居住特点,并且出现了两种趋势:国家协助改造的激励作用正逐步被限制;利用所有权收回投资的做法依然存在。

Lee 和 Chan(2008)研究了香港危旧房改造的影响因素,通过对改造执行者和民众的调查问卷的数据分析,分别得出了对经济可持续性、环境可持续性、社会可持续性影响最大的因素,提出了这些因素的改进建议,并指出要想增加改造项目的可接受性,当地居民、执行者、相关部门应该有充足的时间来讨论初步的设计意见,而且应该允许必要的修改和优化。由于自然资源缺乏和利益冲突,政策制定者通常需要在选择中作出平衡,他们必须知道改造考虑因素自身的价值及其对经济、环境、社会的负面影响。

此外,也有国外学者对中国的危旧房改造作出了研究。Abramson(1997)研究了90 年代北京危旧房改造的背景以及政府在规划上的变革,重点探讨了改造中主要参与者在市场和计划经济之间的利益诉求,并论述了土地市场对了旧城更新的影响。

9.1.2　国内研究综述

国内直接以农村危旧房改造为主题的文献资料较少,研究多散见于各大报纸和网站的新闻报道,在这一领域的研究尚处于起步阶段。本研究通过对国内相关研究的梳理,并借鉴旧村改造、危房改造和旧房改造为主题的其他文献资料,为进一步深入研究提供有益的参考。

在以危旧房改造为主题的研究中,黄重光(1994)论述了在危旧房改造中主要的技术和组织措施;魏科(1997)研究了北京东城区 1990 年代危旧房改造的现状及问题,提出了政府行为的改进建议;林岗(1997)从开发成本和外部资金两个角度来研究推进危旧房改造时的资金平衡问题;于子彦和王引(2005)指出政府应通过调整控制性详细规划、降低项目利润率、采取政策支持来提高危旧房改造的可行性;谢东晓(2005)分析了GIS 在危旧房改造工作中的作用,为科学管理危旧房改造开辟了新的道路。

在以旧村改造、旧房改造等相关的研究中,张芹霞(2004)指出在旧村改造中存在四种纠纷:宅基地范围内建房造成的纠纷、房屋继承造成的家庭内部纠纷、误解相关规定造成的宅基地使用权纠纷、历史遗留问题造成的宅基地纠纷,并提出了预防纠纷和解决纠纷的方法;赵春容等(2005)研究了实施旧城改造时利益分配存在的问题以及问题产生的原因;周星炬(2005)探讨了如何妥善处理旧村改造中的几个主要土地问题,包括土地所有权、土地使用权、土地使用权主体和土地出让金;赵健玲(2005)研究了监管旧房加层改造时核算检查原建筑加层前的上部结构的程序、评估地基承载力的方法;马心俐(2007)指出在面粉成品仓库改造成商业用房之前,政府相关职能部门要按照设计要求对该旧房进行了下列质量检测:旧房结构核查及损伤程度检测、所用材质性能检测、房屋相对不均匀沉降和倾斜的检测、结构安全程度的分析计算,并针对出现的问题提出处理方案;廖军和冯家寿(2008)指出要在农村危房改造中切实做好七项工作:合理组织危房等级评定、规范财政资金补助范围以及审批程序、确定融资方式以及补助标准、保证建房用地并且规范用地手续、履行好建房过程中服务监督职责、深化规划制定以及集中改造、明确建房目标并加强管理;国殿清等(2009)以秦皇岛为例,研究了如何结合危旧房改造,推进节能农具的建设;吴欣(2010)以农村危旧房改造中的政府行为为研究对象,分析政府行为在农村危旧房改造中的现状及对农村危旧房改造的作用,对政府行为的定位提供建议,并有助于推动农村危旧房改造的实施;潘安平(2012)通过对温州市沿海农村典型的农户的实地调查走访,分析农村住房现状、住房危险程度、急需解决的问题和农村家庭改造住房能力等具体情况,找出了影响农村危旧房改造工作开展的症结,为有关政府部门制定相关政策提供参考。

综上所述,国内外研究的相关理论基础涵盖了许多学科门类,包括城市规划、社会学、区域经济学、生态学、伦理学等,得到了许多有价值的研究。有的理论虽然没有正面研究农村危旧房改造,但为本课题提供了具有借鉴和参考价值的研究结论,例如政府在农村危旧房改造中,不应只考虑眼前的改造计划,而应该将眼光放长远些,综合运用各方面的有利条件,在保留当地历史文化习俗的基础之上,积极地配合环境来实施改造,以实现古今共存、和谐发展的局面。

9.2 经验借鉴

9.2.1 案例一:北京市的农村困难群众翻建维修危旧房工作

为加快城乡一体化进城,统筹城乡发展,北京市委、市政府高度重视农村优抚和社救对象危房改造工作,从1995年开始,已经为北京市1.34万户农村优抚和社救对象翻建维修危房,投入资金2.11亿元。该工作被列进为民办实事项目之一,由北京市民政局牵头,市财政局、市住房和城乡建设委员会参与,并制定了在2010年底实现无农村低保危房困难户的目标。期间,为保证此实事项目的按时完成,经2009年4月20日北京市政府专题会议审议通过,对《2007—2010年北京市农村优抚社救对象危房翻修工作四年规划》(以下简称《四年规划》)进行了如下调整。

首先是增加危房翻建户数。将《四年规划》中2009年计划为北京市农村困难群众翻建维修危旧房的数量,由1300户调整为6500户。其中,农村居民最低生活保障(以下简称低保)等生活困难对象5500户,优抚对象1000户。

其次是提高翻建维修危旧房建设补助标准。为切实加强部门配合,实现工作任务统筹和政策集成,推动农村住房改造工作,北京市委农村困难群众翻建维修危旧房工作,与市建委和市农委实施的抗震节能住宅建设、农舍增温节能改造及山区农民安全避险等新农村建设工作紧密结合起来,统筹安排和组织实施,确保进一步提高建房质量和住房安全系数,改善农村群众居住条件。考虑到建筑材料价格因素及建设抗震节能和保温节能住房需要增加经费的实际情况,提高《四年规划》翻建维修农村危旧房建设的补助标准,具体为:农村民政对象翻建维修房屋间数为3间,按平米标准给予补助。其中,优抚对象翻建房屋按每间18平方米(3间54平方米)、每平米1000元给予补助,每户5.4万元;社会救助对象翻建房屋按每间15平方米(3间45

平方米)、每平方米 1000 元给予补助,每户补助 4.5 万元;社会救助对象维修房屋每平米补助 300 元,每户补助 1.35 万元。

第三是改变农村翻建维修危旧房建设资金负担方式。为减轻乡镇财政负担,并根据北京市财政体制改革方向,建立地方财力与事权相匹配财政体制的实际情况,改变农村困难群众翻建维修危旧房建设资金负担方式,由原来的市、区县、乡镇三级负担改变为由区县财政负担。同时,将实施市政府实事项目中的翻建维修 6 500 户农村优抚社救对象危旧房、建设 2 000 户以上农村抗震节能型住宅和 1 500 户既有住宅实施农舍增温节能改造工程所需的资金统筹安排使用,提高财政资金使用效率并发挥最大效能。

继《2007—2010 年北京市农村优抚社救对象危房翻修工作四年规划》之后,北京市民政局、市财政局、市住房和城乡建设委员会和市农村工作委员会联合印发了《北京市农村住房救助实施办法(试行)〉的通知》(京民救发[2010]101 号),对农村困难群众翻建维修危旧房工作进一步规范化。针对该文件的分析,总结见表 9-1。

表 9-1　　　　　　　北京市农村住房救助实施办法(试行)的通知分析

救助原则	遵循"农民自建、政府支持、科学规划、防灾减灾、经济实用、节约土地、抗震节能"的原则,优先解决农村住房救助对象的危房。
适用对象	具有本市农业户籍、住房状况符合《北京市农村优抚社救对象危房翻建和维修技术导则》中危旧房认定条件的下列家庭,可以申请农村住房救助: (1) 实行分散供养的农村五保户; (2) 低收入家庭(含低保家庭); (3) 享受抚恤补助的优抚对象; (4) 民政部门认定的其他住房困难户
救助方式	农村住房救助方式为危房翻建和旧房维修(农村优抚对象住房救助方式为危房翻建)。根据农村居民住房实际情况、村镇建设规划以及申请人的意愿,合理确定住房救助方式
职能分工	(1) 市级层面 市民政部门主管本市农村住房救助工作。市住房城乡建设委负责房屋翻建维修工程的技术指导工作,与市民政部门共同负责项目的督导和检查工作;市财政部门负责督促农村住房救助补助资金的落实工作;市农村工作委员会按照职责做好相关工作 (2) 区级层面 区县民政部门:为本行政区域内农村住房救助工作的主要责任单位,负责农村住房救助的管理和审批工作 区县住房城乡建设委:为本行政区域内农村住房救助对象房屋翻建维修工程的技术指导单位,负责工程技术指导工作、施工人员的培训工作和指导工程验收工作 区县财政部门:负责农村住房救助补助资金的拨付工作 区县农村工作委员会:按照职责做好相关工作 (3) 乡镇层面 乡镇人民政府:为本行政区域内农村住房救助工作的具体实施单位,负责农村住房救助的管理和审核工作。具体为:协调农户与施工单位签订服务协议、施工过程质量安全管理、施工队伍管理和组织相关单位进行工程验收等。村民委员会协助乡镇人民政府开展住房救助的相关工作。鼓励单位和个人为农村住房救助对象提供各种形式的帮助

续表

资金补助方式和标准	农村住房救助补助资金由区县财政负担。农村住房救助补助资金标准根据建筑材料的价格、本市经济发展水平和财政承受能力合理确定。农村翻建维修房屋以每户 3 间、按平米标准给予补助。其中,优抚对象翻建房屋按每间 18 平方米、每平方米 1000 元给予补助,每户补助 5.4 万元;其他住房救助对象翻建房屋按每间 15 平方米、每平方米 1000 元给予补助,每户补助 4.5 万元,维修房屋每平方米补助 300 元,每户补助 1.35 万元。农村住房救助补助资金标准将随着建筑材料的价格变化和人民生活水平的提高适时调整,具体标准由市民政局、市财政局、市住房城乡建设委、市农委测算后确定
具体步骤	(1) 区县民政部门会同住房城乡建设委于每年 9 月组织专门力量对全区下一年需翻建维修的房屋进行调查摸底,根据摸底情况会同财政部门制定下一年农村住房救助对象危旧房翻建维修计划,并编制财政预算 (2) 申请住房救助以家庭为单位,由户主向居住地村民委员会提出书面申请,填写《北京市农村居民住房救助申请表》,提交户籍、居民身份证、住房以及其他相关证明材料,同时优抚家庭提交优抚对象身份证明,社会救助对象提交《北京市农村居民最低生活保障金领取证》或《北京市低收入家庭救助证》。申请家庭须在每年 1 月提出申请,否则不纳入本年度的保障范围,特殊情况除外 (3) 村民委员会收到申请材料后组织民主评议,评议结束后将申请家庭的基本情况和评议意见在本村范围内进行公示(公示时间为 7 天),公示期满无异议的,将申请家庭的基本情况、评议意见和公示情况报送乡镇人民政府 (4) 乡镇人民政府对报送的申请材料及时进行审核,填写《北京市农村居民住房救助审批表》,对申请家庭的住房进行评定,提出审核意见,报区县民政部门审批 (5) 区县民政部门对乡镇政府上报的申请材料进行复核,会同市住房城乡建设委对申请家庭的住房进行认定,对符合条件给予住房救助待遇的,核准其享受住房救助的方式及标准。对不符合条件不予批准的,区县民政部门通过街道(乡镇)社保所,向申请人书面告知结果并陈述理由 (6) 区县民政部门、住房城乡建设委、乡镇人民政府应当按照《北京市农村优抚社救对象危房翻建和维修技术导则》规定对申请家庭的住房状况进行实事求是的调查、核实,确定住房救助对象,做到公平、公开、公正。根据住房困难程度,按先重后轻的原则分批组织实施 (7) 农村住房救助的申请、评议、审核、审批工作在每年 3 月 15 日前完成,当年确定的计划任务应在当年 11 月 30 日前完成 (8) 区县民政部门、住房城乡建设委聘请监理公司对房屋建设过程进行监督检查,或者根据本区县实际情况由乡镇政府聘请监理公司,监理费用由区县财政负担 (9) 区县民政部门、乡镇人民政府、村民委员会层层签订危旧房翻建维修责任书,并明确专人负责此项工作 (10) 项目开工后,区县民政部门、住房城乡建设委于每月 7 日前将危旧房翻建维修进展情况分别上报市民政部门、市住房城乡建设委,直至当年建房任务全部完成
验收备案	区县民政部门、住房城乡建设委和乡镇人民政府定期对建房工作进行监督检查,做到建房前后有照片对照、每户有档案;房屋建成后,会同相关专业机构联合进行验收,填写《北京市农村居民翻建维修项目验收表》,确保翻建维修后的住房符合《北京市农村优抚社救对象危房翻建和维修技术导则》的要求
其他规定	(1) 区县财政部门加强对农村住房救助专项资金的支出范围和使用情况进行监督、检查 (2) 凡列入农村住房救助项目的房屋仅限于困难群众家庭自己居住,不得用于出租或转让等其他用途,凡发现有上述情况的,补助资金予以收回 (3) 申请住房救助的家庭采取虚报、隐瞒等手段,骗取住房救助待遇的,区县民政部门可对其进行批评教育或者警告,取消相关救助待遇,追回已享受救助金。情节恶劣、触犯法律法规的,移交司法部门按相关法律法规进行处罚 (4) 各区县人民政府可以根据通知,结合本区县实际情况制定具体的实施办法

综上所述,从北京市农村困难群众翻建维修危旧房工作的实施过程中,可以发现,北京市的农村危旧房改造呈现如下特点:①工作的推进时间较早。从全国面上来看,北京市自1995年率先开始农村优抚和社救对象翻建维修危房的工作。②工作由北京市民政局牵头,并遵循历次"四年规划"的安排部署。③危旧房补助标准较高。比如优抚对象翻建房屋每户补助5.4万元。其他住房救助对象翻建房屋每户补助4.5万元,维修房屋每户补助1.35万元。④对农村优抚对象的房屋改造方式有明确规定。优抚对象的住房救助方式为危房翻建,而救助对象则根据自身房屋情况采取危房翻建和旧房维修两种方式。⑤补助资金负担方式由原来的市、区县、乡镇三级负担改变为由区县财政负担。⑥改造过程中注重农村抗震节能型住宅和农舍增温节能改造工程的建设。

9.2.2　案例二:山东省的农村住房建设与危房改造工作

从2009年起,山东省实施大规模农村住房建设与危房改造,三年集中建设农村住房320万户,改造危房61万户,惠及1200余万农民群众。目前,山东省农村仍有不少散居五保户、低保户、残疾人家庭、贫困户等弱势群体,居住在建筑质量差、安全无保障的危房中。下一步,山东省将重点对城中村、城边村、经济园区村、乡镇驻地及周边村、大企业驻地及周边村、经济强村、煤矿塌陷区和压煤区搬迁村、土地综合整治示范区内村、城市水源地周边村、交通干线沿线村、地质灾害威胁区内村等进行整体改造或迁建,实现农房建设与危房改造常态化。2012—2013年,每年改造农村危房10万户,2014—2015年,按国家新标准将新增的30多万户农村危房基本改造完毕。

2012年山东省正式纳入农村危房改造全国试点省份,农村危房改造任务为7万户,中央财政为此将安排补助资金5.25亿元。山东省对这项工作高度重视,安排了3亿多元省级配套补助资金,要求11月下旬入冬前须完成今年的改造任务。山东省首次采用补贴到户的形式启动大规模农村散居危房改造,帮助住房最危险、经济最困难的农户住上最基本的安全住房。

山东省要求,危房改造补助对象要同时符合两个条件:一是在经济上最困难的农户,如农村低保户、五保户、残疾人家庭和一般贫困户;二是居住在最危险的房屋里,按照《农村危险房屋鉴定技术导则》,经鉴定属于整栋危险房屋或局部危险房屋的。危改房建设标准是"最基本的安全房",原则上控制在40~60平方米,户均补助1.2万元。

为了保证公平公正,山东省规定所有农村危改项目,必须严格履行七道程序:个人申请、村民大会或村民代表会议集体评议并公示、乡镇政府入户审核并公示、县级审批并实地鉴定房屋确定补助数额并公示、签订协议、组织改造、竣工验收。在危房、困难户、补贴三个标准的评定和危改户的确定等问题上,公示时间不能少于三天,确保这项惠民工程惠及迫切需要的困难群众。

山东省强调,补助资金既可在危改工程动工前一次性拨付到位,也可根据进度支付、竣工验收合格后一次性付清,由各地根据实际自行确定。对农村危改补助资金要专账核算、专款专用,坚决避免截留、挤占、挪用补助资金和乱定标准、乱发补助的现象。

在进度上,山东省要求9月底前,把危改任务落实到具体农户,完成村镇建设管理员和建筑工匠培训。10月,完成危房鉴定和拍照,确定对危房是翻建新建还是修缮加固,是由危房户自建还是由镇村统建,确定每个危房户的资金补助数额和拨付办法。11月,完成危房改造,进行竣工验收,把相关资料全部录入信息系统。12月,省将组织对各市农村危房改造情况进行年度绩效考评,考评结果作为安排下一年度农村危改任务的依据。

为更好地指导农村危房的改造工作,山东省人民政府印发了《山东省人民政府关于推进农村住房建设与危房改造的一件》(鲁政发[2009]17号)。以下就该份文件中与危旧房改造工作的内容进行分析,如表9-2所示。

表9-2　　　　山东省人民政府关于推进农村住房建设与危房改造的意见分析

工作目标	力争用5年时间基本完成全省80万户农村危房改造任务,半岛8市3年内基本完成,其余9市5年内基本完成;2009年全省力争先行改造5万户。	
基本原则	政府统筹、政策引导、群众自愿、市场运作	
实施步骤	(1)深入调查,摸清底数	逐村逐户建立农村住房建设与危房改造档案,为编制规划、制定政策、开展工作提供依据
	(2)科学规划,统筹安排	科学编制农村住房建设与危房改造规划,合理确定工作目标、任务和时序,合理制定农房建设标准
	(3)明确任务,落实责任	逐级落实目标责任,定期督查调度,年终检查考核,按期完成任务。各县(市、区)政府是责任主体,负责制定计划、组织实施;乡镇政府(街道办事处)负责具体抓落实
	(4)因地制宜,分类实施	按照"因地制宜、分类指导,量力而行、积极稳妥,先易后难、有序推进"的要求,引导能够集中成片改造或建设的地方先行启动,可根据六种情况分类实施:撤村建居型、小城镇集聚型、农村新型社区建设型、村庄整治改造型、逐步撤并型和整村迁建型
	(5)多措并举,改造危房	区分轻重缓急,分期分批实施,从住房最困难、最急需的群众入手,充分利用现有空闲房,优先安置无房户和整体危房户,重点扶助农村低收入危房户特别是优抚对象和农村低保户。可根据不同情况采取六种方式解决农村危房住户的居住问题:空闲房安置、租赁安置、修缮加固、救助安置、配建安置、新建翻建
	(6)建改并举,突出重点	对农村旧房特别是危房有计划地进行改造,逐步减少农村危房和空置房。工作中要以旧房改造、整村迁建、合村并点为主,农户分散自建为辅
	(7)加强监管,规范运作	农村住房建设与危房改造、基础设施和公共服务设施建设,应依法按程序进行,并纳入县级建设行政主管部门监管。建立完善公示制度、群众意见征集制度和严密的审核制度和透明的资金拨付制度,对相关资金实行专账专户、专款专用
	(8)确权发证,维护权益	对腾退、调整和改建前后的土地,在村民协商、处理好利益关系的基础上,依法确定土地权属

续表

政策支持	资金扶持	(1) 各级政府设立专项资金,对农村住房建设和危房改造给予积极支持。省财政从 2009 年起,连续 3 年设立专项资金,采取以奖代补的方式,重点向中西部地区倾斜。市、县(市、区)政府既可对农户直接补助,也可对集中建设的农房项目开发单位和自建房农户给予贷款贴息 (2) 安排土地出让收益统筹用于农村住房建设和危房改造 (3) 土地出让金平均纯收益的 20％用于农业土地开发部分和部分新增建设用地土地有偿使用费,统筹用于村庄"腾空地"开发整理和复垦 (4) 对实行城乡建设用地增减挂钩试点形成的土地增值收益,除国家规定用途外,其余部分可全部用于农村住房建设和危房改造 (5) 城市维护建设税新增部分,主要用于村镇规划编制、农村基础设施建设和维护 (6) 城市规划区内城中村、城边村和建制镇驻地村庄进行统一建设改造,用于安置农村居民的住房,按规定减免有关行政事业性收费;城市规划区外旧村改造、整体迁建和农民自建住房,不收任何费用,严禁搭车收费,更不允许自立项目乱收费。严禁向城市居民出售集体土地性质的住房 (7) 引导和鼓励社会各界积极捐资捐物、投工投劳,免费提供规划、设计、监理等技术服务,支持农村住房建设、危房改造及配套设施建设
	用地支持	(1) 在规划修编中对城镇、村庄周围的基本农田进行合理调整,为农村住房建设和危房改造预留建设用地空间。农村住房建设选址要尽量利用原有建设用地,确需新增建设用地的,要利用未利用地和劣等地,尽量不占或少占耕地 (2) 对农村住房建设和危房改造涉及新增的建设用地,在年度土地利用计划安排上,拿出适当比例用地指标予以保障,依法办理集体建设用地手续 (3) 积极争取利用好国家"城镇建设用地增加与农村建设用地减少相挂钩"的政策,逐步扩大挂钩范围和规模,最大限度地改造农村居民点。对节约的建设用地指标,除统筹安排农村住房建设和危房改造及公益事业建设外,可置换为城镇建设用地,并通过招标、拍卖、挂牌出让方式实现土地收益最大化,获取的土地级差收益可用于农村住房建设和危房改造 (4) 村集体开展旧村改造节省出来的土地,复垦后由村集体组织管理使用。节约腾出的建设用地指标,可在本市范围内调剂使用 (5) 对符合规划和宅基地审批条件而没有宅基地的农户,由县(市、区)、乡(镇)政府统筹协调解决宅基地 (6) 对农户拆除旧住房、交还宅基地的可给予一定经济补偿,对超占宅基地的农户实行有偿使用,具体标准由各县(市、区)政府制定
	信贷支持	(1) 对参与农村住房建设、资信优良的房地产开发和建筑施工企业,简化审批流程,优先提供贷款 (2) 开办农村居民住宅楼按揭贷款,对符合条件、土地证和房产证齐全、申请按揭贷款的,适当给予一定的利率优惠 (3) 对符合条件的自建房农户,可提供小额贷款 (4) 具备条件的市、县(市、区)政府,可利用现有投融资机构,也可组建国有独资或股份制开发建设公司,作为农村住房集中建设改造项目的投融资主体,以项目资产及其收益为担保和质押,向金融机构申请贷款,进行拆迁安置、土地整理和项目建设
	技术支持	根据农民实际需求,结合当地风俗习惯、文化传统、建筑风格,组织搞好新型农房规划设计,为自建房农户免费提供设计图样,免费进行技术咨询
责任落实		农房建设与危房改造工作,由各市政府负总责,有关部门负责相关具体工作,各县(市、区)政府抓落实
舆论宣传		利用广播、电视、报纸、网络、宣传栏和标语等多种形式,使农村住房建设与危房改造工作的各项政策措施家喻户晓,形成全社会支持配合的良好氛围

综上所述,从农村住房建设与危房改造工作的实施过程中,可以发现,山东省的农村危旧房改造呈现如下特点:①危房改造工作与其他建设项目统筹安排。即农村危旧房的改造与城市建设、小城镇建设、农村新型社区建设、村庄整治、农村扶贫开发、"百镇千村"建设示范活动紧密结合,改造工作是多个项目统筹的整体。②提出六种方式解决农村危房住户的居住问题。包括空闲房安置、租赁安置、修缮加固、救助安置、配建安置、新建翻建,其中针对传统的新建翻建的危房改造方式,强调由政府或村集体投资,帮助农户拆除旧房,在原宅基地重建或择址新建,产权归村集体所有。③政策支持的"组合拳"。创新性的通过资金扶持政策、用地支持政策、信贷支持政策和技术支持政策,为山东省的农村住房建设与危房改造工作提供政策保障。

9.2.3 案例三:杭州市的农村贫困家庭危房改造工作

居者有其屋,无论对于城市还是农村,都是一个十分现实的问题。在城市化推进过程中,新农村建设的很大一块内容就是农村困难家庭的危房改造。2007 年,杭州开始探索这一方面的做法。截至 2010 年,杭州市累计完成农村困难家庭危房改造 8690 户,改造面积 117.2 万平方米,农村最困难群众的住房问题得到有效改善。经过 4 年的探索实践,杭州市形成了自己独有的农村困难家庭危房改造经验,提出许多创新,见图 9-1。

第一是理念上,"以人为本、先急后缓、梯次改善"。也就是说,最困难的家庭要得到优先救助。杭州市把救助重点向五县(市)和经济欠发达地区倾斜,4 年中五县(市)受助家庭达到 6570 户,改造面积达 70.0 万平方米,其中经济相对欠发达的淳安和建德救助家庭达到 3923 户,改造面积为 31.4 万平方米。

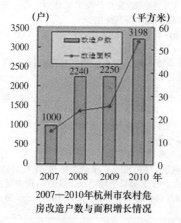

2007—2010 年杭州市农村危房改造户数与面积增长情况

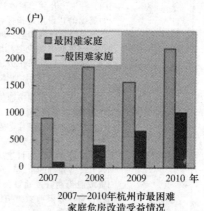

2007—2010 年杭州市最困难家庭危房改造受益情况

图 9-1 2007—2010 年杭州农村危房改造成果的数据比对表

第二是机制上,"四级联动、统筹管理、协调配合"。值得一提的是民主促民生机制。即:通过对象公示、信息公开、现场监督、指导服务、验收评估、质量回访等举措,多渠道听取困难家庭及其他村民关于救助程序、建房标准、施工质量等方面的意见,同时要求施工现场必须树立信息公示牌,明确标注改造方式和建房标准。这一机制既便于村民随时监督，又能有效提高危房改造的实效和满意率。

第三是政策上，杭州市及区、县（市）先后出台了30多个政策文件，"标准细化、配套完善"。其中包括加大对低保、残疾家庭的救助资金倾斜力度，根据乡镇经济发达程度和财力不同来规定不同的配套比例，建立准入和退出机制来严格控制超标建房现象等。

第四是模式上，考虑到困难家庭由于年龄结构、人口组成等状况不同造成的建房需求差异，杭州市探索了"廉租、联建、代建、宅基地置换城镇住房"等四种危房改造新模式。比如廉租模式，鼓励村集体利用危房改造补助资金统一建设"公屋"，免费或以及低廉的租金提供给有集居意愿的五保户和孤寡老人居住，"公屋"产权归村集体所有，并作为村储备房源以实现循环利用。

为履行加快城乡区域统筹发展的战略要求，杭州市委、市政府印发了《中共杭州市委、杭州市人民政府关于加快农村住房改造建设的实施意见》（市委[2009]34号），进一步指导杭州的农村危旧房改造工作，分析如表9-3。

表9-3　中共杭州市委、杭州市人民政府关于加快农村住房改造建设的实施意见分析

目标任务	2009年至2012年杭州市农村住房改造建设主要任务是：完成65万户农村住房改造建设，确保完成7500户、力争完成1万户农村困难家庭危房改造，完成17万亩农村建设用地复垦。确保下达任务翻一番、四年任务三年完成
基本原则	坚持三力合一、坚持科学规划、坚持政策创新、坚持搞好结合
改造模式	主要采用"二合一"、"二选一"、"民建公助"三种模式。"二合一"模式，即以宅基地换城镇公寓式住房与以承包地换城镇社保同步进行、一步到位。"二选一"模式，即以宅基地换城镇公寓式住房与以承包地换城镇社保任其一、分步推进。"民建公助"模式，即在符合规划的前提下，由农民自主改造、修缮、建设住房，政府配套建设基础设施或给予资金补助。杭州主城区和相关区县（市）城市化重点推进区域、大项目带动区域，主要采用"二合一"模式全面实施农村住房改造建设；区县（市）其他区域通过城乡一体化推进农村住房改造建设的，可采用"二合一"、"二选一"、"民建公助"模式相结合的办法。1万户农村困难家庭危房改造按"民建公助"模式完成
实施载体	大项目带动、城镇集聚、特色提升、异地搬迁、危房改造
保障措施	土地保障、资金保障、生活保障、审批保障
补助标准	已列入省下达计划的7500户农村困难家庭危房改造，其补助资金由省、市财政按照1:1补助，即市财政根据各区、县（市）农村困难家庭危房改造工作开展情况，在年度预算内给予适当补助，补助标准为平均每户3800元（淳安县为平均每户5800元）；由市财政部门向省级财政积极争取新增的2500户农村困难家庭危房改造补助资金，如省级财政不予安排，其差额由市级财政承担；各区县（市）、乡镇（街道）参照省、市农村困难家庭危房改造补助资金标准，按照一定比例配套落实相应的补助资金
工作要求	加强组织领导、坚持规划先行、完善政策机制、加强服务管理、强化考核督查、注重宣传引导

此外，该份文件中提及针对危房改造的对象，应参照《杭州市农村困难群众住房救助实施意见》（杭政办[2007]26号）的有关规定，采用"民建公助"模式实施困难家庭危房改造，因而展开进一步的补充分析，见表9-4。

表 9-4　　　　　　　　　　《杭州市农村困难群众住房救助实施意见》分析

救助对象	(1) 不宜实行集中供养的农村五保户 (2) 农村低保、低收入家庭中的无房户和住房困难户(先低保后低收入家庭)住房困难户指人均建筑面积在 12 平方米以下或住房残破简陋、不御寒冷和风雨、不具备基本居住条件的家庭(新建房屋必须符合农村建房条件) (3) 因灾倒房户。即因自然灾害造成房屋倒塌,或严重损坏不能居住,或急需搬迁,且自救能力弱的受灾群众 (4) 政府规定的其他困难家庭
救助方式	根据救助对象住房现状、村镇建设规划,以及救助对象的意愿可采取新建、改建、扩建、修缮、置换等方式实施救助。救助住房建设方案经区农村困难群众住房救助领导小组批准后,由镇政府或街道办事处检查督促选择有资质的企业或具备相应施工技能的农村建筑工匠(经培训有上岗证书)进行施工,确保房屋质量安全。也可采取收购可居住的闲置房,用于置换危旧房
救助标准	(1) 建筑面积。新建、改建、扩建面积以救助对象实际在册人口计算,1 人户不超过 40 平方米,每增 1 人可增 20 平方米,每户原则上不超过 100 平方米。修缮的,按现有住房面积修缮。置换的面积,按上述标准掌握 (2) 质量标准。以消除各类质量安全隐患为前提,确保救助住房"安全、实用、卫生、经济"。新建、改建、扩建的救助住房应为一层或两层砖混结构,设地梁、圈梁、构造柱及横墙拉接,铺水泥地面,粉刷内外墙。修缮住房应铺设水泥地面,粉刷内外墙,屋顶做防漏防渗处理。闲置房置换应为砖木结构或砖混结构 (3) 资金补助标准。凡符合农村困难群众住房救助条件,经批准的采取新建、改建、扩建、修缮、置换房屋,按每户给予 20000 元的经济补助
工作程序	申请—评议—审查—核准—新建、改建、扩建按农村私人建房审批手续审批
资金来源	(1) 省级财政农村困难群众住房救助专项补助资金 3800 元/户 (2) 市级财政农村困难群众住房救助专项补助资金 2000 元/户 (3) 区级财政农村困难群众住房救助专项补助资金 7000 元/户 (4) 镇级财政农村困难群众住房救助专项补助资金 7000 元/户 (5) 村级财政农村困难群众住房救助专项补助资金 200 元/户
资金管理	(1) 救助资金由区财政专户管理,根据当年度计划和实施进度,经区农村困难群众住房救助领导小组批准后,分期核拨到各镇政府(街道办事处)。财政、审计、监察、建设及民政部门要加强对补助资金管理使用情况的监督。镇街必须加强资金管理,确保专款专用 (2) 经批准的新建、改建、扩建房屋工程当施工至墙体一米高时,给予 50%资金到位,当工程主体完成后,资金全部到位;修缮房屋工程在外墙粉刷前资金一次性到位;置换房屋当合同生效时,资金一次性到位

综上所述,从农村贫困家庭危房改造工作的实施过程中,可以发现,杭州市的农村危旧房改造呈现如下特点:①救助受益面扩大,改造任务超额完成。杭州市自2009 年把救助对象范围由农村低保标准(2007 年)100%提高到 150%。2007—2010年困难家庭救助户数年均递增 47.3%,救助面积年均递增 54.7%。②最困难群众优先得到救助。考虑各区、县(市)农房危旧程度和困难家庭贫困程度的差异性,杭州市把救助重点向 5 县市和经济欠发达地区倾斜。③惠民政策整合,困难家庭建房负担减轻。杭州市对农村困难家庭危房改造的救助力度不断加大,2010 年全市困难家

庭户均救助金额达 2.2 万元(包括省补资金),较 2007 年增幅 37.5%,另外通过下山移民、宅基地整理、百千工程等项目带动危房改造的比例达到 37.7%,经过政策整合,符合条件的困难群众最高可享受 8~10 万元的补助资金。④工作机制创新,政策绩效显现。杭州通过采取 6 种原有方式(新建、改建、扩建、修缮、置换和租用)和 4 种创新模式(廉租、代建、联建和置换城镇产权房)的结合,积极推行投入少、成效高的改造方式。

9.2.4　案例四:重庆市的农村危房改造工作

经过 3 年的努力,重庆市现已改造农村危房 15.7 万户,其中改造 D 级农村危房 7.6 万户。但是,全市现仍有农村危房 38.62 万户,按危险程度分,C 级农村危房 29.92 万户,约占 77.5%,D 级农村危房 8.7 万户,约占 22.5%。重庆市大规模农村住房建设的步伐始于 2008 年,在重庆市委的《关于加快农村改革发展的决定》中明确指出:每年完成 3 万户农村危旧房改造,到 2012 年改造农村危旧房 12 万户。重庆市城乡建委系统经历了单栋农房到农民新村全面配套建设、从试点探索到全面发展的过程。集中对"结构最不安全、生活最贫困"的农房进行加固整治,对房屋内部完善功能,对外进行风貌改造、设施配套。组织专家严格审查农民新村设计方案、农村危房改造风貌方案,还编印了 52 套《巴渝新农村民居通用图集》免费向农民发放。

重庆市根据 2009 年 5 月全国扩大农村危房改造工作会议和《关于 2009 年扩大农村危房改造试点的指导意见》的要求,采取多举措推进改造工作。通过加强组织领导,制定总体规划;强化部门合作,积极筹措资金,完善技术服务,严格补助对象等措施,保障了农村危房改造工作的顺利开展。把农民新村、巴渝新居建设和农村危旧房改造有机结合,现重庆市农村危旧房改造的任务是每年 10 万户、巴渝新居建设 5 万户,到 2012 年消除全部 D 级农村危房;到 2014 年,消除全市所有农村危房;今后每年还将继续建设巴渝新居 5 万户、建成农民新村 500 个。

在组织领导方面,重庆市将 2009 年扩大农村危房改造试点工作纳入"宜居重庆"建设工作体系,由重庆市城乡建委牵头组织此项工作实施。同时,建立和完善相关制度,明确市级相关单位的职责,形成合力,共同推进。同时,重庆市城乡建委指导各区县成立了相应的扩大农村危房改造试点工作领导小组,负责农村危房调查、鉴定、统计、总体规划和年度实施计划的编制、技术指导、建设管理、资金使用和统筹协调等工作。

在总体规划制定方面,重庆市城乡建委会同市发展改革委、市财政局编制了《重庆市 2009 年扩大农村危房改造试点实施方案》,明确了指导思想和基本原则,确立了改造对象、改造方式和目标任务,完善了资金筹措和管理、技术服务、建设管理、监督检查等保障措施,为重庆市扩大农村危房工作顺利开展奠定了良好的基础。

在部门协作方面,重庆市按照"任务到县、培训到乡、指导到村、台账到户"的要求,建立和完善了相关制度,明确建设、发展改革、财政、民政等市级相关部门的职责。另外,重庆市出台了《重庆市康居农房建设管理暂行办法》,建立了农村危房改造目标责任考核制度,将工作完成情况纳入市政府对区县(自治县)政府和市级相关部门的综合考核和城镇化目标考核,并依据考核情况实行奖惩。

在筹措资金方面,为减轻农民群众改造危房的负担,在中央拨款 1 亿元危房改造资金的基础上,市、区(县)两级再按一定比例配套补助资金,加大对农村危房改造的补助力度,目前已落实配套资金 1.5 亿元。同时,全面整合市级各部门支农惠农政策和资源,将扶贫搬迁、灾后重建、水利工程移民、生态移民、地质灾害搬迁等与农村危房改造有机衔接,进一步提高政策效应和资金使用效益。探索与市农村商业银行等金融机构合作,通过制定贴息、担保等政策措施,为贫困群众提供危房改造资金支持。

在技术服务方面,一是免费向贫困群众提供安全、经济、适用的农房标准设计图集和危房改造施工方案,免费供农户参考。二是进一步完善乡镇建设管理机构,加强农村建筑工匠培训和管理。三是广泛采用地方成熟建筑工艺和本地合格建筑材料,建设经济、适用的农村住房。四是组织编制重庆市农房部品产业化发展规划,组织科研机构和生产企业研究制定农居部品及产业化的技术经济政策,推动重庆市传统民居部品产业化进程。五是建立健全农村危房改造试点监督检查的工作机制,强化建设部门对农房改造的指导、服务和监管,加强对设计、施工、交付使用等环节的监督检查,对集中改造的农村危房,纳入区县(自治县)建设部门监督管理范围,确保工程质量和安全。

在补助对象放方面,重庆市以解决农村困难群众的基本居住安全问题、改善农村困难群众生活条件为目标,严格补助对象和建设标准。一是加强试点区县(自治县)扩大农村危房改造试点农户资格审查,补助对象以居住在危房中的分散供养五保户、低保户或其他农村贫困户为主,要求农户必须持有民政、扶贫等部门的贫困户材料证明;二是危房必须是属整栋危房(D 级)或局部危险(C 级)的农房;三是要求农户翻建、新建住房面积严格控制在 40～60 平方米。通过严格补助对象和建设标准,确保补助资金真正用在保障最贫困农户的居住安全上。

具体指导重庆市农村危房改造的《重庆市人民政府关于加快全市农村危房改造的实施意见》(渝府发[2011]37 号)的分析,见表 9-5。

表 9-5　　　　重庆市人民政府关于加快全市农村危房改造的实施意见分析

实施目标	到 2012 年,消除全部 D 级农村危房,即完成重庆市现有 8.7 万户 D 级农村危房改造(其中:2011 年改造 5 万户、2012 年改造 3.7 万户);同时改造 C 级农村危房 11.78 万户(其中:2011 年改造 5.39 万户、2012 年改造 6.39 万户),实现"消除全市 60%的农村危房"的目标任务 到 2014 年,消除全市所有农村危房,即剩余 40%的 C 级农村危房 18.14 万户全部改造完毕
改造方式	D 级农村危房拆除重建,尽量搬迁集中进入农民新村;确实不适合集中的,可就地改造或购买农村二手房

续表

资金扶持	D级农村危房在满足最基本居住功能和安全的前提下,每户建筑面积60~80平方米,造价控制在5万元左右。由市、区县(自治县)两级财政补助7成,农民自筹包括农民通过承包地、林地、宅基地抵押贷款和社会捐助等方式)。市财政两年筹措16.66亿元用于全市D级农村危房改造 (1) 江北区、沙坪坝区、九龙坡区、南岸区、渝北区、北碚区、大渡口区、巴南区的五保户、低保户及其他贫困户享受现行中央农村危房改造补助政策,其余D级农村危房改造资金由各区自筹解决 (2) 江津区、永川区、合川区、南川区、双桥区、璧山县、铜梁县、綦江县、大足县按照市、区县两级财政40:60比例分担 (3) 万州区、黔江区、涪陵区、长寿区、梁平县、城口县、丰都县、垫江县、武隆县、忠县、开县、云阳县、奉节县、巫山县、巫溪县、石柱县、秀山县、酉阳县、彭水县、万盛区、潼南县、荣昌县按照市、区县(自治县)两级财政60:40比例分担
工作保障	市村镇建设工作领导小组负责统筹领导全市农村危房改造工作。市村镇建设工作领导小组办公室与市城乡建委发挥好牵头作用,抓好全市农村危房改造计划编制、目标分解、技术指导、统筹协调、检查督查等工作。各区县(自治县)人民政府全面负责本行政区域内的农村危房改造工作,把农村危房改造列入政府工作的重要议事日程,制订切合实际的改造规划和实施方案 各区县(自治县)建立农村危房户档案,实行一户一档,做到公开透明、公平公正,实现相关信息的快速查询、动态分析和监督指导。市城乡建委组织相关单位,设计3~5套满足D级农村危房改造需求的标准图纸,每户建筑面积60~80平方米,造价控制在5万元左右,并满足房屋可加层、设施配套、风貌控制等要求。市发展改革委、市农委、市国土房管局、市扶贫办、市水利局、市民政局等部门整合各类涉农资金,用于农村危房改造及农民新村配套设施建设 市政府与有关区县(自治县)人民政府签订农村危房改造责任书,目标任务完成情况纳入区县(自治县)党政领导班子及党政主要领导年度考核内容

综上所述,从农村危房改造工作的实施过程中,可以发现,重庆市的农村危旧房改造呈现如下特点:①重庆市的农村危房改造经历了从试点探索到全面发展的过程。危房改造不仅仅包括加固整治,还包括房屋内部功能的完善,以及对外的风貌改造和设施额配套。②农村危房改造与农民新村、巴渝新居等项目的建设全面融合。农村危房改造工作已被纳入"宜居重庆"的建设工作体系。③在改造方式上,D级农村危房改造重建,并鼓励其尽量搬迁集中进入农民新村。④在补助资金方面,重庆市根据辖区内各区域的发展情况,因地制宜地划定三类资金扶持政策,明确了市、区财政分担的比例。⑤出台《重庆市康居农房建设管理暂行办法》,将农村危房改造纳入管理体系。⑥建立了较为严格的农村危房改造目标责任考核制度。市政府与有关区县(自治县)人民政府签订农村危房改造责任书,目标任务完成情况纳入区县(自治县)党政领导班子及党政主要领导年度考核内容。

第 10 章 上海市郊区危旧房改造的问题与建议

10.1 主要问题

10.1.1 改造实际需要较大与政府补助资金有限之间的矛盾

一方面,改造实际需求较大。首先,由于历史原因,本市数以千计的农村低收入家庭危旧房中,大部分破损比较严重,需要翻建的比例较高。其次,随着物价上涨,建材价格和人工费等随之攀升,改造的成本较高,协调的工作难度也较大,比如 2009 年至 2012 年建材价格上涨,小工工时也已经涨到 120 元以上。第三,危旧房改造有除建筑本体之外的改造需求。一旦建筑本体得到改造,其他一系列需要改善的附着内容就会"浮上水面"。改造成本支出的主要内容包括建筑本体、基本生活设施、室内基本装修、室外总体、管线接通等等的经费投入,方方面面附着内容的改善,都需要一定的资金投入。而实际上,由于各方面原因,这些投入一般很难被重视和计入。

另一方面,政府补助资金有限。在前几年低收入户危旧房改造中,住建部未下达上海市改造任务、中央财政未对京津沪给予补贴。同时,市级财政也未对此项工作进行支持,仅明确财力困难的区县,补助资金可在市财政下达的一般性财政转移支付"三农"类资金中统筹安排。此外,虽然市建交委联系市残联对改造适用对象中的持证残疾人家庭予以每户 4 000～5 000 元的家电补贴,但总体而言,受益对象较为有限。

改造实际需要较大与政府补助资金有限之间的矛盾,导致了以下几个方面的问题。

1. 各区县的改造标准有一定的差别,不利于全市面上的统筹和平衡

由于上海市所规定的补贴标准已时隔三年,在具体工作中,各区县已结合实际的具体情况和形势变化,对补贴标准进行了较为多样化的处理。但正由于多元化处理,使得区县相互之间在补贴口径、补贴方式等方面产生了较大差异,不利于全市面上的统筹和平衡。比如,迫于资金压力和各方面实际困难,个别区县和街镇可能约束每年危旧房改造适用对象的规模。

2. 农村低保户老百姓可能"因建致困",自筹经费的改造导致其生活"雪上加霜"

对于农村低保户而言,在较为有限的政府补助之外,因自筹经费比例较高、数量较大,自筹经费部分可能会消耗掉他们本来可以用于养老、看病、生活、发展等方面的积蓄。也就是说,理论上存在"因建致困"并导致"雪上加霜"的可能性。当然,也存在个人放弃或消极对待危旧房改造的可能性,从而不得已放弃这一改善机会。作为一项社会民生改善项目,在政策设计中,有必要设法规避这类现象的出现,将好事办得更好。

3. 相关文件存在多样化解读的可能性，导致区县在执行过程中产生差异

上海市层面上的文件《关于 2010 年本市农村低收入户危旧房改造的实施意见》（沪建交联[2010]592 号）中规定"原则上按每户危旧房改造实际造价的 80％至 100％予以政府补助"，又明确要求翻建或修缮的每户标准不超过某一具体数字，相关标准为"其中，农村低保困难家庭的补助金额每户不超过 3 万元；农村低收入家庭的补助金额每户不超过 2.6 万元；修缮改造的补助金额每户 1 万元内"。由此，比如某区的一户危旧房翻建成本实际需要约 6 万元，按照前述 80％至 100％要求，最低应补贴 4.8 万元，而政策文件中又明确规定了每户补贴不超过 3 万元。按照不同角度的理解，各区县在执行中存在产生解读差异的可能性，从而导致补贴标准和补贴方式的失衡。

针对上述矛盾和困难，一些区在书面材料中提出，"政府补助的资金量与所提出的改造要求不相适应。因为政府不是全额负责危房改造资金，补助的资金量远低于改造户的自筹资金量，政府只是帮助，而不是全部负责。因此，要求过高会侵犯改造户的自主权，不考虑政府补助金所占比例少，不考虑改造户的资金压力，要求过于复杂不可能实现"，"多数危旧房破损严重，需要屋面、墙面大修。这些房屋维修的成本、维修难度都较高。故建议市政府适当提高维修贴补标准，使维修工作更彻底、更牢固"，"财政支持还需进一步加大。政府资金投入力度虽然有所加大，但补助的资金量在整个危房改造费用中所占比率还是较少，还有大部分资金需要贫困户自筹，低保户自筹资金的能力比低收入户更差，自筹资金不足的只能放弃，等筹足资金后再报"。

在本次较为系统的基层调研中，几乎所有走访到的区县和街镇均提出适当提高补贴标准的建议，认为只有根据上海实际情况逐步、适当提高补贴标准，才能使住房更为坚固、改造更为彻底、老百姓自筹经费压力更为缩小；才能提高各方面的积极性，象城镇居民住房保障一样，逐步扩大受益面。

自 2009 年起，市建交委等部门就已多次呼吁适当提高补贴标准，将该项民生工作办得更好。比如，根据区县建议，市建交委在 2009 年报告中已提出，"本市 2000 户危旧房改造中，多数破损严重，需要翻建或者屋面、墙面大修。这些房屋翻建、维修的成本和难度都较高。故建议适当提高维修贴补标准，使维修工作更彻底、更牢固"。在 2011 年报告中，市建交委再次认为："补助资金与解决当年危旧房改造不相适应"，"根据前两年工作情况看，最高 3 万元的补助标准偏低。近两年 CPI 高涨，建材行情上涨，小工工时也已经涨到 100 元，拟 2011 年提高标准，将最高补助金额提高到 3.5 万元"，"今后改造户数难以准确估算，因此项工作以农户申请为主，非排摸为主，且低保户和危旧房非估算得出的，故只能是个大概数。基于此，要积极协调有关部门（特别是财政部门），加大对此项工作的扶持力度，采取专项资金或奖补资金对各区（县）的工作进行推动"。2012 年，市建交委进一步在《关于开展 2012 年农村低

收入家庭危旧房改造和调查统计的通知》中明确,考虑到近期材料、人工等费用上涨因素,各区(县)补贴标准可适当提高。

10.1.2 面上统筹均衡与区县发展差异之间的矛盾

各区县除经济社会发展水平上的宏观差异之外,具体到低收入户危旧房改造上,还存在如下诸多方面的差异:

1. 改造规模存在差异

如崇明县,三年内规模分别达 1 303 户、2 487 户、1 454 户,几乎占全市总量的3/4;而改造规模较小的区,有的甚至仅为个位数,比如宝山区近两年并未开展农村低收入户危旧房改造工作,2011 年闵行区和嘉定区的改造户数分别只有 9 户和3 户。

2. 重视程度有所不同

2009 年的有关报告认为,各区县领导重视程度存在一定差异,表现为仅有部分区县出台了区级实施意见(如闵行区、青浦区、崇明县),这方面工作做得比较好的为青浦区,区建交委每年都出具相关的通知和政策文件;再比如有的区,三位区领导三个不同的批示精神,导致具体工作的开展出现困难。

3. 补贴标准和补贴方式不尽相同

主要包括:①有的区县补贴标准较高,远远超出上海市的规定标准。如个别区县,2012 年翻建补贴金额达到了每户 9 万元,而上海市 2010 年 592 号文件规定"农村低保困难家庭的补助金额每户不超过 3 万元、低收入家庭不超过 2.6 万元"。②有的区县,规定按每户人口数结算应补贴建筑面积和应补贴经费额度,但是由于上海市暂时没有出台关于补贴建筑面积和补贴方式的明确口径,以致区县之间在农村低收入户改造的具体操作上产生较大差异。③全市的政策口径中,未明确规定"区县—街镇—村集体—农户个人"等改造资金投入的构成和分配比例,因而,各区县在这方面产生了更加多样化的规定,存在着较为明显的差别(参见各区县危旧房改造补贴标准一览表 10-1)。

表 10-1 部分区县的补贴标准对比

	1 人户	2 人户	3 人户	备注	备注
青浦	≤50 平方米	50～60平方米	80～90平方米	—	基本按全市口径进行补助,即每户有一个总的标准
崇明	30 平方米	40 平方米	≤60 平方米(含 3 人以上户)	现有权证面积低于上述标准的按权证数补助。	翻建按每户 500 元进行补助。修缮按1～2 人户 8 000 元,3 人以上户 10 000 元
闵行	基本上按全市口径进行明确,并延伸了本市文件中关于"特殊困难农户家庭补助"的规定,明确为小于 6 万元"				

另外,各区县在其他一些方面也存在差异:比如,改造标准差异(如青浦区,改造标准相对来说比较清晰和具体)、组织方式差异、与相关工作结合度差异(大部分区较单一推进该项工作,未与相关农村工作实施对接)、节能抗震实施差异(部分区未对此进行要求)等等。

上述差异导致主要矛盾为:①导致全市面上的统筹工作存在一定困难,使得后续的检查、验收、评估等环节上难以实施统一标准;②在补贴标准上,相邻区县甚至街镇如果有所不同,老百姓难以理解;③在未来政策设计上,难以与历史口径进行衔接;④在资金构成上,过去基本无需农户自筹经费的区县,预计未来难以接受自筹经费的要求等等。总之,将来还会有许多诸如此类的困难需要面对。

10.1.3　行政成本偏高与总体资金有限之间的矛盾

行政成本偏高体现在两个方面:一方面,部分改造流程所经历的程序花费大,是农村低收入户危旧房改造行政成本提高的直接原因。按照正常程序要求,在以统建形式开展的危旧房改造工作中,即便不包括统一的规划设计,仍然需要进行严格的手续报批、竣工验收等环节。这些工作的开展所需资金数量较为巨大。根据在区县中的实地调研情况了解到,经历这样一套程序所花费的行政成本甚至超出补贴标准。

另一方面,有关流程也会对改造工作的推进效率产生影响,是农村低收入户危旧房改造行政成本提高的间接原因。首先,在时间协调方面,调研中部分区县指出,由于公开招投标方案征集、公示、征询等审查流程因素,往往会导致危旧房改造的时间周期顺延一到两个月。其次,在资金的申请和拨付方面,一些区还存在资金渠道不畅的情况,比如市建交委 2009 年报告提到,由于对口科室不同,不同的牵头单位向区财政申请资金时碰到了推诿扯皮现象,影响了工作的顺利推进;又如一些区县认为,市贴补资金目前以转移支付形式下拨至区财政局,财政资金流转、拨付的效率较低,建议补贴资金以专项拨款形式下拨,保证资金的专款专用,也能提高流转、拨付效率。第三,部门之间的沟通存在一定的不顺畅。比如,金山区认为,市级牵头部门是市建交委,而该区牵头部门是区民政局,各级相关部门因牵头部门不同而存在工作衔接上的困难,建议从 2013 年开始农村危旧房改造工作由区建交委负责牵头,区民政局负责协助低收入户认定相关工作。再者如个别区县,根据实地调研中改造工作的基层参与部门反映,区民政部门在初期低收入户的认定工作上不到位,使得后续的推进工作存在很大难度。

事实上,前述已经提到政府补助资金有限的情况,尚不能满足巨大的改造实际需求。因而,在补贴资金比较有限的条件制约下,对于社会民生项目,有必要简化流程,提高效率,想方设法降低行政成本,将宝贵的、有限的补贴资金更多、更高效地用于危旧房改造本身上来。

10.1.4　原址翻建与村庄规划之间的矛盾

根据有关政策,农村低收入户危旧房改造一般以原址翻建和修缮加固为主。然而,理论上说,原址翻建存在与城乡规划和村庄规划发生冲突的可能性。

上海与一般省区不同,是国际化大都市,其周边农村地区基本上都属于城市郊区,也是长三角城市群中的城乡一体化地区,其未来发展将服从城镇体系规划和区域发展空间安排。按照上海市的城镇体系规划,全市分成中心城、新城、新市镇、中心村四个层级。按照此规划目标,未来将建设一批与上海国际大都市发展水平相适应的新城、新市镇,分布实施,整体推进,吸引农民进入城镇,逐步归并自然村,不断提高郊区的城镇化和集约化水平。因而,上海郊区农村中的大部分区域将进入城镇化进程,特别是中心城区、新城、新市镇等规划建设范围内的农村用地,以及村庄规划之集中居民点发展范围以外的农村地区,一段时间之后,将根据规划转换为城镇用地或农业用地。受方方面面因素的影响,这些规划何时付诸实施,一定时间内很难确定,但从城乡发展科学性、合理性角度而言,服从长远规划又是需要的和有益的。这样一来,在危旧房拔点改造中,部分危旧房的原址翻建就有可能与村庄规划之间产生矛盾。如何处理好这一矛盾,关系到这笔巨大资金投入的短期效益和长远效果,也关系到老百姓的切身利益及其对政府决策的评价。

如上所述,原址翻建与村庄规划之间带来一些这样的矛盾:

一是与现有其他规定的矛盾。比如上海市村庄改造的选点中就特别规定:"开展村庄改造的村需为规划保留的建制村,实施区域的农民居住点应相对集中……或村庄归并后的集中居住区。"再如,《上海市农村村民住房建设管理办法》(上海市人民政府令第71号)中规定:"所在区域属于经批准的规划确定保留村庄,且尚未实施集体建房的,可以按规划申请个人建房。"需要斟酌的是,本市危旧房的翻建基本上以原址翻建为主,假若所在村为非规划保留的建制村,不久的将来面临着自然村归并的情形,那么原址翻建的改造方式是否会造成一定程度的浪费仍有待商榷。然而,作为原址翻建的替代方式之一,目前异地翻建尚不具备完善的政策、机制予以支持。

二是农村低收入户危旧房改造工作规划审批的口径有待统一。在调研中发现,部分区县对改造工作中危房翻建是否需要规划部门的审批许可存在疑义,比如某区调研中指出,该区的原址翻建需要经区规土部门审批,这一流程在相关文件中并没有具体的表述,且其他区县也未对这一环节予以明确。这里并不是说一定要加强规划审批,而是有关农村低收入危旧房改造的规划审批口径需要统一,利于面上统筹;另外,改造工作需与现有规划进行对接,特别是应事先充分了解未来规划的发展方向,以规避无谓的浪费。因此,建议根据规划进行分类,实施差别化策略。当然,这还需要结合低收入户农民家庭的意愿,以及结合土地流转等相关工作和实际情况,深入细致地开展前期工作。

10.1.5 改造标准偏低、资金有限与节能抗震要求之间的矛盾

虽然在国家和上海市有关文件中,对于农村危旧房改造中抗震安全和建筑节能等方面,都提出了比较明确的要求,但在具体实践中还存在困难。住建部在2009年有关文件中规定:"农房建筑节能示范项目的重点是墙体、门窗、屋面、地面等农房围护结构的节能措施;要利用有限的资金,采取最有效的措施,尽可能地改善农房的舒

适性;要根据各地地理和资源条件,尽量选取当地材料,传承和改进传统建筑节能措施,尊重农民生产生活习惯,因地制宜地采用技术经济合理的节能技术"。又如上海市建交委在 2010 年实施意见中也提出:"要建设最基本的安全、经济、适用、节地、卫生的住房。鼓励采用适用技术提高建筑节能。"但上述规定要落到实处尚存在很多困难。

农村危旧房改造中节能抗震要求执行困难与以下几个方面有关:

(1) 由于总体上资金有限。例如个别区县就明确指出,"由于费用有限,没有考虑节能的使用"。

(2) 由于存在一些认识误区,比如简单认为节能会增加建设费用,或者认为农村节能没有必要也没有意义。例如个别区县,基层工作人员认为节能会增加开支,所以对节能方面不做要求。

(3) 在管理上强制性不足,一些区县并未在文件中对抗震和节能要求予以考虑。由于各区县较少制定危旧房改造工作的实施细则,基层对于节能、抗震具体措施和标准比较模糊,技术上也缺乏指导和培训,导致节能、抗震工作的执行度有待进一步提高。在这一点上,青浦区通过每年下发危旧房改造实施要点的通知,提出了一些主要的技术要求,包括建筑材料、无障碍、管线设施、场地等具体方面,值得提倡和推广。

10.1.6 其他矛盾

1. 政策宣传力度、广度与广大、分散的农村对象之间的矛盾

由于农村低收入家庭分布广泛而分散,而这些困难家庭又由于各种原因,信息获得比较困难,也较少参与对外交流等社会活动,如果不是主动上门以及通过各种简单易行方式的宣传,他们很难知晓危旧房改造方面的政策,以及进行对他们来说较为繁琐的程序。个别区县认为,"宣传力度还不够,配备的人员也不够,导致很多有需要进行危旧房改造的村民不知道危旧房改造政策,更不知道如何申请。"

2. 建设亮化有余而协调性不足之间的矛盾

在大部分村庄尚未改造的情况下,少数农村危旧房改造后的鲜亮形象,与周边其它较旧的农村建筑群形成鲜明对比,显得过分突出而格格不入。调查中有观点甚至认为"估计被补贴家庭都难为情"。特别是在一些历史较为悠久、建筑风格较为统一的自然村建筑群内,砖木一层、材料现代且体量较小的改造后低收入户住房,显得比较突兀甚至可能变成一种破坏。因此,有必要在编制建筑设计样稿、图则和技术要点等环节,结合听取农民意愿,对危旧房改造设计进行一定的引导。个别区县就提出,每户建筑风格可根据每户的不同情况和村民意愿而定。

10.2 主要建议

10.2.1 农村危旧房改造是一项长期性工作,宜加强制度建设,建立长效机制

1. 确立危旧房改造是一项长期性工作,应列入常态化工作范畴

无论是直观上的判断,还是数量上的衡量,对于低收入农户和危旧房这两个概

念,其范畴都在不断动态变化中。由此,对于农村低收入户危旧房改造,其对象的选择也将是动态变化的。一些家庭前一年生活正常,后一年遇大病或天灾人祸等变故,就有可能进入低保或低收入行列;也有一些家庭此前是低保或低收入家庭,但由于各种原因并经过自身努力,一段时间后有可能脱离困境,不再属于低保或低收入行列。因此,农村低收入户危旧房改造工作,属于长期性工作,并将其列入政府常态化工作范畴,结合低保、低收入户的认定,建立常态化工作机制,将一些好的政策、机制稳定下来,使这项工作制度化。

例如在调研中,一些区县认为农村低收入户危房改造工作不是一劳永逸的,随着房屋的使用寿命和自然灾害的发生,以及农村相对贫困现象的长期存在,农村危房不可能彻底解决,因此,农村低收入户危房改造是一项长期工作。还有一些区县就十分明确地提出"要将农村低收入户危旧房改造这一实事项目长期做下去"的建议。基于此,课题组认为农村低收入户危旧房改造是解决农村困难群众实际困难的一项十分重要的民生工作,在可能的情况下,应适当降低政策门槛,逐步扩大政策受益面,让更多的老百姓得到实惠。

2. 由于该项工作的长期性和系统性,宜进一步加强制度建设

在实际工作中,一些区县已经就农村危旧房改造工作进行了一定的制度建设。例如嘉定区提出,应建立该区农村低收入户危旧房改造长效机制,每年由区建交委和区民政局在各街镇全面调查符合条件、自愿申请改造的低收入家庭的基础上,进行联合审定,确认当年改造计划。再如,金山区提出,危房翻建需加强规范,计划由区民政局针对危旧房改造工作中暴露的问题,本着公平、公开、公正的原则,加强与区建交委、区房管局、区财政局的沟通,就制订《关于农村低收入家庭危旧房改造工作管理办法》进行研究、协商,进一步明确对象范围、补助标准、评审机构和实施步骤等。

根据上述分析和区县已经开展的一些工作,建议在接下来的工作中,要进一步统一政策框架,就改造标准、补贴标准、补贴方式、组织方式等进行明确,区县政策调整应约束在一定空间内;牵头部门应定期通过信息系统进行统计分析,掌握工作进度,针对性地解决相关问题和困难;每年工作从计划到启动、推进、验收、抽检等等,应形成作为常态化工作的基本规律,而不是每年重复通知、发动、协调,将精力消耗在不断反复的事务性工作中;作为一项改善社会民生工作,农村低收入户危旧房改造工作应常态化推进,资金预算、流转、拨付也应常态化;应有较为深入、多样、规范的农村低收入户住房房型设计清单以供选择,在建设工程施工单位、建筑材料供应商等的选择程序上,可通过一定形式统一认定、公布,以免单个项目在行政成本上的浪费,以及在建筑材料方面确定模数,以推进农村住房部件的工业化进程,符合未来农民建房的长远发展要求。

10.2.2 农村危旧房改造具有纵向动态性特征,宜建立调谐政策,明确未来方向

随着时间的推移,针对农村低收入户危旧房改造工作,在工作力度、广度、深度等的把握上,在认定标准、改造标准、补贴标准、工作对象及改造方式等方面,都存在一定的动态变化的特征,建议可结合本轮的政策调整,建立适应动态特征的政策调谐机制。

1. 可动态调整认定标准、改造标准和补贴标准

总体而言,针对农村低收入户危旧房改造工作,无需年年行文,可在一份政策文件中明确未来若干年内每年确定各项标准的基本原则,每年有一个通知即可。因为作为政府规范性文件,制订程序比较复杂,往往较难快速反应实际需要。这里也可研究采取类似于旧区改造最低补偿单价调整机制一样的方法,也可以某一算式与之进行捆绑。例如,上海在2012年的低收入家庭认定标准上,就与2011年的表述方式有所差异,体现了对新形势的适应性,不再硬性规定"家庭人均月收入低于360元的低保户和家庭人均月收入低于540元"这一硬线,只要求满足"低于本市2012年低保家庭人均月收入的1.5倍"即可,至于低保家庭人均月收入标准,则根据民政部门每年的动态数据而定。而补贴标准,在纵向上可探索与CPI指数动态挂钩的机制(或与全国该项指标逐年提升的比例关联起来),在横向上可探索与各区县农村人均收入差额等相关指标挂钩的机制,以统筹平衡各区县,规避地区之间差异的无限制发展。

因此,建议建立危旧房改造补贴标准与相关因素的关联度分析及浮动机制,这也是定期分析信息系统数据的原因之一;针对各项标准的地区差异和纵向发展,未来出台一个指导地方工作的基本原则和建议即可。

2. 倡导引导性、菜单式、模块化房型设计

因为农村危旧房改造工作是一项长期性和动态性的工作,一旦低收入户通过自身努力、家庭发展、社会扶助和农村发展,经济实力增强了,生活条件好转了,人口增加了,原始居住单元存在增加建筑面积、提升建筑品质的可能性。因此,要着眼未来,在房型设计等方面为未来发展预留接口。

上海目前的农村低收入户危旧房改造基本上是自建或统建方式,但无论是自建还是统建,对于建筑房型和外观等的设计,尚无具体要点,基本依照原来宅基和原建筑型制进行简单翻建,部分建筑外观鲜亮,建筑材料突兀,与周边地区建筑不甚协调;或建筑房型设计较为简单,对于未来生活发展的需要考虑较少。比如,在松个别区县的实地调研中,部分基层群众反映,虽然市建交委有一套建筑设计样稿供危旧房改造时选用,但与当地的实际情况结合度还不够强,建议结合听取农民意愿,因地制宜设计建筑房型方案,以便对农村危旧房的改造设计进行有效引导。

而国家在农村危旧房改造总体方向的引导上,明确"各地要组织技术力量编制可分步建设的农房设计方案并出台相关配套措施,引导农户先建40到60平方米的基本安全房,同时又便于农民富裕后向两边扩建或者向上加盖。地方政府要积极引导,防止出现群众盲目攀比超标准建房的问题"。目前,上海仅仅对低保低收入对象实施原基、等面积、非换证式的改造,一般也都是原址、一层、小面积、简单形体的改造,而将来需要考虑分期建设、可持续发展的可能性(例如农民富裕后向两边扩建或者向上加盖),考虑如何与土地流转、人口流动、养老方式转变、人口向城镇和中心村集聚等情况相呼应,结合村庄规划,有一个总体的引导方向。总体上建议增强统一性方面的考虑,包括建筑材料、建筑设计、建设进度等多个方面的统一以及相互之间的关系协调等等。

10.2.3 农村危旧房改造具有横向差异性特征,宜分类指导,为地方预留空间

1. 首先需整体提高补贴标准,减小农民自筹经费压力,增强农民积极性

根据农村危旧房改造实际需要和物价上涨等实际情况,结合各区县关于适当提高补贴标准的呼声,课题组建议:①积极争取中央财政支持;②推动市级财政配套扶持;③继续发扬各区县已有的"区县—街镇—村集体—农民自筹"结构,将这个结构规范起来,并鼓励社会捐助等一系列形式的社会资金支持,以及导向性地鼓励子女援助等等。只要上下齐心、多管齐下,为数不多、总量不大的农村低收入户危旧房改造工作一定会朝着和谐、协调、可持续发展的方向前行。

另外,在农村低收入户危旧房改造补贴之外,如果还存在其他更多类型的向农村地区倾斜的经费(上海每年的实事项目中同时包含涉及大量的农村基层工作,如对残疾人的帮困补助、农业补贴、就业培训等其他民政补助),不妨组合使用,一揽子将农民负担降到最低。

2. 体现在认定标准、改造标准、补贴标准等方面,由区县结合实际确定

国家层面的农村危旧房改造实施意见中明确:"各地要在确保完成危房改造任务的前提下,依据农村危房改造方式、建设标准、成本需求和补助对象自筹资金能力等不同情况,合理确定不同地区、不同类型、不同档次的省级分类补助标准。"比如,山东省的作法是更多地明确一些优惠政策,以此柔性激励危旧房改造工作推进。

因此,应审慎把握补贴标准等的表述方式,实事求是地为区县预留空间,避免因政策的解读差异而导致各区县之间补贴标准差异较大的情况。例如,对于危旧房数量不大、老百姓可支配收入较高的区县,只要明确一些基本原则与精神,具体标准由区县掌握,低一点、受益面大一点,也无妨;如果没有 D 级危房,集中精力修缮加固旧房,政策门槛再降低一些,也未尝不可。而对于那些危旧房数量较大、老百姓可支配收入较低的区县,政策扶持的力度可以再大一些。通过政策设计的适当倾斜与平衡,在总体目标一致的前提下,千方百计支持危旧房改造工作。

3. 在建筑设计方面结合地方建筑材料、色彩、生活方式有一定发挥空间

国家层面的农村危旧房改造 2010 年文件中指出:"农房设计建设要符合农民生产生活习惯、体现民族和地方建筑风格、传承和改进传统建造工法,推进农房建设技术进步。"落实这一精神,上海可针对前述"建设亮化有余而协调性不足之间的矛盾",以及与传统江南风格的建筑型制相协调的总体精神,在编制建筑设计样稿、图则和技术要点,结合听取农民意愿,对危旧房改造设计进行指导性的帮助。

以崇明为例,与上海其他区域相比,崇明县的建筑材料、风格、色彩拥有自身特

色,在改造中如果能够突出这些特色,将体现比较好的效果。此外,在新时期不同地区的建筑风格还应具有多样化特征,因不同的乡镇其历史人文环境有差异,在充分重视农民建房个性化需要的同时,力求弘扬总体协调的观念、适应现代生活方式需要的观念以及遵循安全、实用、功能、美观等基本原则的基础上,充分尊重不同乡镇历史人文环境特征,规避对其历史文化遗产或自然、协调的乡村风貌造成冲击,避免与实际需要脱节,当然也需避免千村一面、千房一面等现象与问题,使得农村地区的建设风貌品位更高、人居环境更加宜人。另外,应尽可能保留乡村原有的地理形态、生态多样性以及加强这两者间的联系。综上所述,农村低收入危旧房的改造方式应该是"拾遗补缺"、锦上添花,不能按照城市"规整"的模式进行大一统的建设。

10.2.4　农村危旧房改造与农村各项工作相关联,宜统筹兼顾,实现加和效益最大化

农村低收入户危旧房改造工作应与国家、上海市及各区县等农村工作的总体精神相呼应,与农村其他各项工作,如拆村并点、村庄改造、土地整理、集中居民点建设、养老方式转变、城镇化建设、人口流动、土地流转等等相衔接,并对中长期发展有一个总体明晰的定位、目标和方向。

1. 预留政策接口,体现渐进性、综合性、系统性特征

作为一项具体工作,农村低收入户危旧房改造需要符合城乡规划总体要求,并与农村各项工作统筹兼顾。在这一点上,山东、杭州等地的危旧房改造经验可资借鉴。本市建交委在2010年的实施意见中已明确,有村庄改造计划任务的村,要将危旧房改造纳入村庄改造整体规划和方案,统筹安排,整体改造,这实际上已经开始体现了这项工作与其他各项相关工作进行统筹兼顾的倡导。

农村危旧房的改造以原址翻建、加固修缮为主,但有条件的基层可结合拆村并点、村庄改造、土地整理、集中居民点建设、养老方式转变、城镇化建设、农村宅基地置换等工作,使之相互穿插、兼顾。在新一轮政策制订中,应结合上海郊区农村特点,为多项相关工作的对接开一个口子,目的是引导各基层整合农村各项政策、倡导创新型发展模式,实现农村综合统筹、科学合理地发展。比如,建议在有条件的街镇,将危旧房改造工作纳入村庄改造整体规划、统筹安排;也可结合土地整理和流转,在规划统筹基础上的实现异地新建;另可结合养老方式转变和农村社保发展,推动孤寡、大病老人的社会化养护。诸如此类,通过鼓励整合和创新,避免政策边界的"硬化"。

另外,可提出"农村住房保障"概念。建议针对农村低保和低收入家庭,参照城镇困难家庭住房保障制度,系统化地制订适用于上海农村的住房保障政策,明确适用对象、有关标准及其动态调整机制,并在全国率先试点,摸索经验,也不啻于一项创新,一是符合中央重视农村发展、关心农民疾苦、推进住房保障的总体精神,二是符合上海城乡统筹发展需要并顺应逐渐加强郊区发展的趋势,三是符合农村老龄化、村庄空心化、家庭核心化等一系列社会发展实际情况,四是符合农村低收入群体社会保障系统化、体系化等本身的需要。

2. 与上位规划、村庄规划及其管理工作的统筹

总体上,危旧房改造在确定改造对象、改造方式等内容前,需要大致确定该房屋所处区位的类型。基于前瞻性的思考,危旧房改造所依托的规划背景建议按照以下六类模式进行划分,并相应确定未来发展的指导原则。

(1)撤村建居型

对城中村和城边村,根据城市发展需要,政府引导、民主决策、市场运作,积极推进行整体拆迁、整合改造,变集体土地为国有土地,变村民为市民,变村委会为居委会,变农村集体经济为城市混合经济或股份制经济,变村庄为城市社区,实现农民住房改善、城市形象改观、二三产业发展的目标。

(2)小城镇集聚型

对乡镇驻地村庄,按照小城镇建设规划,高起点编制详细规划,搞好建筑设计,逐步集中建设改造成为城镇社区,并将周边村庄有条件的农户吸纳进来,促进小城镇做大、做强。

(3)农村新型社区建设型

对中心村、经济强村和大企业驻地及周边村庄,按照农村新型社区的标准,统一组织建设集中居住区,同步配套建设基础设施和公共服务设施,促进城乡基本公共服务均等化,并可通过宅基地置换方式,将拟撤并村庄的农户吸引进来。鼓励经济强村联动周边弱村,通过集中建房改善农民居住条件,拓展发展空间。

(4)村庄整治改造型

对县域村镇体系规划确定保留的村庄,结合村庄整治开展农房建设,同步配套建设可以满足相应需求的基础设施。其中,空心村要实施旧村改造,最大限度地减少闲置土地。

(5)逐步撤并型

对县域村镇体系规划确定要搬迁合并的自然村,原则上应停批宅基地,通过提供优惠条件引导农户到小城镇、中心村购房、建房;或按规划整村搬迁,原村址复垦。

(6)整村迁建型

对一些等不宜居住的村庄,尽快实施整村搬迁,倡导集中连片建设,鼓励向小城镇和中心村集中。

上述因规划的发展定位不同,而带来各种可能情况,应区别对待,因地制宜、因户而异。总体而言,目前各区县大致有四种情况:村庄规划和集中居民点规划已编的;村庄规划和集中居民点规划在编的;村庄规划和集中居民点规划未编的;城郊纳入建设用地规划范围的等情况。由此,农村低收入户危旧房改造工作应与村庄改造工作结合,加强与规划土地部门的沟通,认真分析、厘清不同情况下的政策实施对策,使之更加科学、合理。根据各区县是否编制村庄规划等情况,确定村庄改造和危旧房改造工作的指导思想。

3. 与节能、抗震、配套等方面工作进行统筹

国家对此有专门政策,应进行对接,同时也积极争取国家层面的专项补贴。

10.2.5　农村危旧房改造是社会民生工作,宜强调以人为本,促进社会公正

1. 意义重大,影响深远

主要体现在以下几个方面:①农村危旧房改造是一项实事工作,是对弱势群体民生的改善,是政府予以推进的民心工程。②对于广大农村而言,危旧房改造社会意义重大,社会影响深远。往往会涉及社会工作机制的建立,管理制度和政策的合理化、规范化,社会舆论引导等等。③社会矛盾的化解。在农村危旧房改造遇到诸如代际争议、邻里纠纷、权属继承转移等等社会矛盾的时候,往往会对传统的农村社会规范和道德观念形成冲击,除了建立社会调解机制之外,还需要增强法律意识,改变社会观念,进而提高该项工作的社会意愿、知晓度与满意度。

2. 体恤民生,以人为本

如 2010 年上海市建交委联系市残联对农村低保、低收入危旧房改造户中的持证残疾人家庭予以每户 4000～5000 元的家电补贴。又如崇明县,对于低收入户危旧房改造期间的过渡,部分村也给予了补贴。再如,闵行区民政局等相关部门也予以协助,给低保户家庭发放热水器、电视机等家用电器。有些乡镇改造房屋的设计图纸、建筑材料、施工队伍由镇政府邀请第三方统一设计、施工和管理,每户建筑风格可根据农民不同情况和村民意愿而定;施工方的政府保险以及管理费由城建办统一支付。此外,国内其他地区的一些做法也值得参考借鉴。

10.2.6　农村危旧房改造是一项全国性工作,宜借鉴先进经验,努力开拓创新

1. 制度创新,探索逐步建立农村住房保障制度的科学性、可能性

我国自住房制度改革以来,城镇住房保障制度的建立和规范历经十多年,已逐步形成体系。截止目前,全国性政策文件已不下 100 多份,投入资金规模数以千亿元计。与此形成对比的是,占据全国人口半壁江山的农村,住房保障制度尚未成形。一方面从政策文件的数量上即可略见一斑,目前涉及农村危旧房改造工作的文件较少;另一方面在财政投入上,其规模也远远比不上城镇住房保障。例如 2010 年中央安排扩大农村危改试点补助资金(含中央预算内投资)后,国家投入为 75 亿元;即使加上各省市和基层的投入,以及抗震救灾和援疆援藏等"富民安居房"的投入,资金投入量也远不能与城镇住房保障相比。

应该说,目前有些省市已经有了关于建构城乡一体化住房保障体系的探索。比如,四川省成都市已出台《关于建立农村住房保障体系的设施意见(试行)》,根据这一规定,农村家庭年收入和家庭财产符合当地规定的廉租住房保障标准,家庭人口在两人(含两人)以上或年满 35 周岁的低收入单身居民,人均自有产权住房(含城镇和农村)面积在 16 平方米以下,均可在居住地申请住房保障。成都市在全国率先将住房保障范围从城镇延伸至农村,到 2012 年底,住房保障体系将覆盖成都市的所有角落。

通过农村住房保障制度的逐步建立和规范,最终形成城乡统筹、相得益彰、相互呼应的一体化的住房保障体系是总的发展方向。上海作为改革开放的前沿,如能在这个领域有所进展,也将是一项突破。在上海市2010年实施意见中,提出"农村低收入户危旧房改造是完善城乡住房保障体系……的一项重要工作",已经指出这项工作的重要意义,如果在法规政策和实际操作中加以实质性地推进和完善,或可成为新时期农村工作的亮点和特点同时通过兼顾农村工作的系统性,结合好各项相关政策,可使其在一开始就具有比城镇住房保障更好的起点。

2. 改造方式创新,达到多样性、统筹性、可持续性等要求

在住建部下发的"农村危房改造农户纸质档案表(样表)"中,对于改造方式一栏,除修缮加固、原址翻建外,还包括异地非集中新建、异地相对集中新建、房屋置换、无房户新建等其他类型。这说明住建部已考虑到全国各地农村危旧房改造可能存在的差异性,特别是与新农村建设、土地流转等其他工作进行对接的可行性,为面上结合实际开展创新留有余地。

如山东省,提出了"多措并举"的指导思想。通过区分轻重缓急,分期分批实施,从住房最困难、最急需的群众入手,充分利用现有空闲房,优先安置无房户和整体危房户,重点扶助农村低收入危房户特别是优抚对象和农村低保户。除传统的修缮加固、新建翻建的方式外,还根据不同情况采取其他多种方式解决农村危房住户的居住问题:①闲房安置。镇、村集体有闲置房屋的,可用于安置危房住户。②租赁安置。村内有空闲房屋的,可由村集体出面租赁,安置危房住户。③救助安置。对鳏寡孤独人员可通过新建和扩建敬老院、光荣院、社会福利院安置,对残疾人家庭可使用助残资金支持。④配建安置。进行村庄整体改造或迁建的,应在农民集中居住区内配套建设部分周转房或老年公寓,用于解决农村低保、五保家庭住房问题;对购房、建房有困难的贫困农户,可由政府或村集体予以一定扶助;对城中村、城边村的困难群众,应逐步纳入城市住房保障范围。这一系列的举措为农村低收入户危旧房改造工作的开展提供了思路。

目前,上海已完成"两规合一"工作,将城乡规划与土地利用规划进行统筹;部分区县正在紧锣密鼓推进土地整理规划、村庄规划和集中居民点规划等规划编制工作;另外还有每年推进的100个村庄改造、农民养老保障体系建设(2009年使得全市农村户籍人员养老保障覆盖面达到98%)、农村富余劳动力非农就业(2009年新增10万个就业岗位)等工作,以及拆村并点、土地流转等等工作。建议借鉴山东、杭州等地做法结合上海农村村民老龄化、住房空置化、家庭核心化、青少年村民城镇化、富余劳动力就业非农化等实际情况,有的整合政策资源,尝试空闲房安置、租赁安置、救助安置、配建安置等多种形式,也可以探索异地非集中新建、异地相对集中新建、房屋置换等住建部清单中允许的方式,以最节约、最协调、可持续的方式适应农村经济社会和住居方式的转型和变迁,使有限资源得到充分利用和有效配置。

根据住建部的文件精神,上海农村低收入户危旧房的改造当前是建立在政府财政补助、村民自筹经费的基础上,按照这一模式推进工作已取得了较大的成效,但对于低保、低收入家庭而言,自筹经费仍然是一笔不小的负担,部分家庭甚至连负担该部分费用也捉襟见肘。这也决定了农村低收入户危旧房的改造工作是百年大计,不可能反复倒腾。目前,上海市每年农村危旧房改造的总量介于 2000～3000 户之间,从数量上看与国内其他省市同期的改造量相比,并不算大,但如果以户均建设成本约 6 万元计,全市面上每年约亿元的投入,也不算小数,如果能够将其统筹好、结合好,好事还可以办得更好。

3. 建设方式创新,在统建中发挥受众作用、在自建中增强统一性

上海农村低收入户危旧房改造过程中,现有的自建自修和统建统修两种建设方式,各有利弊,见表 10-2。

表 10-2 统建和自建的利弊分析

	优势	劣势
统建	(1) 能掌握进度 (2) 节约原材料 (3) 保证质量安全 (4) 资金管理规范有效	(1) 统建要按正常程序报批、招投标、监理等所需资金大大超出补助标准 (2) 正规公司不愿做,利润太少,甚至负利润,做得越多亏得越多
自建	灵活多样,农户可根据自身不同条件确定施工人员	(1) 农户建房容易规避正规建设程序 (2) 进度难以掌握、原材料不易统筹安排

课题组建议可在既有两种方式的基础上,提倡建设方式上的创新,一方面继续完善政策、创新机制,进行锦上添花式的补充和提升;另一方面也可探索规避各自缺点、发扬各自优点的组织模式,精心设计流程。

(1) 在统建统修中的完善。在各地的政策文件中,一般都明确监管、监督、检查的责任在政府有关部门,而较少在统建中引导发挥村民,特别是受到补助且自费统筹的低收入户的主体作用。实际上,建筑质量的好坏直接关系到受众本人,他们才是最关心质量安全的人。尽管这些群众不具备工程技术和专业知识,但如果将不同类型的受众,比如已改造户、正在改造户、再加上亲戚朋友中具有专业知识的村民(许多农户具有建房经验),通过一定方式组织起来,确立他们在监督检查工作中的责任和意识,并配合相关管理部门,即可起到很好的监督作用。虽然工程队伍一开始可能不一定适应和接受,但长此以往,工程队伍的质量安全意识必将得到加强。

(2) 在自建自修中的完善。在自建自修中,除农民自我负责的工作内容,通过加强其他方面的统一组织与调度完善现有制度。比如山东规定,“为农户自建房提供实物补助所需的钢材、水泥、管线等大宗建材,可以县(市、区)为单位,由政府组织统一进行招标采购,按照就地就近、优质适用、降低成本的原则……”,受此启发,课题建议在自建自修方式中增强统一设计(引导性、菜单式、模块化)、统一招标(确定施工单位和基本建材等)、统一采购、统一进度要求,并加强各环节制度规范和监督检查效果的办法。

4. 扶助政策创新，实现政策操作的简化、政策效应的最大化

在国家政策文件指导下，本市已结合实际情况，制定了许多灵活、柔性的政策。比如，2010 年市建交委联系市残联对农村低保、低收入危旧房改造户中的持证残疾人家庭予以每户 4000～5000 元的家电补贴。各乡针具体推进中，也有一些可借鉴的做法。比如，闵行浦江镇改造房屋的设计图纸、建筑材料、施工队伍由镇政府邀请第三方统一设计、施工和管理，每户建筑风格可根据农民不同情况和村民意愿而定；施工方的政府保险以及管理费由镇城建办另外支付；在实施改造中，镇政府将改造项目打包纳入镇限额以下小型招投标平台，统一落实由资质的施工企业开展改造工作，区建交委及时组织区安质监站介入，做好设计、监理及技术指导等服务工作。

其他省市方面，呼应国家层面的文件精神，即"通过政府补助、银行信贷、社会捐助、农民自筹等多渠道筹措扩大农村危房改造试点资金"，山东农村危旧房政策的柔性特征具体体现在：省财政从 2009 年起，连续 3 年设立专项资金，采取以奖代补的方式，重点向中西部地区倾斜；市、县（市、区）政府既可对农户直接补助，也可对集中建设的农房项目开发单位和自建房农户给予贷款贴息等等资金政策；还对土地出让收益、土地增值收益进行统筹，减免有关行政事业性收费，引导和鼓励社会各界积极捐资捐物、投工投劳，免费提供规划、设计、监理等技术服务；通过完善信贷制度，对参与农村住房建设、资信优良的房地产开发和建筑施工企业，简化审批流程，优先提供贷款；开办农村居民住宅楼按揭贷款，对符合条件、土地证和房产证齐全、申请按揭贷款的，适当给予一定的利率优惠；对符合条件的自建房农户，可提供小额贷款；具备条件的市、县（市、区）政府，可利用现有投融资机构，也可组建国有独资或股份制开发建设公司，作为农村住房集中建设改造项目的投融资主体，以项目资产及其收益为担保和质押，向金融机构申请贷款，进行拆迁安置、土地整理和项目建设。上述其他省市以及上海各区县基层在农村危旧房改造中的实践，已经极大地丰富了现有政策操作的灵活性，也为今后提供了思路，可进一步实现政策操作的简化和政策效应的最大化。

下篇

《上海市农村村民建房建设管理办法》
实施后评估

第11章　《上海市农村村民住房建设管理办法》实施所取得的成效

综合评估《上海市农村村民住房建设管理办法》[沪府(2007)71号令](以下简称《办法》)精神与实际情况,我们认为《办法》实施五年来取得了以下四个方面的重要成效。

11.1　规范建房行为,优化建房制度

《办法》明确了上海市农村村民建房的两条途径即个人建房和集体建房。并且规定只要村民符合要求的,相关部门都要在规定的时间内批准农民建房。《办法》实施五年来,长期积压的巨大的农村住房需求得到了释放,农村村民建房消费迅速上升。以浦东新区的航头镇为例,如图11-1所示,该镇依照《办法》出台本地细则后,农民建房审批数量逐年递增,2009年全镇审批132户,2010年158户,2011年216户,2012年447户。据当地政府预测,今后几年的审批数还会有较快增长。由于该镇农民住房建设规模持续增长,农民居住条件得到了较大改善。

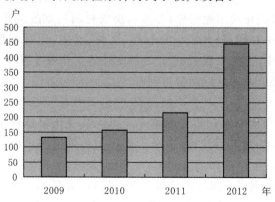

图 11-1　《办法》实施后航头镇住房审批情况

事实上,《办法》实施后,上海农村村民住房条件的改善不只限于浦东新区。据上海市统计局的统计资料,《办法》实施前的五年(即2002—2006年)上海市农村村民人均住房面积平均每年为58.5平方米,《办法》实施后的五年(即2007—2011年)人均住房面积平均每年为60.45平方米,增加了近2平方米(参见图11-2)。

《办法》实施后,各区县切实运作审批程序,认真执行建设总体规划,满足了村民的建房需求,规范了村民的建房行为,优化了建房制度,从而使建房市场规范有序运行,维护了社会稳定。

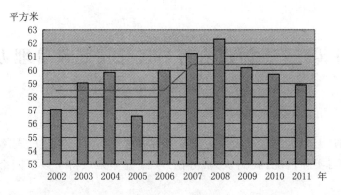

图 11-2　上海市农村平均每人年底居住房屋面积情况

11.2　引导合理布局，节约利用土地

《办法》规定农村村民实施建房活动，应当符合规划、节约用地、集约建设、安全施工、保护环境。同时《办法》鼓励集体建房，引导村民建房逐步向规划确定的居民点集中。

《办法》的这些规定使村民建房布局更加合理，土地利用更为节约。《办法》实施五年来，各区、县政府部门结合本地实际，合理引导、撤并规模过小或不适宜居住或建房的自然村，不失时宜、因地制宜地鼓励村民集体建房、就近就地改扩建，减少占用耕地；合理安排农民建房用地指标，逐步解决农村旧村难改造及一户多宅等问题；建立了一定规模的中心村，使其成为集行政、文教、卫生、公用事业、商品零售、村办企业于一地的公共中心，为农民提供了一个良好的工作和生活场所，也使之前部分村庄存在的散、脏、乱、差的落后面貌得到整治。

土地单位产出率是指 GDP 与土地面积之比，反映单位面积的产出情况，该指标综合反映一个国家或地区农业生产力水平。虽说其变化很难直接与《办法》的实施相关联，但就《办法》实施前后比较，上海市郊区土地单位产出率，由 2006 年的平均 11.39 万元/公顷，上升为 2011 年的 15.76 万元/公顷，上升了 38.37%；平均每个农村从业人员占有耕地面积下降的趋势也得到了扭转，见图 11-3。

这表明，上海郊区的土地利用正从粗放型向集约型转变，这对于上海郊区调整产业结构、提高经济总量和经济质量，提高郊区农民的生活水平具有重要意义。

11.3　规范建筑标准，提高村居质量

《办法》提出，有关部门应向建房农民提供房屋的建筑标准。《办法》实施五年后，村民新建住房与实施前相比更加规范，安全性和美观性都有提升。据市房屋建材市场的数据，《办法》实施后与实施前相比，村民所购买建房材料的质量有了较大的提升，新型建房材料（包括建房用的木板、房梁等）得到了推广和使用。村民建房及新建房屋的安全性能都上了一个新台阶。

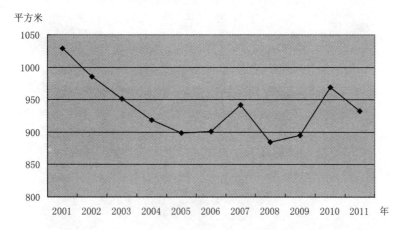

图 11-3　2001—2011 年农村从业人员占平均有耕地面积情况

与此同时,房屋的美观性也比实施前建的房屋更好。依托市相关部门提供的图纸,同时结合本地的传统习俗、自然生态环境、周边的景观,经规划的新建房屋一般布局合理,有比较良好的通风采光。与《办法》实施前的新建房屋相比,房屋的美观性、可欣赏性有了很大改观。图 11-4 为航头镇按《办法》要求新建的一组村民住宅。

图 11-4　航头镇新建的村民住宅

11.4　促进新农村建设,改善村居环境

《办法》的实施,一定程度上满足了村民的建房需求,促进了郊区农村的生产发展。此外,在各级党委、政府的努力下,配合农村危旧房和村庄改造等项目,上海市郊区的新农村建设面貌焕然一新,农村村民的村居环境有了较大改善,见图 11-5。

以青浦区为例,为进一步改善农村居民生活条件,提高农村居民的生活质量,近五年来共完成村庄改造 4 730 户,涉及白鹤、练塘、金泽、朱家角 4 个镇 11 个行政村 33 个自然村,实现了农村"田园整洁、村庄宜居"的目标。事实上,上述情况不仅发生

图 11-5　航头镇丰桥村村容村貌

在青浦区,近五年来上海市共计完成新改建村内道路 1 800 公里,整修危桥、新建便民桥 270 座,对 80% 的农户生活污水开展集中收集处理,疏浚河道 1 400 余公里,新改建公共厕所 500 多座,新增绿化约 280 万平方米。沪郊农村的公共基础设施和居住环境面貌大幅改观,有效带动改造区域的农村基础设施和生态环境建设,也为村民建房工作的稳步推进创造了条件。

第12章 上海市农村村民建房目前面临的主要问题

12.1 建筑规范及管理问题

12.1.1 村居建筑超高较多,监管困难

《办法》第三十一条规定,农村住房总高度不得超过10米。其中,底层层高为3米到3.2米,其余层数的每层层高宜为2.8米到3米。副业棚舍为一层。不符合间距标准的住宅,不得加层。

调研中发现村居建筑有很多是超高的,或是层高超过规定,或是总高度超过规定。例如部分区县村民在10米楼高的限制下压缩一二层的层高建造第三层,增加建筑面积以便出租,获得更多租金收入;一些村民由于房屋占地面积受限,选择向空中发展,建造楼高超过10米的住房。这些都属于违章建筑,会在一定程度上对村容村貌和相关村民产生不利影响。由于这种现象非常普通,执法监管也很困难。

12.1.2 施工忽视图纸,推荐图纸困难

《办法》第十六条规定,农村村民建造两层或两层以上住房的,应当使用具备资质的设计单位设计审核的图纸,或者免费使用市建交委推荐的通用图纸。

调研中得知村民建房施工时,普遍存在忽视施工图纸的现象,较少使用推荐的图纸。一方面由于各个村的情况不同,推荐图纸并非完全适用,比如有的村民能分到的宅基地面积很小,住房的占地面积比推荐图纸中的要小很多,就没法使用推荐图纸;另一方面,推荐图纸中的设计往往比较现代,但不一定符合村民的喜好和实际需求,很多人喜欢过去传统的房屋样式,不接受推荐图纸中现代风格的设计,认为推荐图纸不太实用。这样一来《办法》第十六条实际上并没有得到有效的落实。

12.1.3 村居建筑市场混乱,质量隐患较大

《办法》第三十九条规定,实施集体建房的村民委员会和参与集体建房项目的勘察、设计、施工、监理单位依法对住房建设工程的质量和施工安全承担相应的法律责任。这一规定对集体建房的施工质量主体做了明确规定。但《办法》当中对个人建房的施工质量责任主体没有相关规定,只有第十六条对施工图纸有软性规定,无硬性措施,而第十六条在实际操作中没有实际指导意义。

调研发现目前村居建筑市场缺乏统一的施工资质标准和建筑标准,导致无资质的小型施工队充斥市场(主要是个人建房市场)。这些无资质的小施工队一般由私人老板组建,往往采用不规范的建筑结构和低质建材,造成村居建筑存在较大的质量隐患。由于这些小施工队的要价比正规的施工单位低很多,大多数村民又缺乏安全意识,往往更愿意选择这些小施工队来建造房屋。

12.1.4　20世纪70年代建的联排房改造困难

建于20世纪70年代的联排的农民住房,很多已是危旧房,由于多家彼此相连,必须统一迁出才能进行危旧房改造或重建。但统一迁出实施起来非常困难,问题持续拖延,造成安全隐患越来越大。每到恶劣天气,基层政府的工作人员都要挨家挨户转移住户,以免房屋倒塌造成事故。

12.1.5　危旧房改造扶持对策认定标准较高,造成部分空心层现象

根据当前的农村危旧房改造政策,政府扶持项目仅能惠及一部分群体,且刚性要求较高。比如上海市农村危旧房改造对象必须同时符合"双困"条件:一是经济困难,属于农村低保家庭或无能力自行改善居住条件的低收入家庭;二是住房危旧,并且是农户实际居住使用的住房。这两大条件是上海市开展农村低收入家庭危旧房改造工作遴选改造对象的基本标准,门槛较高,使得本市农村一部分住房危旧、亟需建房的群体出现政策惠及上的"空心层"现象。见图12-1。

图 12-1　某处村民的危旧房

12.2　制度衔接缺失引发的问题

12.2.1　村民建房资格的认定问题

《办法》第二条规定本办法适用于本市行政区域范围内农民集体所有土地上农村村民新建、改建、扩建和翻建住房及其管理。

《办法》第三条中规定,农村村民是指具有本市常住户口的本市农村集体经济组织成员。

《办法》第二十七条中规定个人建房的用地面积和建筑面积是按照户内成员的人数来计算的。

调研中发现当前农村存在一定规模的农居混住的现象。很多农民由于参军、读书等原因,户口从农村迁出成为了居民,但很多人退伍后、毕业后没能在城市中找到

工作定居下来,只好选择回到农村,跟父母或者兄弟住在一起。他们的身份已经不是农民,不是农村集体经济组织的成员,按照《办法》规定,是不能申请农村建房的,分配建房用地时也不能算作是户内成员。

不过,如果完全按照规则来开展,进而否认他们曾经的农民身份是有违情理的。很多农民过去参军时户口是迁出去的,他们退伍后由于各种原因难以留在城市,只能回到老家,他们的居民身份并未使他们得到城市居民应有的保障,还使他们被排斥在以前农民身份可得保障之外。20 世纪 90 年代很多农民子弟出去读大中专院校,户口也转出成为居民,而在他们毕业之后,如果由于各种原因难以在城市找到工作定居下来,而是回到老家和父母兄弟住在一起,却因为身份的转变无法享受到和他们一样的权益。比如兄弟两个,哥哥未考上大学留在了农村,弟弟考上了大学户口迁了出去,然而毕业后没能留在城市,只能回到老家。当时留在农村的哥哥有地有房,而弟弟却一无所有,这在情理上很难让人接受。还有一些人,居住在农村的危旧房中,由于身份已经不是农民,无法申请农村建房,只能一直待在危旧房中。

对于农居混住的现象,基层政府感到非常难办,不同区县在这个问题上的态度和做法也有所差别,在操作层间并非完全按照《办法》规定。比如青浦的夏阳街道,对于因为参军户口被迁出去的,回来后如果没有住房,是可以批准农村建房的。而在有些镇,对于因为出去读书后户口转成居民的,一般未予批准他们新建住房。

12.2.2 "集中建房"缺乏制度渠道

对于没有经济实力搞集体建房的区县或乡镇,通过宅基地的逐步归并以实现"集中建房"的目的,非常符合《办法》合理、节约利用土地资源的精神。但是目前缺乏规划和土地方面的制度渠道,基层有愿望但很难实现。在这些乡镇的现有规划中,一般没有为农民建房预留用地。

在对航头镇的调研中得知,其农村建房主要以个人建房为主,在旧房原址进行翻建。很多村的空间布局都是几十年前形成的,现在看来很不合理,不仅布局混乱,房屋之间的间距也很小。如果继续在原址翻建不仅使得不合理的布局得不到改善,而且由于新房建好再进行布局调整就很困难,如果未来想改变不合理的布局,要付出更大的代价。

在调研中,一些基层政府工作人员反映,尽管上海城市化进程相当快,但无论是从生态上还是从农业发展上来看农村一定要保存一点。因此,一定要在用地上有一个科学的规划,明确哪些地方能建,哪些地方不能建。青浦农民建房的闸门关闭数年现在突然放开,几年间一共建了约 7 700 户,但这些建好的房子由于缺乏规划引导,无序布局,为区域后续发展带来很大问题。假如这些地方推进城镇化需要动迁,拆迁成本就很大,增加了财政负担。另外,农民建房遍地开花,很多重复建设浪费很大,基础设施也跟不上,农民的生活质量也就难以从根本上得到提高。如果事先做到科学规划,明确规划建设选址,就可以跟城市社区一样做好公共配套和社会管理。这样不仅可以节省大量土地,农民生活质量也可以得到提高。

12.2.3 "镇中村"的村民住房困窘

一些镇区的农民符合农民建房的申请要求,但由于镇区的空间有限,应有的宅基地和建筑面积无法实现,而同时他们的农民身份也使其也无法进入城市住房体系。一方面农民建房权利无法实现,另一方面城镇居民的住房权利也无法获得,导致这些人的住房权利保障缺失。比如浦东新区航头镇就存在这样的情况,由于镇区土地有限,村民只能分到很小的土地面积来建房,远远小于《办法》中的规定,房屋与房屋之间几乎没有间距。对于他们来说市建交委的推荐图纸基本不适用。为了满足居住要求,只能选择向上发展,增加高度,导致一些住房成了畸形建筑,见图 12-2。

图 12-2　航头镇的"镇中村"

12.2.4 历史遗留的村居地权属不清问题

由于规划的原因,一些村民被整体搬迁到集体土地上建房,他们原来拥有宅基地,但现有住房却是在集体土地上,因此拿不到房屋相关许可,很多事情办不了,诸如小孩上学、水电费等都遇到问题。而当初被规划至居民小区的农民则没有这种情况,房产证件齐全。对于那些被安排到集体土地建房而没有获得许可的人来说是很不公平的。解决这个问题的办法,是国家对这些集体土地进行征地,调整为国有土地后再将这些土地作为住宅用地。另一种办法是将这些集体土地确认为宅基地。但是如何确权,基层又无法解决。

12.3 建房引发的社会问题

12.3.1 政府过度控制,抑制合理建房需求

虽然 2007 年上海市政府 71 号令出台了《上海市农村村民住房建设管理办法》,但实际上许多区(县)政府也有一些区县因不同原因对于村民建房是控制的,多年来对村民的合理建房需求采取了限制措施,老百姓对此都有抱怨。就已调研的青浦、松江、浦东地区而言,当地政府对此一直都是严控的。

12.3.2 离婚户问题

调查中发现,许多家庭出于利益驱动,为了获得更多的建房面积而出现"假离婚"现象。比如某乡镇工作人员反映,2012 年某村 23 户申请用地,其中 17 户是离婚户。另外一个村 12 户里面有 9 户离婚户。该镇所在区出台的细则规定离婚要满五年才能审批,而实际上导致到了第五年离婚户就会把离婚证明拿出来要宅基地。目前来看该乡镇一个宅基地价值 100 万元,因此花 50 万～60 万元造好房子通上水电就能卖 150 万～160 万元。"干死干活一辈子不如离婚一次"。实际上离婚户很多是离婚不离床,离婚不离家。绝大多数离婚户都是拿到房子就转手卖出去。

这种"假离婚"问题造成基层政府在处理因离婚分户而提出的建房申请时比较为难。有的是真离婚没房子,有的明明住在一起生活在一起,但有离婚证明,拿他们也没办法。如果这一现象得不到控制,人数就会更多。

许多地方对离婚户采取较为严格的限制。比如规定离婚满五年才能批准建房,并且还要看具体的离婚协议。但这些限制于情于法都欠妥,不仅损害了那些真离婚户的利益,同时不能根本解决问题。《办法》中对于离婚户并没有特别的规定,基层政府也是无法可依。

12.3.3 "充人头"问题

为了获得更多建房面积,有些村民会将外嫁的女儿或已经是城镇居民的儿女、亲戚迁入本户。这些情况也是基层政府执行时时常会遇到的难题。比如,有工作人员反映了这么一种情况,有的人有几个子女,其中一个是城市居民,住在城市中,其他是农民。他们会让是城市居民的子女继承农村的房产,将农民户口的子女分户出去申请土地建房。按照现行的《办法》规定是要为这些人分配面积,但其实他们并不住在里面。这样资源没得到有效的配置,也挤占了很多有实际需要的人的土地指标。

12.4 行政部门间的协调管理问题

《办法》第四条规定上海市规划和国土资源管理局是本市村民建房规划、用地和配套设施建设的主管部门;区(县)规划国土管理部门负责本辖区内村民建房的规划、用地和配套设施建设管理,镇(乡)土地管理所作为其派出机构具体实施相关的管理工作。上海市城乡建设和交通委员会是本市村民建房的建筑活动主管部门;区(县)建设管理部门负责本辖区内村民建房的建筑活动监督管理。区(县)人民政府和镇(乡)人民政府负责本辖区内村民建房的管理。镇(乡)人民政府受区(县)规划国土管理部门委托,审核发放个人建房的乡村建设规划许可证,对个人建房进行开工查验和竣工验收;受区(县)建设管理部门委托,进行个人建房安全质量的现场指导和检查。发展改革、农业、环保、绿化市容等有关部门按照各自职责,协同实施本办法。

由上可知,农村建房的主管部门很多,基层政府、规划土地、建设交通等部门都是《办法》的实施和责任部门，这就产生了如何协调管理、相互衔接、提高效率等问题。青浦在采取了联审制度，由村里先对申请资料进行筛选，将符合标准的呈交上一级政府，规土局、建交委、新农办、监察局等四个部门对资料进行联审，联审通过后再开展下一步工作。联审的形式显著提高了办事效率，是值得借鉴。

在基层政府调研时有工作人员反映，作为农村建房管理工作的一线人员，在日常工作中会遇到很多问题和困惑，而有些问题和困惑应该是各区（县）都会遇到的，但是与其他区（县）的交流的机会和平台很少，也不知道他们是否有好的经验和解决办法，希望上级部门能够组织不同区（县）的基层工作人员进行交流学习，推行一些好的经验和做法。

另外，就是审批权力下放的问题。基层政府位于在农村建房的第一线，如果审批权力全部集中在上级部门，很多时候会严重影响效率，也是不必要的。建议应当适当考虑将一些权力下放给基层政府，既增加办事效率，也给农民带来实惠。

第 13 章 上海市农村村民建房面临问题的原因分析

13.1 《办法》目的单一而且条款不完善

13.1.1 现行《办法》的目的过于单一,关怀农村民生体现不足

2007 年实行的《办法》核心精神主要是为了加强引导农村村民住宅建设合理、节约利用土地资源(《办法》第一章第一条),但缺乏对农村居民民生的关怀体现不足,这导致《办法》仅仅成为约束农民建房的行政管理工具,而难以成为村民维护自身权益的依据。特别是最近六年来,随着我国经济高速增长,上海市农村居民的生活水平已有很大提高,随之而来的合理的住房需求增长,却因为《办法》的约束(《办法》第二十八条、第三十一条)而得不到合法实现,以致农村建房中产生违章建筑,并滋生不必要的社会矛盾。

13.1.2 现行《办法》相关条款不完善,导致村民的机会主义行为发生

近六年来,随着上海城市经济和人口的迅速增长,农村地区的地价和房屋租金增长幅度也比较大,扩大住房面积所带来的经济利益十分可观。受巨大经济利益的驱动,同时《办法》相关条款(第十一条)又不完善,许多村民采取的机会主义行为,造成了一定的社会问题,导致诸如"假离婚"、"充人头"等现象经常发生。而政府因行政管理权责不明确,有针对性地管理也十分困难。

13.2 《办法》对城镇化产生的问题缺乏"制度接口"

近年来,上海市在新农村建设、户籍制度改革以及郊区城镇化推进方面有许多重要举措,这些举措对于农村土地征用、农民的身份认定等方面带来了新的变化,而村民建房的相关制度并未对此做出相应调整,导致制度渠道错位,基层开始淤积大量制度性问题。主要有以下两方面:

13.2.1 "混居户"的村民建房资格认定

在户籍制度不完善的情况下,大量"混居户"(指一个户口本下同时有农业和非农户口的家庭成员)在个人村民建房的资格认定方面没有标准(第三条、第十一条、第二十九条)。我们从基层了解到,主要有以下情况缺乏执行标准。

(1) 户口已经迁出农村,不符合《办法》第二十九条规定的计算用地面积的条件,并且收入较低或仍在农村居住的人员。这些人主要是出生在农村但户口已迁入城市的待业人员或低收入者。他们虽然理论上应该纳入城市的住房保障体系,但由于收入低或失业等原因无法真正获得城市住房保障,而在农村又丧失了建房资格,成为"两头不靠"的人员。从情理上,农村家庭应该为这些弱者提供基本住房保障,但

法理上又没有执行的标准,往往造成基层管理者为难或群众有意见。

(2)农村家庭中,2000年后出生的小孩。上海市规定,2000年以后所有的新出生人口都是"居民"户口,消除了农业和非农业户口的区别。这导致只要有2000年以后出生小孩的农村家庭都成为了"混居户",在《办法》第二十九条中并没有界定这种情况的处理标准。这些小孩虽然可以算作城市户口,但他们的家庭成员都是农村集体经济组织成员,理论上说他们以后也有可能在农村工作,按照《办法》第三条规定:"农村村民,是指具有本市常住户口的本市农村集体经济组织成员。"这些一出生就有居民户口的小孩成年后如果在农村就业和生活,就应当有享有村民建房的权利。但现有《办法》第二十九条缺乏针对这种情况的处理标准,3~5年之后可能将带来相互的社会问题。

13.2.2 空间限制导致"城中村"的宅基地无法合理扩大或确权

(1)许多镇中心的村民有权扩建,但由于镇区土地空间限制,无法真正实现扩建,《办法》缺乏相关制度接口。由于历史等原因,有许多"镇中村"的村民,房屋位于已经实现城市化的镇中心,他们虽然有合法的宅基地权利和扩建需求,但由于前后左右都已没有空闲的土地,导致合理合法的住房扩建需求无法得到满足。

(2)由于规划的问题,一些镇的村民原有宅基地被征用后须异地建房,但新址的宅基地权证一直无法落实。这是城镇化规划和建设中产生的问题,需要城市规划、土地、民政等多部门联合解决。

这些问题主要涉及土地管理的问题,《办法》作为建交委建房管理的文件虽然不直接参与,但应做好相关制度接口。现有办法中第十一条(申请条件)"(三)按照村镇规划调整宅基地,需要易地新建的……"虽然已经有涉及,但在第十条(宅基地的使用规范)中还缺乏相关制度接口。

13.3 《办法》对主管部门的联动与协调缺乏详细规定

如前所述现有规定只是明确了市规土局系统管建房用地,市建交委系统管建筑施工,区县人民政府管具体事务,三家的职能有相互重叠之处,使得协调管理困难,行政效率较低。青浦区的联审形式显著提高了行政管理的效率,可资借鉴,也建议开展机制创新、寻求新的突破。

13.4 《办法》中的执法标准相对陈旧,与现实需求存在冲突点

目前,《办法》中的执法标准很多源于1983年版的《上海市村镇建房用地管理实施细则(试行)》,主体框架形成于1992版《办法》,20~30多年未有大的变化,与当前人民的生产方式和生活水平有很大脱节。这种冲突造成许多农村建筑大量存在"合理"却"不合法"的违章或违规。陈旧而不合理的管理标准不仅带来不必要的社会冲突,而且也影响了《办法》的权威性和严肃性。

13.4.1 标准相对陈旧

《办法》规定的宅基地面积、房屋建筑面积、房屋高度等标准陈旧。如现行《办法》第二十七条规定:"个人建房的用地面积和建筑面积按照下列规定计算:①4人户或者4人以下户的宅基地总面积控制在150平方米至180平方米以内,其中,建筑占地面积控制在80平方米至90平方米以内。不符合分户条件的5人户可增加建筑面积,但不增加宅基地总面积和建筑占地面积。②6人户的宅基地总面积控制在160平方米至200平方米以内,其中,建筑占地面积控制在90平方米至100平方米以内。不符合分户条件的6人以上户可增加建筑面积,但不增加宅基地总面积和建筑占地面积。"这一规定自1992版《办法》确定以来,一直没有很大变动。20多年后的今天,农村居民的生产生活方式已经发生很大变化,绝大多数属于上海户籍的农民已经脱离了农业生产劳动,原先按照农业生产需要制定的宅基地和建筑用地标准已显过时。因此,有必要重新审视现有标准,宅基地总面积可以不变甚至缩减,而建筑用地面积可以适当扩大,以满足现在的上海农民合理的居住需求增长,减少宅基地的空闲部分土地。

另外,在房屋高度方面,现行《办法》第三十一条规定:"楼房总高度不得超过10米,其中,底层层高为3米到3.2米,其余层数的每层层高宜为2.8米到3米。副业棚舍为一层。不符合间距标准的住宅,不得加层。"10米的限高是在现行的2007版《办法》才出现,高度标准值得商榷。从节约利用土地角度,限制房屋高度阻碍了合理利用宅基地的竖向空间资源,与《办法》合理节约利用土地资源的核心精神相矛盾;从房屋安全的角度,房屋10米高度是否是现有建筑技术的安全边界有待科学论证,如果安全边界的高度超过10米,那现有的标准就可以探讨;从村民利益的角度,村民在不增加建筑土地面积情况下,适当增加建筑高度主要是为了①增加自住面积;②增加出租面积;③增加拆迁补偿面积。增加自住面积有利于改善村民民生,增加出租面积有利于增加农民收入,而增加拆迁补偿面积有利于在征地中保护农民的合法权益,也有利于失地农民的社会保障,维护社会稳定。因此,增加房屋高度对农民有利;从政府管理角度,提高村民住房限高也可有利于节约利用土地。

13.4.2 统一的施工图纸与村民实际需求不符

《办法》第十六条规定:"农村村民建造两层或者两层以上住房的,应当使用具备资质的设计单位设计或经其审核的图纸,或者免费使用市建设交通委推荐的通用图纸。市建设交通委应当组织落实向农村村民推荐通用图纸的实施工作。"我们通过基层走访发现,村民大多不太接受政府推荐的施工图纸,因为这些图纸的房屋样式、结构等与当前农民的生产生活需求,或与当地的风俗习惯有较大程度的脱节。

13.4.3 《办法》缺乏有关建筑施工及质量安全标准、监督执法等内容

现有《办法》第十六条规定:"市建设交通委应当会同市规划国土资源局、市环保局、市绿化市容局等部门组织编制村民建房的规划技术标准、住宅设计标准和配套设施设置规范。区(县)人民政府和镇(乡)人民政府应当合理确定本辖区内村民建

房的布点、范围和用地规模,统筹安排村民建房的各项管理工作。区(县)建设管理部门和镇(乡)人民政府应当加大宣传力度,向农村村民普及建房技术与质量安全知识。"这是现有《办法》中唯一提及建筑施工及质量安全的条款。第三十七条规定了集体建房的建筑质量监管措施,但对个人建房的建筑质量却没有任何条款。

从基层调研发现,当前农村建房市场的施工队大多没有资质标准,村民建房也没有相应的建筑质量标准。这使得村民建房面临两类风险:①建房施工过程中的安全风险;②建筑建成后的质量风险。在建筑施工和质量都没有监管标准的情况下,这两方面的监管几乎是空白。另外,在村民建房过程中,无证的小施工队往往怂恿村民建造违章建筑,而他们自身却置身于应有的市场监管之外,已经形成了一大隐患。因此,《办法》对建筑施工及质量标准的条款亟待加强,这不仅有利于规范农村建房建筑市场,更是对个人建房村民的居住安全负责,防范由于农村建筑施工或质量引起的安全性突发事件。

13.5 《办法》对村民的投机性行为缺乏应对措施

随着近年上海经济的快速发展,上海郊区(县)的房价和房屋租金也不断上升,村民建房能为农村居民带来丰厚的经济收益(主要是房屋租金和拆迁征地补偿金),由此产生了大量利用个人建房谋取经济利益的投机性行为。例如,农村离婚户中存在因为建房而假离婚的现象、为建房而迁入户口"充人头"现象、超高超占等建筑违章现象等。这些投机性行为虽然主要属于社会管理范畴,与《办法》本身无关,但它们主要针对办法中的第十一条(申请条件)、第二十七条(用地面积和建筑面积标准)、第二十九条(用地人数的计算标准)而实施,而《办法》目前缺乏明确应对条款或制度接口。

第 14 章 上海市农村村民建房建设管理的趋势分析

14.1 《办法》的历史沿革

改革开放后,上海开始对农村居民建房实施法治化管理。1983 年实施《上海市村镇建房用地管理实施细则(试行)》,从维护土地公有制,保护耕地和节约用地的目的出发,制定总则、统一规划、用地限额、审批权限、管理机关及职责、奖励与惩罚、附则七章,共二十八条细则,由市(县)农业局和市(县)土地局主管,见表 14-1。

1992 年实施《上海市农村个人住房建设管理办法》,从加强本市农村个人住房建设管理的目的出发,制定总则、农村个人建房的申请和审批、建房用地标准和规划技术规定、法律责任、附则五章,共四十九条细则,由市(县)土地局负责建房用地,和市(县)规划局负责建房规划,乡(镇)政府负责管理工作。

1998 年修正《上海市农村个人住房建设管理办法》(依据上海市人民政府令第 53 号《关于修改〈上海市深井管理办法〉等 68 件规章部分条款的决定》),主要修正第三十七条(对不按规定拆除原有房屋、退还宅基地的处罚力度加大),第三十八条(对超期建造的出发的处罚设立限额,去除所有权变更超期的处罚),第四十条(明确并加大对超占面积、超高或室内高度超标准的处罚)。另外,将《办法》中的"市土地局"均修改为"市房地局"。

2004 年修正《上海市农村个人住房建设管理办法》(依据上海市人民政府令第 28 号《关于修改〈上海市化学危险物品生产安全监督管理办法〉等 32 件市政府规章和规范性文件的决定》),主要修正第三条(增加乡镇政府审核发放规划许可证以及开工竣工查验的职责),第十二条和第十三条(建房申请受理及审批的权限、办理期限等调整),第十六条、第十八条(取消建房用地保证金),第十七条、第三十八条(明确竣工期的管理),第二十一条、删去第三十六条(取消政府对集体经济组织内的房屋交易和宅基地变更审批)。另外,将《办法》中的相关机构和文件的名称作新的修正。

2007 年实施新的《上海市农村村民住房建设管理办法》(上海市人民政府令第 71 号),以加强本市农村村民住房建设管理,引导农村村民住宅建设合理、节约利用土地资源,推进新农村建设为目的,增加了集体建房的规定,制定总则、个人建房、集体建房、相关标准、法律责任、附件六章,共四十三条,由市房地资源局负责建房用地,市规划局负责建房规划,市建交委负责建筑活动,区县和乡镇政府负责建房管理。

2010 年修正《上海市农村村民住房建设管理办法》(上海市人民政府令第 52 号《关于修改〈上海市农机事故处理暂行规定〉等 148 件市政府规章的决定》),主要因为市房地资源局和市规划局合并,将《办法》中的相关条款和名称作修正。

表 14-1　　　　　　　　　　　《办法》修改的历史沿革

	现实问题	主要目的	主要内容	主管部门
《上海市村镇建房用地管理实施细则(试行)》(1983版)	乱占、滥用以及出租和变相出租土地	维护土地公有制,保护耕地和节约用地	总则、统一规划、用地限额、审批权限、管理机关及职责、奖励与惩罚、附则	市(县)农业局和市(县)土地局
《上海市农村个人住房管理办法》(1992版)	土地、规划等法律法规体系建立后,《办法》管理范围与相关法律法规重合	在土地、规划等法律法规体系健全情况下,加强本市农村个人住房建设管理	总则、农村个人建房的申请和审批、建房用地标准和规划技术规定、法律责任、附则	市(县)土地局负责建房用地,和市(县)规划局负责建房规划,乡(镇)政府负责管理工作
《上海市农村个人住房管理办法》(1998年修正)	(1)违规、违章的行为较多 (2)相关职能部门名称变更	(1)加大对违规、违章的行为处罚力度,增加违规者的成本 (2)变更相关职能部门名称	(1)第三十七条(对不按规定拆除原有房屋、退还宅基地的处罚力度加大) (2)第三十八条(对超期建造的出发的处罚设立限额,去除所有权变更超期的处罚) (3)第四十条(明确并加大对超占面积、超高或室内高度超标准的处罚) (4)将《办法》中的"市土地局"均修改为"市房地局"	同上,但"市土地局"改为"市房地局"
《上海市农村个人住房管理办法》(2004年修正)	(1)审批项目过多 (2)建设用地保证金规定不合理	(1)明确和简化相关审批项目 (2)取消不符合市场经济法治原则的规定(建设用地保证金)	(1)第三条(增加乡镇政府审核发放规划许可证以及开工竣工查验的职责) (2)第十二条和第十三条(建房申请受理及审批的权限、办理期限等调整) (3)第十六条、第十八条(取消建房用地保证金) (4)第十七条、第三十八条(明确竣工期的管理) (5)第二十一条、删去第三十六条(取消政府对集体经济组织内的房屋交易和宅基地变更审批) (6)将《办法》中的相关机构和文件的名称作新的修正	同上,但"市房地局"修改为"市房地资源局"

续表

	现实问题	主要目的	主要内容	主管部门
《上海市农村村民住房建设管理办法》（2007版）	（1）集体建房值得鼓励（2）新农村建设推进	加强本市农村村民住房建设管理，引导农村村民住宅建设合理、节约利用土地资源，推进新农村建设	总则、个人建房、集体建房、相关标准、法律责任、附则	市房地资源局负责建房用地市规划局负责建房规划市建交委负责建筑活动区县和乡镇政府负责建房管理
《上海市农村村民住房建设管理办法》（2010年修正）	市房地资源局和市规划局合并	要将《办法》中市房地资源局和市规划局的相应条款进行修改	将《办法》中的相关条款和名称作修正	市规土局负责建房规划及用地市建交委负责建筑活动区县和乡镇政府负责建房管理

14.2　《办法》的修改趋势分析

从《办法》的历史沿革可以看出办法修改的三个趋势。

14.2.1　《办法》越来越专注于建房管理的职能

随着全国和上海市的法律法规体系不断完善，《办法》的管辖范围不断收敛，村民建房的所有权、规划、用地等管理职能被专门的法律法规所取代，《办法》越来越专注于建房管理的职能。例如，所有权管理在1983版《办法》中有很重要地位，之后逐渐被弱化，在我国产权市场制度建立完善后，2004修正版《办法》完全去除了村民房屋交易所有权的审批职能；村民建房的规划、用地管理等行政职能也是集成在1983版《办法》中，而随着规划和土地法律法规的健全，这些职能也逐渐在《办法》中弱化。

14.2.2　《办法》颁布的主要目的随上海经济发展的形势而变化

随着上海经济发展的形势变化，《办法》颁布的主要目的也发生改变，相应条款也因此而调整。1983年版《办法》的目的是"为了维护社会主义的土地公有制，保护耕地，节约用地"；1992年版《办法》的目的是"为了加强本市农村个人住房建设管理"；现行的2007年版《办法》（2010年修正）的目的是"为了加强本市农村村民住房建设管理，引导农村村民住宅建设合理、节约利用土地资源，推进新农村建设"。可见，最初的版本是维护土地公有制和保护耕地，之后偏向村民住房建设的行政管理，而现在的版本则是为了引导村民住宅建设，节约利用土地和推进新农村建设。而"节约利用土地资源"的含义，与1983年保护耕地的含义不同，现在的节约用地更偏重于为了降低征地成本。相应条款作调整，以建房土地保证金为例，从1983版没有保证金条款，到1992版设立保证金条款，到1998修正版强化保证金条款，再到2004修正版取消保证金条款，这些都是为落实《办法》主要目的而做出的条款修改。另外，《办法》根据客观经济形势也作相应调整。例如1992版对个人建房的用地标准区分了蔬菜区和粮食区;2007 版取消这种区分,但增加了"集体建房"部分,目的是鼓励农村开展集体建房。

14.2.3 《办法》的管理措施不断地得到完善、细化和优化

随着上海市各级政府部门行政管理水平的提高,《办法》的管理措施也不断完善、细化和优化。83 版总共用 28 个条款制订了初步的管理措施;92 版对管理措施做了全面细化,条款数目增加到了 49 个,特别是细化了建筑占地面积计算标准、用地人数计算标准、村民建房用地标准、建房用地保证金等操作性强的条款;2004 修正版明确和简化了相关审批项目,并取消了建设用地保证金条款;2007 年则对管理措施进行了全面优化,在增加了"集体建房"部分后条款数目还减少到了 43 个,取消了建房用地标准中的蔬菜区和粮棉区之分,增加了推荐通用施工图纸措施,并细化了环卫设施配建要求、竣工期限、竣工验收、补建围墙程序等条款,见表 14-2。

表 14-2　　　　　　　　　　上海农村建设重要政策梳理

年份	城市总体规划	村镇建设	农民个人建房
1978		"河路成网,田块成方"迁村并点大队居民点规划,各郊县均有试点	
1983			《村镇建房用地管理实施细则》,村镇建房必须统一规划(按照 1982 年规划原则)
1985		"三个集中"在松江区试行,居住向城镇集中	(上海近 3000 个行政村编制规划)
1986	上海第一个总体规划,有计划建设郊区小城镇,就地消化农村剩余劳动力	"集镇建设为重点,带动乡村建设",13 个乡集镇确立为试点,农民自理口粮进镇	
1992			《农村个人住房建设管理》现有宅基地面积在规定标准之内且符合村镇建设规划要求的农村个人建房,应在原地建设,不得移地迁建
1993		"三个集中"确立为郊区农村城镇化的基本方针,居住向城镇集中	
1997		暂停耕地用途转换两年,《还耕复垦的新增耕地置换小城镇建设用地的暂行办法》	1992 年基础上修订,内容基本不变
2000		中心村建设标准,将"完整街坊"、"示范居住区"的创建工作延伸至农村;确定"一城六村"试点	

续表

年份	城市总体规划	村镇建设	农民个人建房
2001	第二个城市总体规划,促进三个集中,归并自然村,加强农民中心村规划建设	《关于上海市促进城镇发展的试点意见》,严格控制零星分散的村民建房审批,率先试行农村集体土地使用权流转制度。鼓励农民进城镇购房,促进一城九镇建设	
2002		第一次郊区工作会议,郊区四化总体目标提出,农民市民化	
2003		农民中心村建设行动纲领,先行6个中心村试点《鼓励郊区村民参与集中统一建房》	
2004		三集中规划纲要,农村居民新村包括居住社区、中心村和居民点,3 000个;15个宅基地置换试点	第二次修订1992年《管理办法》,内容基本不变
2005	"1966"城乡体系,中心村是农村基本居住单元		《郊区村民建房管理草案》,村庄纳入集体建房范围,村民应当参加集体建房
2006		新郊区、新农村建设,9个试点	
2007		自然村综合整治计划,每户补贴2万元	《农村村民住房建设管理》,鼓励集体建房,所在区域已实施集体建房的不得申请个人建房

第 15 章　外省市村民建房的经验借鉴

15.1　村民建房的研究概述

国内个人建房政策要集中在宅基地管理、村庄土地整理流转以及拆迁安置政策上,各省市为解决农民建房问题摸索出了各种不同的模式和经验。

在宅基地管理方面,重庆、成都等地区已经开始尝试流转宅基地使用权,以限制增量、盘活存量为宅基地管理主要内容,按照"统一立项、统一管理、统一验收"的原则,与农用地和未利用地整理　并实施。宅基地使用权的流转可提高宅基地的使用效率,农民可将闲置的宅基地转让出去,这些灵活有效的集体建设用地管理政策既提高了当地农民的生活水平,也促进了当地经济的增长。又比如,天津华明镇为解决村庄占地规模大、建筑容积率低、土地利用率低等问题,提出了"宅基地换房"的思路,在坚持承包责任制的前提下,遵循可耕种土地不减、农民自愿的原则下,农民按照规定的置换标准,以其宅基地换取小城镇的一套住宅,迁入小城镇居住,农民原有的宅基地统一组织整理复耕,实现耕地占补平衡。这一举措不仅实现了土地的集约和节约利用,而且实现了农民居住条件和居住环境的显著改善,有力推进了华明镇城乡一体化进程。

在规范农村建房管理方面,一些省市分别建立了符合自身情况的政策机制。比如江西省赣州市建立了五种机制:①科学编制村庄建设规划,并在各乡镇设立规划建设管理所,完善农村建房报建管理程序,建立规范的建房规划审批机制,引导农民有序建房。②精心设计农民住宅建筑图纸,注重"节约土地、降低成本"的原则,突出体现"标准不高水平高、造价不高质量高、面积不大功能全、占地不多环境美"的设计理念,同时,通过资金奖励、政策扶助、技术服务、审批推介等手段推广新户型。③通过"分片办班、免费培训"的办法,抓好农村个体工匠培训。同时,建立工匠持证上岗制度,对建筑工匠实行档案管理并进行年度审验,以强化农村个体工匠管理。④通过以奖代补、实物补贴等方式对采用新户型的农户进行补贴,并实行规费减免政策,促使农民统一规划建房。⑤大力推广农村建房代建制或统建制,并建立镇村建筑质量安全定期巡查制度和质量联络员制度,加强建设质量监督管理。同时,政府开展建房技术指导服务,确保农村房屋建设质量。

又比如,江西修水县的五点政策建议为:①规划先行,发挥规划引领龙头作用。一方面,科学编制村庄建设规划。另一方面,狠抓规划执行落实。②明责确权,建立齐抓共管联动机制。健全机构队伍,强化制度保障,严格考核奖惩。③创新机制,破解农民建房制约难题。政府主导、以奖代补,因地制宜推进村庄改造。土地整理、有偿调剂,统筹解决建房用地需求。整合资金、拓宽渠道,加大农民建房资金扶持。培育典型,以点带面,积极引导农民集中建房。④整疏结合,规范农民建房管理措施。全面清理建档,规范审批程序,加强建房监管。⑤宣教并重,构建农民建房服务体系。着力做到四个一。即:发放一本工作手册,编制一本建房图集,培训一支工匠队伍,办理一套法律证书。

而湖南长沙市望城区为加强和规范个人建房管理,采取了多项建议措施如:①针对历史遗留问题制订认定处理机制,稳步推进个人建房管理规范化;②满足农民合理建房需求,协调规划区范围内城市长远发展控制要求与近期个人建房需求的矛盾;③进一步协调土地利用规划与村庄规划,统筹规划建设新型住区,促进农民集中居住;④进一步明确土地权属及建房申请条件,建立健全农民住宅建设利益导向机制;⑤重视对适应现代聚居功能和反映湖湘特色文化的农村住宅建筑创新研究,提升农民建房品位;⑥逐步完善农村建房监管机制,有效规范个人建房管理;⑦加大宣传和引导力度,改变农村居民的住房观念。

通过对国内其他地区村民建房相关政策机制的研究,可以发现这些省市的宝贵经验对上海市具有一定借鉴意义,对本市农村个人建房管理的进一步规范,为《办法》的修订提供参考。

15.2 村民建房的具体经验

为更好地了解国内各地农村村民建设管理,研究选取包括广东、福建、浙江、江苏、安徽、湖南、江西等地的实施办法,通过对比,分析与上海市在各条例的异同,以期对上海市的管理办法提供借鉴。

15.2.1 管理部门职责

上海市村民建房各管理部门的职责,基本见表 15-1。

表 15-1　　　　　　　　　　上海市村民建房管理各部门职责

部门	职责	
市规划和国土资源局	本市村民建房规划、用地和配套设施建设的主管部门	区(县)规划国土管理部门负责本辖区内村民建房的规划、用地和配套设施建设管理
		镇(乡)土地管理所作为其派出机构具体实施相关的管理工作
市建设交通委	本市村民建房的建筑活动主管部门	区(县)建设管理部门负责本辖区内村民建房的建筑活动监督管理
区(县)和镇(乡)人民政府	镇(乡)人民政府受区(县)规划国土管理部门委托,审核发放个人建房的乡村建设规划许可证,对个人建房进行开工查验和竣工验收;受区(县)建设管理部门委托,进行个人建房安全质量的现场指导和检查	
发展改革、农业、环保、绿化市容等	按照各自职责,协同实施	

通过对比发现,湖南永州市各部门的职责划分更加明确和具体,见表 15-2。

表 15-2 永州市农村建房管理各部门职责

部门	职责
市规划主管部门	(一)负责对村庄规划进行审批并对规划实施情况进行监督检查
	(二)负责核发村民在农用地上建房的《乡村建设规划许可证》
区建设局	(一)对村民在农用地上建房进行审查,并代办村民在农用地上建房的《乡村建设规划许可证》
	(二)派专业技术人员进驻乡镇,在规划管理方面对乡(镇)进行指导和把关,并对乡镇的规划管理情况进行监督检查
	(三)区建设局受市质监安监部门委托,对区范围内村民建房的质量和安全进行管理
市国土资源局	(一)负责主管、指导全市农民建房用地工作
	(二)负责对农村村民建房按照土地利用年度计划指标分批次批准农村村民建房用地农转用
	(三)对农村村民建房耕地占补平衡的落实情况和有关费用缴纳情况把关
区国土资源局	(一)负责本辖区内的村民建房用地管理
	(二)负责农村村民建房的土地利用年度计划管理,组织资料报批
	(三)负责农村村民建房的各种规费的征缴工作
	(四)负责农村村民建房占用耕地"占补平衡"工作
	(五)负责对市国土资源局分批次批准农转用的农村村民建房用地审批落实到户
	(六)负责农村村民建房用地的登记确权工作
	(七)负责依法查处农村村民违法占地建房行为
国土资源所	(一)负责对农村村民建房用地申请资料的审核工作
	(二)负责对农村村民建房用地的资格审查工作
	(三)参与农村村民建房用地的选址、放线、竣工验收工作
	(四)负责对违法占地的动态巡查工作,做到及时发现、制止、报告农村村民违法占地建房行为
	(五)区国土资源局安排的其他工作

续表

部门	职责
乡(镇)人民政府、街道办事处	(一)配备相应的机构和工作人员,并将村庄规划编制和管理经费纳入本级财政预算
	(二)负责组织编制村庄规划并拿出村民建房的年度计划
	(三)对建房户上报的建房材料进行审查
	(四)对村民建房条件及相关标准进行审查
	(五)对村民在农用地上建房选址、规划、用地的可行性进行初步审查,并提出审查意见
	(六)对村民在原宅基地和非农地上建房进行审批,核发《乡村建设规划许可证》
	(七)组织相关部门对村民建房进行定点放线、竣工验收,核发《建设工程竣工综合验收合格证》
	(八)会同村委会、居委会收回易地新建住宅的村民原有宅基地,交村组统一安排使用
	(九)对辖区范围内的村民建房的质量和安全进行管理
	(十)加强对本辖区内村民住房建设的执法检查,发现在乡镇、村庄规划区内未依法取得《乡村建设规划许可证》或者未按照《乡村建设规划许可证》的规定进行建设的,应责令停止建设、限期改正;逾期不改正的,可以依法拆除
	(十一)对本辖区内耕地保护工作负第一责任,配合国土部门加大对违法占地建房,特别是违法占用耕地建房行为的制止、打击力度
村委会、居委会	(一)负责村民建房条件的审查及申报工作,并对村民建房提供材料的真实性负责
	(二)参加村民建房定点放线、竣工验收,并签署意见
	(三)会同乡(镇)人民政府、街道办事处收回易地新建住宅的村民原有宅基地,交村组统一安排使用
	(四)加强本村村民建房的管理,发现有违反国家和本办法规定行为的,立即予以劝阻、制止,并及时上报乡(镇)人民政府、街道办事处

续表

部门	职责
罚 则	农村村民未经批准擅自建房或违反《乡村建设规划许可证》的规定建房,由乡(镇)人民政府、街道办事处依法予以查处
	严禁非法买卖、转让宅基地使用权。对非法买卖、转让宅基地使用权的,按非法买卖转让土地处理
	农村村民未经批准或者采取欺骗的手段骗取批准,非法占用土地建设住宅的,限期拆除在非法占用的土地上新建的建筑物和其他设施,恢复土地原状
	违反本办法规定,非法批准农村住房用地的,其批准的文件无效,对非法批准农村村民建设用地直接负责的主管人员和其他责任人员,依法追究责任,并依法收回非法批准使用的土地。非法批准土地给当事人造成损失的,依法承担赔偿责任
	农村村民申请建房,有关部门不得收取法律法规规定之外的其他费用;依法应当收取的费用,必须严格按照省、市物价部门核准的收费项目和标准收取;违规收取费用的,按有关规定进行处理
	市规划主管部门、区建设局、市区国土资源部门、乡(镇)人民政府、街道办事处、居委会、村组相关工作人员应各司其职、各负其责。凡违反规定,滥用职权、徇私舞弊、玩忽职守、索贿受贿,由所在单位或其上级主管部门、监察部门视情节轻重,给予行政处分;构成犯罪的,依法移交司法机关追究刑事责任

15.2.2 村民建房的基本原则

全国各地村民建房政策制定基本原则的共性主要集中在 3 个方面:①强调统一规划、集体建房;②保护农用地、禁占基本农田;③针对宅基地使用的相关规定。

1. 统一规划,集体建房

上海市鼓励集体建房,引导村民建房逐步向规划确定的居民点集中。办法规定所在区域已实施集体建房的,不得申请个人建房;所在区域属于经批准的规划确定保留村庄,且尚未实施集体建房的,可以按规划申请个人建房。

其他省市也基本遵循这一原则,在细部略有差别,一些内容不无参考之处。比如广东增城市规定,按照村庄规划统一建设原则。鼓励集体建房,引导村民建房逐步向规划确定的居民点集中。没有完成村庄规划编制和审批的村庄不受理个人建房。完成了村庄规划编制和审批的村庄可以申请个人建房。此条文重点强调了村庄规划的先决条件,严格禁止未编制村庄规划的地区进行个人建房受理。

福建省则规定,村民建房应当符合镇(乡)、村庄规划和镇乡土地利用总体规划以及历史文化名镇名村保护规划,严格遵循"先规划、后建设"原则。不符合规划或者未编制上述规划的,不得审批村民建房和住宅用地。同时,福建省要求各级人民政府应当采取有效措施,引导村民向中心村、集镇或小城镇集聚,统一规划集中建设住宅小区。有下列情形之一的,应当统一规划集中建设住宅小区:①因国家、集体建设拆迁安置需要集中建设住宅的；②农村土地整理涉及村民新建住宅的；③灾后集中统一建设的；④实施造福工程、地质灾害搬迁统一建设的。

江苏泰州市规定，村民住房建设应当根据城市总体规划和土地利用总体规划，实行统一规划、一户一宅、节约用地、依法建设。具体细则为：①城市规划建设用地范围内原则上不得批建单家独院住宅和低层联排住宅，应按照城市居住小区标准规划建设多层、中高层或高层村民公寓；②建制镇规划建设用地范围内原则上不得批建单家独院住宅，应按照城市居住小区标准规划建设低层联排住宅、多层、中高层或高层村民公寓；③城市、建制镇规划建设用地范围外的村民建房应当严格按照镇村布局规划和村庄建设规划进行建设，提倡和鼓励农村村民联合、成片、配套建设住宅。

四川西昌市则重点强调了统一规划集中建设等原则。其中管理办法第三条规定，农村村民住宅建设实行统一规划、统一建设、统一配套、统一管理的原则。以乡、镇为单位，统筹村民居住区的规划布局和建设。规划重点控制区内应集中规划建设村民居住区，实行统规统建。规划重点控制区外，可以集中规划建设村民居住区，实行统规统建，也可以在统一规划、统一配套、统一施工图纸的前提下统规统建或由村民自建，即实行统规自建。同时，第四条规定，农村村民建设住宅，应当符合土地利用总体规划和城镇体系规划、城市规划、风景名胜区规划、村庄、集镇规划；不符合规划或者未编制村庄、集镇规划的，不得审批农村村民住宅建设用地。此外，第五条规定，提倡和鼓励实施村庄归并整治和村庄改造，充分利用空闲地、旧宅基地和未利用地建住宅。鼓励农村村民向中心村或集镇聚集，鼓励统一规划建设住宅小区（统规统建村民居住区）。

浙江杭州建德市规定，农村村民建房应充分利用原有的宅基地、村内空闲地、废弃地和荒坡地，鼓励联建多层公寓式住宅。这与该地处于丘陵地带，山多地少的现状相符合。该市规定，城市建城区范围内的农村村民除城市规划有特殊要求外，应当建造多层公寓，不得建造单户独院式住宅和多户联体式住宅。城市建城区外规划区内和其他建制镇建城区内的农村村民建房鼓励建造多层公寓和多户联体住宅。

安徽淮北市濉溪县鼓励农村村民建房按照规划要求进行村庄整合，结合新农村建设及部分乡镇的塌陷搬迁，由镇村实施集中开发建房，引导农村村民向集中居住区、小城镇和中心村集中。

2. 保护农用地，禁占基本农田

上海的村民管理办法未具体涉及该项原则，在第五条中用"节约用地"概括。

其他省市方面，浙江省舟山市规定，要尽量使用原有的宅基地和村内的空闲地，严格控制占用耕地。丽水市在管理办法的第一条即为："规范丽水市城市规划区外农村村民建房管理，合理利用土地，切实保护耕地。"同时第五条规定："严禁占用基本农田"；诸暨市强调了节约用地原则，强调了"严格控制占用耕地建造住宅"。湖南永州市规定，严禁占用基本农田建设住宅，严格控制占用耕地建房，严格按城市总体规划和控制性详细规划的要求退让道路红线。安徽淮北市濉溪县规定，禁止在基本农田保护区、水源保护区建设农村村民住宅。

而针对关于确需占用耕地进行建设的情况，各地也出台了相应政策。比如，北京市规定村内无空闲地或非耕地，确需占用耕地建房的，必须先在本村开发相当新建住宅用地面积两倍的荒地后，方可占用耕地。占用耕地建房的村民，必须依法缴纳耕地占用税。占用菜地的，还须参照《北京市新菜地开发建设项目管理暂行办法》的规定，缴纳新菜地开发建设基金。再如杭州余杭区的管理办法规定："农村村民宅基地占用农用地纳入土地利用年度计划，按土地利用年度计划办理农用地转用审批手续。使用农用地转用指标的，规费缴纳标准为：耕地占用税每平方米 4.5 元，耕地开垦费每平方米 14 元。使用土地整理折抵指标额度的，规费缴纳标准为：耕地占用税每平方米 4.5 元，镇乡、街道无折抵指标的，由区调剂折抵指标，折抵指标回收成本由区承担 50%，镇乡、街道承担 50%。广西平乐县颁布的《平乐县农村农民建房奖励办法》规定，农民在非耕地进行建设的房屋，经建设部门验收合格后，每栋房屋给予奖励 4000 元或 2000 元。

3. 宅基地的使用原则

国家《土地管理法》第 62 条第 1 款规定："农村一户只能拥有一处宅基地。"这一要求在全国各地规定中均有体现，即农村村民一户只能拥有一处宅基地，其宅基地的面积不得超过规定标准。

各地关于宅基地回收的规定也基本一致。农村村民按规划易地实施个人建房的，应当在新房竣工后三个月内拆除原宅基地上的建筑物、构筑物和其他附着物；参加集体建房的，应当在新房分配后三个月内拆除原宅基地上的建筑物、构筑物和其他附着物。原宅基地由村民委员会、村民小组依法收回，并由镇（乡）人民政府或者区（县）规划国土管理部门及时组织整理或者复垦。浙江杭州市余杭区考虑了一些特殊性。当分户建房原有房屋由于联建原因确实无法拆除的，必须承诺在联建房屋翻建时拆除，逾期不拆除的按违法占地处理。

15.2.3　用地计划

上海市管理办法第八条："区（县）规划国土管理部门应当按照市规划国土资源局、市发展改革委下达的土地利用年度计划指标，确定村民建房的年度用地计划指标，并分解下达到镇（乡）人民政府。"

广东增城市的规定与上海基本一致，规定建房用地必须符合该市土地利用总体规划，实施"总量控制，分期申报，及时完善用地手续"的土地审批原则。由市国土房管局根据村庄布局规划对年度农村建房的新增建设用地指标进行总量控制，分解到各镇（街）组织实施。各镇（街）应分批次将本辖区的农民建房用地的实施情况报市国土房管局，并由市国土房管局组织材料按程序报批。各镇（街）根据实际情况制订村民建房用地年度计划，于每年 10 月底前将下一年度的计划报送市国土房管局，其中涉及农转用的项目需由村集体向市国土房管局提出申请后，由市国土房管局组织材料并报有批准权的一级人民政府批准。

15.2.4 个人建房条件

个人建房条件规定分为申请条件、禁止条件、离婚者宅基地申请和申请材料等相关方面。

1. 申请条件

上海市规定,符合下列条件之一的村民需要新建、改建、扩建或者翻建住房的,可以以户为单位向常住户口所在地的村民委员会提出申请,并填写《农村村民个人建房申请表》:①同户(以合法有效的农村宅基地使用证或者建房批准文件计户)居住人口中有两个以上(含两个)达到法定结婚年龄的未婚者,其中一人要求分户建房,且符合所在区(县)人民政府规定的分户建房条件的(家庭分户);②该户已使用的宅基地总面积未达到本办法规定的宅基地总面积标准的80%,需要在原址改建、扩建或者易地新建的(不足标准);③按照村镇规划调整宅基地,需要易地新建的(土地调整);④原宅基地被征收,该户所在的村或者村民小组建制尚未撤销且具备易地建房条件的(土地征收);⑤原有住房属于危险住房,需要在原址翻建的(危房改造);⑥原有住房因自然灾害等原因灭失,需要易地新建或者在原址翻建的(建筑灭失);⑦区(县)人民政府规定的其他情形(其他情形)。

福建省的申请条件与上海基本一致,但结合华侨数量较多的情况,做出规定:"经批准回原村庄定居的港、澳、台胞和华侨需要建设住宅的,参照本办法规定办理。"浙江省多个县市与福建省情况类似,亦有相同条文。此外,安徽省淮北市濉溪县规定,经县级以上人民政府批准回原籍落户,没有住房需要新建住房的可申请。上海在此方面没有做出解释,仅简要归并到第七条中。

2. 禁止条件

相关省市出台了村民建房不予审批的禁止条件,其中包括:

广东增城市规定的不予批准的条件为:①现有宅基地面积虽明显低于法定标准,但现有人均住宅建筑面积超过60平方米的;②分户前人均住宅建筑面积已超过60平方米的;③年龄未满18周岁的;④不符合镇乡、村庄规划和镇乡土地利用总体规划的;⑤将原住宅出卖、出租、赠与或改作生产经营用途的;⑥不符合"一户一宅"政策规定的。

苏州市规定,凡属下列的情况之一,禁止进行农村居民私有住房建设:①不符合农村居民私有住房申请建房条件;②违法建设的农村居民住房,未处理以及未处理完毕;③位于城市和建制镇规划建设用地范围内;④已列入拆迁(征收)范围以及市、区规划部门指定的范围;⑤未列入镇村布局规划的农村居民点内(原地、原面积、原高度、原朝向的危房翻建除外)。

杭州建德市也强调,当存在违法建房未处理结案时,对申请者不予审批建房。

此外,陕西西安市规定,有下列情形之一的,所在乡镇街办不予受理,区规划分局不得进行规划许可:①近期规划改造,拟建用地已列入征用范围的;②村民所在村庄已列入城中村改造计划的;③使用原有宅基地翻建住宅不符合村庄规划,无《危房鉴定书》或已超过本办法第五条人均建筑面积控制标准的;④占压城市红线、绿线、蓝线、紫线、黄线控制范围的;⑤没有村庄规划的。

3. 离婚者宅基地申请

关于离婚者申请宅基地问题,上海市未制订此类规定,而浙江省一些地区的相关办法可予以借鉴参考。

比如,舟山市规定,夫妻离婚后申请建房,其离婚前宅基地面积未达到"原户额"上限标准80%的,允许申请宅基地,其申请宅基地面积与离婚前宅基地面积之和,按离婚前"原户额"上限标准执行;离婚前宅基地面积已达到"原户额"上限标准的不予审批;一方再婚的,按新组成家庭(户)申请宅基地。

平湖市关于夫妻离婚户建房规定,夫妻离婚后,按离婚协议、调解、法院判决书中有关析产状况作为确定一方无房的主要依据。离婚满三年未再婚的无房户按上述规定执行。再婚的,按新组成家庭申请宅基地。

富阳市规定,经公安部门分户后的无房户(含离婚户)申请建房的可申请建房。该省的温岭市针对离婚者专门做出补充规定:离婚户建房用地审批。离婚后5年内双方均未再婚,无房一方申请建房用地的,其申请宅基地面积与离婚前宅基地面积之和,按离婚前户限额标准执行;离婚双方其中一方已再婚,再婚的一方按照新组成家庭申请宅基地,未再婚的一方,经所在地村民委员会集体研究同意,可按规定报批。有下列情形之一的,其宅基地不予批准:①原夫妻共同所有的房屋离婚前已经出售、赠与、析产;②经依法判决或调解获取的房屋,在离婚后出售再申请宅基地的。农嫁农、农嫁居建房用地审批。同时,农嫁农家庭应严格按照有关规定执行,其中对男方到女方落户的,申请用地时应在女方计算家庭人口;农嫁居家庭,粮户应迁而无法迁的,原则由男方解决住房,确实无法解决住房的,必须在符合下列条件的前提下,按照法定程序要求审批:①城镇居民一方未购置过福利性、经营性住宅;②原籍所在地村民委员会集体研究同意且公告后村民无意见的。

宁波市规定,原有住房的农村村民,离婚时一方放弃房产分割权利的,三年内不安排宅基地(重组家庭的除外)。三至五年内一方因住房困难或以无房户申请宅基地,且尚未再婚的,其宅基地限额标准和建筑面积控制指标应与其原配偶捆绑计算。

4. 审批材料

上海市现有的管理办法并未特别强调审批阶段所需提交的材料,即填写《农村村民个人建房申请表》还应提交哪些材料证明。

而相关省市在该方面已予以明确。比如苏州市规定,农村居民申请私有住房《乡村建设规划许可证》应当交验以下材料:①申请表;②户籍证明和身份证件复印件;③危房翻建的,应当提供农村居民私有住房房产和土地使用权属证件以及市级危房鉴定部门出具的危房鉴定书。在文物保护建筑和控制性保护建筑范围内的危房翻建,其方案应当先经文物保护部门审批;④拟建房屋与相邻建筑毗连或者涉及到公用、共用、借墙等关系的,应当取得各所有权人一致同意,并签订书面协议或者在申报图纸上签字确认,协议应当经过当地村委会见证或者依法公证;⑤具有相应资质的建筑设计单位绘制的设计图纸。申请人应当如实提交有关材料和反映事实情况,并对其申请材料实质内容的真实性负责。

再如,西安市规定,村民申请自建住宅应依法申请并办理《乡村建设规划许可证》。申请《乡村建设规划许可证》需提交下列资料:①书面申请(原件1份);②申请人身份证明材料(复印件1份,核原件);③常住户籍证明(复印件1份,核原件);④村委会书面意见(原件1份)及相邻住户的意见(现场勘查认为需征求四邻意见的提供原件1份);⑤土地管理部门核发的土地使用权属证件(原有宅基地范围证明或土地管理部门出具的新划拨宅基地批件原件1份);⑥建筑设计方案图;⑦需要提供的其他材料。

15.2.5 行政审批程序

上海市村民建房的一般审批程序如图 15-1 所示:

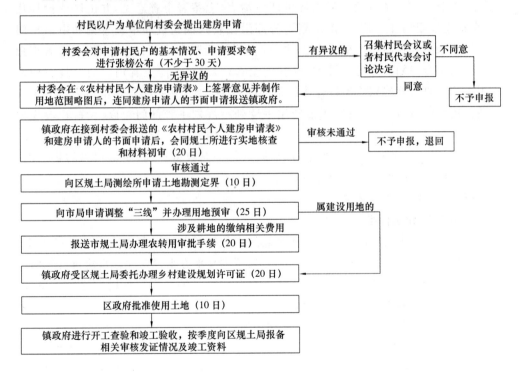

图 15-1 上海市农村村民个人建房审批流程

与此相比较广东增城市村民建房流程见图 15-2。

其他省市在此基础上进行了一些补充。比如,浙江省丽水市规定,因灾毁急需建造住房的,经建设规划行政主管部门规划选址后,可以按照本办法规定的建房标准先行建设,在灾情结束后 6 个月内补办有关审批手续。而湖南永州市针对占用耕地进行建设的申请,采取了更为严格的审批程序。管理办法要求,如确需在耕地和

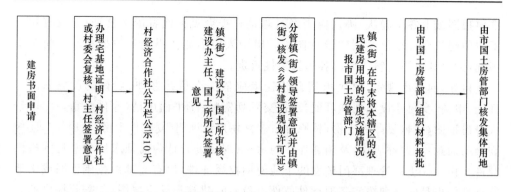

图 15-2　广东省增城市农村村民建房报建流程图

其他农用地上建房的,经乡(镇)人民政府、街道办事处审核后,还应将审核意见同申请材料一并报送区建设局。区建设局在收到初审意见和申请材料后,在 8 个工作日内作出审查,并在《乡村建设规划许可证申请表》上签署审查意见,并由区建设局代办《乡村建设规划许可证》。市规划主管部门在收到区建设局审查意见和申请材料后,在 10 个工作日内作出审查决定,并在《乡村建设规划许可证申请表》上签署审批意见。对符合规划及建房条件的,函告国土管理部门,由国土管理部门办理农用地转用手续。对影响规划或不符合建房条件的不予审批,并书面告知申请人。办理农用地转用手续后,建房户持农用地转用手续到市规划主管部门领取《乡村建设规划许可证》。并持《乡村建设规划许可证》在六个月内到国土管理部门办理用地手续。同时,农村村民经批准占用耕地建房,不能自行补充数量相同、质量相当的耕地的,应缴纳开垦费。所占耕地由区政府进行补充。

15.2.6　相关技术要求

1. 用地和建筑标准

上海市关于个人建房的用地面积和建筑面积按照下列规定计算:①4 人户或者 4人以下户的宅基地总面积控制在 150 平方米至 180 平方米以内,其中,建筑占地面积控制在 80 平方米至 90 平方米以内。不符合分户条件的 5 人户可增加建筑面积,但不增加宅基地总面积和建筑占地面积。②6 人户的宅基地总面积控制在 160 平方米至 200 平方米以内,其中,建筑占地面积控制在 90 平方米至 100 平方米以内。不符合分户条件的 6 人以上户可增加建筑面积,但不增加宅基地总面积和建筑占地面积。个人建房用地面积的具体标准,由区(县)人民政府在前款规定的范围内予以制定。区(县)人民政府可以制定个人建房的建筑面积标准。

同时上海市对个人建房的间距和高度标准相应规定。对于已编制好村镇规划的区域按照村镇规划执行。村镇规划尚未编制完成或者虽已编制完成但对个人建房的间距和高度标准未作规定的区域,按照下列规定执行:①朝向为南北向或者朝南偏东(西)向的房屋的间距,为南侧建筑高度的 1.4 倍;朝向为东西向的房屋的间距,不得小于较高建筑高度的 1.2 倍。老宅基地按前述标准改建有困难的,朝向为南北向或者朝南偏东(西)向的房屋的间距,为南侧建筑高度的1.2倍;朝向为东西向的房屋的间距,不得小于较高建筑高度的1倍。②相邻房屋山墙之间(外墙至外墙)的间距一般为1.5米,最多不得超过2米。③楼房总高度不得超过10米,其中,底层层高为3米到3.2米,其余层数的每层层高宜为2.8米到3米。副业棚舍为一层。不符合间距标准的住宅,不得加层。个人建房需要设立围墙的,不得超越经批准的宅基地范围,围墙高度不得超过2.5米,不得妨碍公共通道、管线等公共设施,不得影响相邻房屋的通风和采光。

对比其他一些省市有关建房的建筑标准为:

浙江舟山市对每户宅基地(包括附属用房、庭院用地)的面积标准为:①5人以上(含5人)为大户,使用耕地的,不得超过125平方米;使用其他土地的,不得超过140平方米;②3至4人为中户,使用耕地的,不得超过100平方米;使用其他土地的,不得超过120平方米;③2人以下(含2人)为小户,使用耕地的,不得超过80平方米;使用其他土地的,不得超过100平方米。上述规定可看出,占用耕地进行建设时,宅基地面积将相应减小,此举意在强调对耕地的保护。

湖南永州对宅基地面积标准做出规定:①村民建房每户总用地面积(包括住房、杂房、厕所和畜舍),使用荒山荒地的不超过210平方米,使用耕地的不超过130平方米,使用村内空闲地和其他用地的不超过180平方米;②农村村民在原有宅基地上改建或者重建住宅,其原有宅基地面积超过本办法规定标准的,用地面积可按本办法规定标准适当放宽但最高不得超过15%。

表15-3　　　　　　　　　　部分地区最大宅基地面积对比

	上海	浙江舟山	湖南永州	江苏苏州	广东增城
宅基地面积	4人及以下,150～180平方米	5人及以上,140平方米(耕地125平方米)	210平方米(荒山荒地)	人均耕地在1/15公顷以下,135平方米	独立住宅,80平方米
	6人及以上,160～200平方米	3～4人,120(耕地100平方米)	180平方米(空闲地)	人均耕地在1/15公顷以上,200平方米	双拼式住宅,90平方米
		2人及以下,100平方米(耕地80平方米)	130平方米(耕地)	与已婚子女合并且总人数在6人以上,200平方米	联排式住宅,100平方米

广东增城市的规定包括①宅基地标准:新建独立住宅的,其宅基地的面积不得超过80平方米/户;新建双拼式住宅的,其宅基地的面积不得超过90平方米/户;新建联排式住宅的(三拼及以上),其宅基地的面积不得超过100平方米/户。②建筑面积:新建独立住宅的,建筑面积不得超过160平方米(两层);新建双拼式住宅的,建筑面积不得超过230平方米(两层半);新建联排式住宅的(三拼及以上),建筑面积不得

超过300平方米(三层半)。③层高:新建独立住宅的,层数小于二层;新建双拼式住宅的,层数小于三层;新建联排式住宅的(三拼及以上),层数小于四层。④屋顶形式:新建农村住宅屋顶设计应结合房屋的使用功能,采用造型新颖、利于绿化、美化的形式,尽可能采用坡屋顶。⑤建筑色彩:新建农村住宅建筑立面的装饰材料和色调处理必须与周围环境相协调,宜以暖色调(如浅黄、红、白等)为主。

2. 用地人数的计算标准

用地人数的计算标准,上海市规定,区(县)人民政府可以制定关于申请个人建房用地人数的具体认定办法。

结合各地情况,本户内非农业人口的配偶及子女均在特定的条件下可参与用地人数的计算。上海市并没有特别强调此点,导致各区县在此办法上的不一致。

而其他省市方面,比如浙江舟山市管理办法第十八条规定,因土地征收而农转非,户籍关系仍在原地的农村居民,因小集镇户籍制度改革而农转非的居民,未享受过单位集资房或各种房改优惠政策,未购买过经济适用房或直管公房的,符合析产分户条件,经申请,可以参照当地村民条件变更登记,具体条件由区人民政府根据当地实际制定。又如丽水市规定,农村村民家庭常住农业户口人数以公安部门颁发的户口簿中的家庭成员为准。农村村民家庭成员在本村虽无常住户口,但属下列情形之一的,可计算人口安排宅基地面积:①与本村村民结婚3年以上的农业户籍的配偶,但安排建房后其在原户口所在地的户口,不再作为今后安排建房的依据;② 配偶为非农业人口且未享受过房改政策(购买房改房、集资房、经济适用房及货币分房,下同)的(该配偶今后不再享受房改政策);③子女为非农业人口,尚未成家随父母居住,且未享受房改政策的;

15.2.7　建筑风格

上海市并无特定要求,主要由各区县自行设定。

其他省市方面,要求建筑风格统一的如广东省增城市。其规定各村可由村民对《"增城新农居"农村住宅建筑施工图集》的住宅方案投票表决,选定本村新村住宅设计方案,力求建筑风格、外立面、高度、建筑色彩达到统一。

新疆乌鲁木齐则规定,区(县)城乡规划主管部门应对个人建设房屋的外形、楼层、高度、色彩等作出统一、明确的要求,保证个人建筑的整体协调和外观统一。

而苏州市根据自身发展情况,量体裁衣,规定农村居民私有住房建设应当按照村庄规划实施,并参照以下技术规定:①层数:一般不得超过二层;②层高:平均层高控制符合当地的实际情况;③室内外高差:室内外高差一般控制在0.45米以内;④房屋占地面积不得超过批准用地面积的70%;⑤立面形式:以苏州传统建筑风格为主,体现粉墙黛瓦的建筑物色;⑥檐高、间距、退界和不同方向间距折减系数按照《江苏省城市规划管理技术规定》执行;⑦阳台:沿街不得建造突出开敞式阳台;非沿街的,在土地使用范围内可以建造阳台,但不得影响交通和邻房的正常使用。上海市农村民房整体风格与苏州市较为接近,可借鉴。

15.2.8 施工图纸

上海市管理办法规定,农村村民建造两层或者两层以上住房的,应当使用具备资质的设计单位设计或经其审核的图纸,或者免费使用市建设交通委推荐的通用图纸。市建设交通委应当组织落实向农村村民推荐通用图纸的实施工作。

各地的要求基本与此相类似。比如广东增城市规定,农村住宅建筑面积超过300平方米,应向市建设局申请办理《建筑工程施工许可证》。鼓励直接采用市规划局、市新农办、市建设局联合推荐的《"增城新农居"农村住宅建筑施工图集》中的通用设计图纸。

第16章 完善村民建房政策及《办法》修订的建议

16.1 村民建房是一项长期性工作,宜加强制度建设

16.1.1 加强制度建设,明确《办法》的目标指向性

进一步加强《办法》目标制订中关怀农村民生的精神。如前述,现行《办法》的核心目标主要有四点(第一章,第一条),分别为"其一,加强本市农村村民住房建设管理;其二,引导农村村民住宅建设合理;其三,节约利用土地资源;其四,推进新农村建设",这一系列目标的形成与《办法》从出台到逐步修订的背景变化是相吻合的。自2007年《上海市农村村民住房建设管理办法》的颁布,新办法有别于之前对村民建房的政策鼓励,对申请个人建房条件的规定越来越严格。结合实地调研了解到,部分区县在该《办法》出台以后,甚至逐步冻结农民个人建房的申请。经修订的2010年《办法》与2007年版的内容基本保持一致,其作为约束村民建房的管理手段,行政性过强,而在农民的权益维护方面有所欠缺。随着十八大首提"美丽中国",其寓意中包含统筹城乡发展,展现温暖感人的人文之美,即通过关怀民生体现国家以人为本的执政理念。本着与时俱进的态度,《办法》的再度修订需做到两方面兼顾,一是作为行政管理工具的职能发挥,二是考虑广大农村居民的诉求。

进一步明晰《办法》相关条款的具体定义和适用范围。根据实地调研了解,《办法》中部分条款的表述有待进一步明确,需要对相关用语的适用范围做出具体说明,避免误读和误解。比如第三条(有关用语的含义),第一条对农村村民的定义,"是指具有本市常住户口的本市农民集体经济组织成员",这里涉及农村集体经济组织成员资格问题,直接涉及个人利益,对每个村民都非常重要。而恰恰在司法实践中,争议最大,又最界定的就是集体经济组织成员资格。无论是征地补偿费的分配、土地承包、还是土地承包合同纠纷的解决,无不涉及这一问题。综合看来,单单以户口决定是否是集体经济组织成员,难以完全兼顾历史发展和现实状况,难免有失偏颇。"集体经济组织成员"一词首次在《中华人民共和国农村土地承包法》中出现,并在法释[2005]6号《最高人民法院关于审理涉及农村土地承包纠纷案件适用法律问题的解释》中进一步得到诠释,本办法中关于对"本市农民集体经济组织成员"的界定,可与法释[2005]6号的口径协调一致。

进一步强化《办法》与本市农村宏观发展战略的衔接。自1985年首次提出至今,"三集中"战略一直是上海农村发展的主要指导思想。"三集中"模式指耕地向种田能手集中、工业向园区集中、居住向城镇集中。其中农村居民点拆并、整理,建设中心村、迁村并点是人口集中的重要途径,也是该战略的基石。2005年,上海提出了

"1966"城乡体系规划,从整体上对上海的空间发展结构做出布局,明确中心村是上海农村的居住基本单元。中心村是在新市镇镇区之外,为节约、集约利用土地资源,促进农村人口集中居住,实现农民居住布局由自然形态向统一规划形态转变,提高农民居住配套条件和生态环境质量而建设的农民居住小区。在这一背景下,《办法》的第七条为"本市鼓励集体建房,引导村民建房逐步向规划确定的居民点集中",建议《办法》的再次修订中需强化和突显这一精神,使得《办法》能够更好地体现本市农村宏观发展战略的引导,更好地规范本市农村村民的建房活动。

16.1.2　结合实际情况,平衡土地指标与村民建房需求的矛盾

村民建房的需求受以下多因素的制约。首先,上海面临城市建设土地后备资源短缺的情况。由于工业化和城市化的双重推动,上海城市空间在不断扩展,城镇建设土地的需求量越来越大。比如1975—2004年29年间,上海城市建成区从1975年的145.10平方公里增长到2004年的835.45平方公里。而另一方面上海的人地矛盾十分突出,土地供给已超前进入临界状态。早在2003年,上海市的人均耕地已降到仅0.3亩左右,这一数据远低于联合国0.78亩的耕地保有量警戒线,土地后备资源已近枯竭。土地资源的紧缺,势必影响到城市空间的进一步拓展,成为制约上海城市化进程的瓶颈。由于土地资源紧缺,人口稠密,为了缓解城市发展对农业用地的压力,上海必须提高现状农村地区土地粗放利用的水平。

其次,村民建房的需求来源于真实性需求以及一定数量的投机性博弈。一方面,真实性需求主要是由于自2007年《办法》颁布以后,对申请个人建房条件的规定越来越严格,一些区县甚至出现完全冻结农民个人建房申请的情况,使得村民建房的真实性需求在一定程度上受到抑制。近两年,部分区县农村建房政策逐渐松动,使得村民建房的需求出现井喷式的增长,据预测今后几年还将出现较快增长。另一方面,村民建房的申请户中也包含一定数量的投机性博弈情况。比如前述提到的"离婚户"和"充人头"问题,这些家庭出于利益驱动,利用政策的空隙以获得更多的建房面积。就是说,对村民建房需求数量的预估需要考虑这两方面的因素。

因而,《办法》的再次修订需在上海土地指标紧缺的现状与日益增长的村民建房需求中权衡,既要考虑到现实情况的制约,也要满足长期发展的需要。

16.1.3　顺应长远发展,逐步改革《办法》管理的认定依据

从长远来看,《办法》需脱离以户籍制度作为行政管理的执行依据。尽管这一想法在目前实施具有较大的操作难度,但根据未来的发展趋势,应当采取渐进的方式以进行改革。

首先,逐步改革有利于解决当前村民建房中面临的较为尖锐的问题。其中包括,①基于户口对集体经济组织成员的资格认证。由于参军、读大学等原因,本市一些村民的户口由原先的农业性质转移出去变成居民,然而在退伍或毕业选择回到农村以后,因身份已经成为非农性质,而不能被《办法》认定为农村集体经济组织成员。②"00后"户籍性质的特殊性。根据上海市的规定,2000年以后出生的小孩已经取

消农业和非农业户口的划分，一律划定为居民性质。按照现行《办法》中个人建房申请的资格标准，如果这些具有居民户口的小孩未来在农村就业和生活，将不享有村民建房的权利。由于"00后"这一群体户籍性质的特殊性，且量大面广，如不能满足他们未来的建房需求，将在一定程度上带来社会隐患。③"离婚户"和"充人头"等问题。这也主要是由于现阶段《办法》是根据以家庭为单位的户籍情况进行建房资质的审批，使得一些投机行为有空可钻。

其次，逐步改革符合国家的大政方针。十八大以来，作为扩大内需稳定增长的重要举措，城镇化已成为新一届政府执政施政的一个关键词。随着新型城镇化发展的要求与传统户籍制度导致的二元化结构之间矛盾的逐渐显现，户籍制度已一定程度上束缚了社会经济发展。那么，为了改变既往的不完全城镇化现象，户籍制度的改革迫在眉睫。

因此，建议在《办法》的再次修订时，为由于特殊情况户口性质"农转非"的"夹心层"人群提供一定弹性的政策空间，而不是完全以户籍刚性制约，具体可在区县操作层面上结合实际进行调整；另外，严厉打击通过"迁户"等行为进行建房资格的申报。

16.1.4 考虑历史因素，明晰相关房屋产权和土地权籍政策

前述提到村民建房涉及到房屋产权以及土地权籍等问题，部分情况由于历史遗留因素，错综复杂，其中最核心的即为"确权"。调研中发现，部分村民集中搬迁到集体土地上建房，建成房屋所依附的土地并不是原先的宅基地，无法获得宅基证，继而无法申请办理房产证（宅基地允许建房，但建房之前还需要提出申请，经批准以后才能凭宅基地证和准建证去申请办理房产证）。针对这类村民建房情况的处理，课题组建议对已建成房屋所依附的土地权籍进行确权。结合历史因素的考虑，对本市农村现行宅基地申请的正常流程上有所突破，重新核发相应的宅基证。此外，也可由国家将该类情况涉及的集体土地征收为国有土地，通过补缴土地出让金等，将土地性质转变成国有建设用地，从而便于已建成房屋房产证的办理。比如湖南省长沙市为加强和规范个人建房管理，提出针对历史遗留问题制定认定处理机制，稳步推进管理规范化，进一步明确土地产权及建房申请条件，建立健全农民住宅建设利益导向机制，取得了比较好的效果。

16.2 村民建房具有横向和纵向差异，宜建立协调机制

16.2.1 兼顾横向差异，统筹村民建房全市面上的操作口径

自2007年《上海市农村村民住房建设管理办法》（71号令）的出台，在整体基调上，对村民个人建房的申请是严格控制的，导致区县在具体操作层面上甚至出现冻结建房申请的情况，使得合理的建房需求很大程度上被抑制。近几年来，部分区县已逐步放开这一口子，然而区县之间的差别仍旧比较明显，不利于全市面上的统一，因此需要《办法》在再次修订时更加注重面上统筹均衡与区县发展差异之间的平衡。

首先宜建立调谐政策，明确全市面上村民建房的未来发展方向。随着时间推

移,针对村民建房在工作对象、引导标准及建造方式等方面,存在一定的动态变化特征,建议可结合《办法》的修订,建立适应动态特征的政策调谐机制。即《办法》应从大处着眼抓平衡,统一全市面上的口径。一是根据本市的实际发展情况,对村民建房进行动态引导,避免一段时期内一刀切式的明令禁止以后,一旦管理口径放开,造成村民建房需求井喷式的增长;二是对区县间的横向差异进行面上的统筹平衡,避免各区之间出现巨大的政策差异。

其次宜建立分类指导,为区县层面的实际操作预留空间。一是各区县需要对辖区内的村民建房需求数量进行摸底。由于近些年村民建房的申请整体上处于严控状态,随着管理口径的逐步放开,需要对村民建房的需求有所了解,以保证进一步的政策设计能够贴近实际。尽管对合理建房需求数量的预估有一定的难度,且需要排除一些投机性的干扰因素,但这项摸底是下一步工作科学推进的必要环节。二是各区县需要在《办法》的指导下,结合自身实际,进一步细化具体操作。在了解本区建房需求的基础上,出台相应的政策。比如建房需求较大的区县,需要制定计划,通盘考虑土地指标、规划引导和建房需求之间的平衡,因地制宜地安排本区的村民建房活动。

16.2.2　明确管理权责,强化相关部门之间的统筹协调

村民建房涉及众多的管理部门,部门之间存在一定的职能交叉、权责不清、政出多门和责任追究不明等情况。考虑到三农问题的复杂性,权能交叉、互相扯皮的情况在三农问题上更为突出,易造成群龙治水、各自为政的现象。此外,由于部门之间的整合力度不是很大,更多是临时性的协调和斡旋,容易造成基层管理部门孤立、被动地看待村民建房工作。目前现行《办法》明确了市规土局系统管建房用地,市建交委系统管建筑施工,区县人民政府管具体事务,但没有明确相关部门的具体管理权责,三家的职能有相互重叠之处。如果缺乏有机衔接和协调,易导致主管或责任部门各自为政,协调管理困难,行政效率低下。

建议参考浦东新区新农村建设联席会议制度,设立村民建房的联审制度[①]。浦东新区新农村建设联系会议制度主要是针对村庄改造工作,尽管与村民建房的工作领域上有所区别,但该制度在实践中已经取得了比较好的效果,因而可以对村民建房部门之间的统筹协调有所借鉴。各区县可考虑根据区委和区政府部署,建立联席会议制度,全面负责本区内村民建房工作的统筹协调和推进指导,具体明确村民建房工作的部门分工,制定相关政策、对村民建房进行有效的指导和监管。

浦东新区新农村建设联席会议成员单位有区发改委、规土局、农委、建交委、环保局、财政局、监察局等部门及各相关镇。由有关成员单位抽调业务骨干组成。工作体制是项目计划由职能部门统筹、联席办牵头、各部门按职责管理。联席办受区新农村建设联系会议的委托,协调推进行政管理工作;草拟年度工作计划;牵头各

---

①　青浦区已采取村民建房的联审制度,由规土局、建交委、新农办和监察局这四家单位对村民建房申请进行联审。联审的形式显著提高了行政管理的效率。

镇开展规划和计划的编制工作;牵头组织建设项目的评审工作;牵头开展巡查督办工作;牵头组织各项验收工作;协调处理群众投诉和来信来访等。

通过联席会议制度的建立,由联席办负责统筹,使得工作的开展和推进能够更加有序。浦东新区新农村建设联系会议组织架构图,见图16-1。

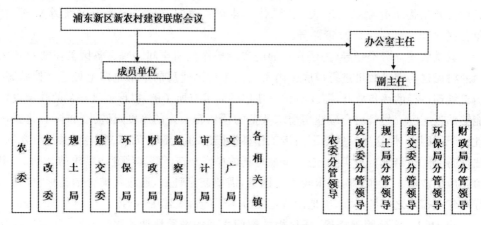

图 16-1　浦东新区新农村建设联系会议组织架构图

16.2.3　协调相关项目,发挥政策加和效益的最大化

作为一项具体工作,村民建房需符合城乡规划总体要求,并与农村各项工作统筹兼顾。

首先,可预留政策接口,实现加和效益最大化。有条件的基层可结合拆村并点、村庄改造、土地整理、集中居民点建设、养老方式转变、城镇化建设、农村宅基地置换等工作,使其相互穿插、统筹兼顾。建议在新一轮《办法》修订中,结合上海郊区农村特点,为多项相关工作预留接口,目的是引导基层打通农村各项政策、倡导创新型发展模式,实现农村综合统筹、科学合理的发展。比如,建议在有条件的街镇,将村民建房工作纳入村庄改造整体规划、统筹安排。诸如此类,通过鼓励整合和创新,避免政策边界的"硬化"。

其次,宜统筹兼顾,协调与其他项目之间的关系。比如,《办法》的修订需考虑到与本市农村低收入户危旧房改造工作的协调。《办法》中对个人建房的申报及行政审批程序予以规定,将农村危旧房划归入"(七)区(县)人民政府规定的其他情形:前款中的危险住房,是指根据我国危险房屋鉴定标准的有关规定,经本市专业机构鉴定危险等级属C级或D级,不能保证居住和使用安全的住房",即危旧房的原址翻建也属于个人建房的类别。然而相关区县对《关于2010年本市农村低收入户危旧房改造的实施意见》592号文的实施深化与《办法》中的相关审批流程是有一定矛盾的,《办法》中规定"村民委员会接到个人建房申请后,应当在本村或者该户村民所在的村民小组张榜公布,公布期限不少于30日",而部分区县例如崇明,崇府办发〔2009〕71号中规定"经村民代表大会讨论通过并公示一周后无异议的"。可以看到,相关文件中的部分表述上有一定的模糊交叉,建议在《办法》的再次修订中进一步厘清与这些关联文件之间的关系。

16.2.4 衔接村庄规划,符合规划保留村的相关规定

上海作为国际化大都市,周边农村地区基本上都属于城市郊区,也是长三角城市群中的城乡一体化地区,其未来发展将服从城镇体系规划和区域发展空间安排。按照上海市的城镇体系规划,本市未来城镇体系分成中心城、新城、新市镇、中心村四个层级。按照此规划目标,未来将建设一批与上海国际大都市发展水平相适应的新城、新市镇,分步实施,整体推进,吸引农民进入城镇,逐步归并自然村,不断提高郊区的城镇化和集约化水平。因此,上海郊区农村中的大部分区域将进入城镇化进程("三进")。特别是位于中心城区、新城、新市镇等规划范围内的农村用地,以及村庄规划之集中居民点发展范围以外的农村地区,一段时间之后,将根据规划转换为城镇用地或农业用地。受方方面面因素的影响,这些规划何时付诸实施,一定时间内很难确定。但从城乡发展科学性、合理性角度而言,服从长远规划是需要的和有益的。因此,村民建房应与村庄规划衔接,有关宅基地的申请需服从规划保留村的规定。具体有以下模式,见表16-1和图16-2。

表16-1 居住向城镇和600个中心村集中的实践模式和类型分析

模式	动力	老宅基地去向	整理后居民点形态	适用范围
宅基地征用	为城镇获取空间	城镇建设	城市社区、中心村	城市近郊
宅基地置换	为城镇获取空间	城镇建设或复垦	城市社区、中心村	城市近郊
渐进归并	改善农村生活环境	复垦	农民社区、中心村	远郊农业地区

16.3 村民建房具有工程技术要求,宜深化技术规范

16.3.1 制订动态体系,建立技术标准的弹性调整机制

前述提及《办法》中的技术标准大多源于1983年版的《上海市村镇建房用地管理实施细则(试行)》,主体框架形成于1992版《办法》,20~30多年未有大的变化,与当前的建造需求有较大脱节,从而造成许多农村建筑大量存在"合理"却"不合法"的违章或违规。因此,一方面,需要重新核定《办法》中规定的宅基地面积、房屋建筑面积、房屋高度等标准,制订一套有一定弹性的、符合实际需求的标准体系;另一方面,建议需要对《办法》中关于强制性的技术标准内容进行论证。根据实地调研了解到,过细的规定往往会导致"违章建筑"的产生,从另一方面来讲,《办法》作为宏观性政策文件,也不宜在具体操作层面过度细化,否则有悖于面上的统筹平衡以及兼顾区县之间的横向差异。

比如苏州市在村民建房上技术标准的规定就体现出较大的弹性特征:

(1)层数:一般不得超过二层;

(2)层高:平均层高控制符合当地的实际情况;

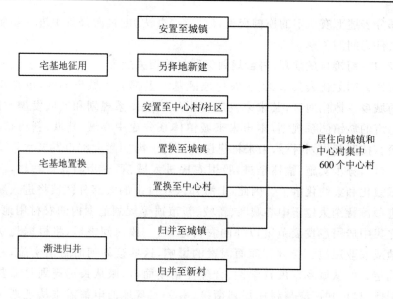

图 16-2 居住向城镇和中心村集中的图示分析

（3）室内外高差：室内外高差一般控制在 0.45 米以内；

（4）房屋占地面积不得超过批准用地面积的 70%；

（5）立面形式：以苏州传统建筑风格为主，强调粉墙黛瓦的建筑色彩；

（6）檐高、间距、退界和不同方向间距折减系数按照《江苏省城市规划管理技术规定》执行；

（7）阳台：沿街不得建造突出开敞式阳台；非沿街的，在土地使用范围内可以建造阳台，但不得影响交通和邻房的正常使用。

下列建筑不考虑日照间距：

（1）按原地、原面积、原高度、原朝向翻建的危房；

（2）不作为主要采光面的建筑山墙；

（3）被遮挡的建筑为未经批准擅自搭建的房屋。

16.3.2 注重因地制宜，强化规划设计图纸的实用性

根据实际调研了解到，由市建委提供的施工图纸与村民的实际需求有一定差异，导致通用图纸的应用并不广泛。因此因地制宜，提高规划设计图纸的实用性显得十分必要。就是说，农房设计建设要符合农民生产生活习惯、体现地域建筑风格、传承和改进传统建造工法，推进农房建设的技术进步。建议在编制建筑设计样稿、图则和技术要点等环节，更多地听取农民意愿，切实有效地指导村民建房的规划设计。另外，可通过资金奖励、政策扶助、技术服务、审批推介等手段推广新户型，提升农民建房品位；同时加大宣传和引导力度，改变农村居民旧有的住房观念。

另外不同地区的建筑风格还应体现多元化特征。上海各区域历史人文环境不尽相同，其建筑材料、风格、色彩也有各自的特色，村民建房要加强科学引导，在遵循

安全、实用、功能、美观等基本原则的基础上,突出各自的地域文化特点,尽可能保留乡村原有的地理形态,生态多样性,在实践中避免出现千村一面、千房一面等现象与问题,使得农村地区的建设风貌品味更高、人居环境更加宜人。

16.3.3 增强质量意识,优化建房施工和规范质量管理

当前《办法》中,对个人建房和质量管理的相关规定较为欠缺。目前仅有条款第十六条笼统提及建筑施工及质量安全,并没有深化细化。虽然第三十七条规定了集体建房的建筑质量监管措施,但对个人建房的建筑质量监管方面却未有涉及。而在实践中,农村个人建房往往面临施工人员缺少资质,以及建房施工过程中的安全风险等问题。因此,建议《办法》的修订亟待加强对建筑施工及质量标准方面条款的制订,一方面细化个人建房施工和质量的相关规定,另一方面完善现有集体建房的相关规定。这样不仅有利于规范村民建房的建筑市场,也是对村民的居住安全负责,防范由建筑施工或质量引起的安全性突发事件。

建议参照浦东的新农村建设联席会议制度,建立村民建房的巡查工作制度,即针对个人和集体的建房开展定人、定则、定区域、全过程的巡查监督。巡查组的主要职责有:①检查工程质量。在行业主管部门指导下,会同工程监理人员,主要检查承建人员的资质、组织施工情况等。②检查安全生产及文明施工。主要检查工程现场安全和文明施工措施等。③针对集体建房,检查工程监理尽职情况,特别是监理对项目重要质量。安全环节的掌控监管、签证工程审核等。④对于区委、区政府领导检查、人大代表、政协委员视察、村民访谈、舆论监督发现的问题进行督办及调查,根据区联席办要求指导相关单位及时落实整改。⑤对巡查中发现的重大问题及时向联席会议办公室汇报。

此外,确保村民建房过程中的建筑施工安全。可以借鉴江西省的经验,通过"分片办班,免费培训"的办法,抓好农村个体工匠培训;建立工匠持证上岗制度,对建筑工匠实行档案管理并进行年度审验,以强化农村个体工匠管理;大力推广农村建房代建制或统建制,并建立镇村建筑质量安全定期巡查制度和质量联络员制度,加强建设质量监督管理等等。

16.4 村民建房应强化政策配套,宜努力开拓创新

16.4.1 强化政策整合,对接城乡一体化住房保障制度

从村民建房工作自开展以来的实际来看,协调城市长远发展控制要求与近期建房需求之间的矛盾,是较为困难的。这就需要在政策机制上寻求突破点,另辟蹊径,缓解村民日益高涨的合理建房需求。其中的一个突破点即强化政策之间的整合,将村民建房工作与未来城乡一体化的住房保障制度进行对接。

可以发现,我国自住房制度改革以来,城镇住房保障制度的建立和规范历经十多年,已逐步形成体系,并得到全国上下的充分重视。与此形成对比的是,占据全国人口半壁江山的农村,住房保障制度尚未成形,而农村住房条件改善的需求十分急迫,建构城乡一体化的住房保障体系已是大势所趋。目前,四川省成都市已出台《关

于建立农村住房保障体系的设施意见(试行)》,根据这一规定,农村家庭年收入和家庭财产符合当地规定的廉租住房保障标准,家庭人口在两人(含两人)以上或年满35周岁的低收入单身居民,人均自有产权住房(含城镇和农村)面积在16平方米以下,均可在居住地申请住房保障。通过一系列政策设计,成都市已在全国率先将住房保障范围从城镇延伸至农村。

上海作为改革开放的前沿,如能在这个领域有所推进,即把村民建房工作与城乡一体化的住房保障制度整合起来,将在全国具有重要的示范意义。这项工作如果能通过兼顾农村工作的系统性,结合好各项相关政策,在法规政策和实际操作中加以实质性地推进和完善,将能够成为新时期农村工作的亮点和特点。

16.4.2 利用多种途径,提高政策执行的社会满意度

通过实地调研了解到,目前基层群众对《办法》的可操作性以及有效性是颇具微词的,特别是针对部分条款,比如个人建房的资格认定、历史遗留的村居地权属不清等问题;又如部分区县,个人建房的申请领域尚未放开,村民合理的、必要的建房需求受到很大程度的抑制,等等。这些问题日积月累,如不能妥善处理好,将对社会稳定造成一定的隐患。因而,《办法》的再次修订需倾听来自基层的声音,了解基层工作人员的实际操作难度以及广大村民的需求,结合访谈和问卷调查,对《办法》的条款进行审慎修改,且修订后需进行广泛的社会征询,并建立适当的反馈机制,使得《办法》能够适应动态的社会发展变化。切实提高村民建房政策的社会满意度。

16.4.3 借鉴先进经验,鼓励村民建房政策的机制创新

关于村民建房工作,国内其他省、市已摸索出了一些不同的模式,这些经验对上海村民建房工作开展有一定的启发。比如,重庆、成都等地区已经开始尝试流转宅基地使用权,以限制增量、盘活存量为宅基地管理主要内容,按照"统一立项、统一管理、统一验收"的原则,与农用地和未利用地整理一并实施。又比如,江西省在村民建房上强调建设质量的监督管理,确保农村房屋建设质量,以及湖南省长沙市为加强和规范个人建房管理,在认定处理、规范管理、协调机制、利益导向、监管等方面提出了多项建议措施。这些模式对上海都有较强的借鉴意义。通过吸纳先进经验,上海可以努力开拓创新,逐步探索符合本市农村发展实际需要的村民建房政策新思路。

16.5 《办法》修订的主要建议

通过上述趋势分析并结合实地调研,课题组进一步认为,当前《办法》应当重点聚焦以下四个方面的修订:

16.5.1 保障农民合理的住房权益,调整建筑面积和高度限制

农村人口的自然增长以及人民生活水平的提高决定了农村居民住房需求增长的现实性和合理性。而在目前多年未变的建筑面积限制、高度限制的情况下,村民合理的住房权益难以得到保障。这些多年未变的限制本身也并不对节约土地等宏观目标起任何作用。相反各类建筑违章的行为也假托住房权益之名而滋生,反而给

基层的行政执法带来困难。因此,适当放松建筑面积和高度限制(宅基地面积标准不变)能够使农民的合法权益得到保障,同时也能使违章建筑无理可占。因此,建议《办法》适当调高建筑面积或高度标准(宅基地面积标准不变)。

16.5.2 制定个人建房的施工及质量安全标准,规范个人建房的建筑市场

当前《办法》对村民个人建房的建筑市场的监管几乎是空白。村民个人建房既没有施工安全标准,也缺乏房屋质量安全标准。虽然《办法》的第二十三条(集体建房的工程建设管理)和第二十六条(集体建房的相关标准和规范)对集体建房的施工和建筑质量有相应规定,但对个人建房除了工程图纸的审核和推荐外,其他并无规定。村民在建筑知识和安全意识缺乏以及无资质的小施工队鼓动下,村民建房往往使用违规的设计方案或采用不合格的建材,导致建筑施工及质量安全隐患非常大。此外,许多违章的房屋往往被出租给大量外地人居住,一旦发生房屋质量安全事故可能造成严重伤亡,这也是社会稳定的巨大隐患。因此,建议《办法》修订增加对个人建房的施工图纸、工程安全监管、建材标准、建筑安全质量验收要求等条款。

16.5.3 加强农村公共产品提供,发挥政府或基层组织的公共管理职能

《办法》中对村民建房的环卫设施等方面的规定已经涉及到农村公共产品提供的内容。随着各级政府对新农村建设的投入不断加大,特别是涉及一批新农村建设和村庄改造的政策措施相继出台后,这些公共品能够实现由政府或基层组织统一提供,以强化政府或基层组织的公共管理职能。因此,建议在《办法》中增加"个人建房的环卫设施等应符合村庄规划并纳入村级公共设施建设"的条款。

16.5.4 引入村民建房的民主评议,发挥基层组织的社会管理职能

对于"假离婚"、"充人头"等社会现象,《办法》作为建房管理的法规并不能做太多涉及。更何况,如果对这些不合理的行为作出过多过细的应对,《办法》本身的严肃性和权威性就会受影响。

我们认为,要解决令基层政府头痛的与村民建房相关的社会问题,一个有效的途径是在《办法》修订中,突出基层组织(村民委员会)社会管理职能的作为。因为这些社会问题都涉及当地的风俗习惯、道德评判、村民个人或集体的感情、村民复杂的社会关系等等,不可能由细致明确的条款来解决。而村民委员会作为基层民主组织,本身是具有社会管理职能的,应该发挥其积极作用,通过组织"建房民主评议会"等方式,让这些社会问题由当地村民自行讨论解决,并通过相关组织程序形成有法律效力的村民委员会决议予以执行。因此,建议《办法》将第九条(公开办事制度)改为"公开办事和民主评议制度",并在原有语句后加入一句:"建议村民委员会对公示结果进行民主评议;根据民主评议结果,村民委员会可按照法定程序决议是否申请改变公示结果;区县及乡镇政府对申请改变公示结果的村民委员会决议和相关公示结果进行重新审核,并作第二次公示。"这样可以使原先建房审批中因为社会问题而造成的社会矛盾化解在基层,也有利于充分考虑建房中的农村风俗习惯、道德、情感和人际关系问题,更有利于充分发挥基层组织的民主评议和社会管理职能。

参考文献

一、文件类

[1] 村级公益事业建设一事一议财政奖补项目管理暂行办法[Z].北京:中华人民共和国财政部,2012.

[2] 村庄整治技术规范.GB50445-2008.北京:中华人民共和国建设部,2008.

[3] 关于本市实行村级公益事业建设一事一议财政奖补推进农村村庄改造的实施意见[Z].沪农委[2011]116号.上海:上海市农业委员会、上海市财政局、上海市农村综合改革工作领导小组办公室、上海市城乡建设和交通委员会,2011.

[4] 关于印发上海市村级公益事业建设一事一议财政奖补项目和资金管理办法的通知[Z].沪农委[2011]128号.上海:上海市农业委员会、上海市财政局,2011.

[5] 关于本市农村村庄改造实行一事一议财政奖补试点工作的意见[Z].沪农委[2008]135号.上海:上海市农业委员会、上海市财政局,上海市农村综合改革工作领导小组办公室,2008.

[7] 关于嘉定区农村村庄改造的指导意见的通知[Z].嘉府办发(2011)16号.上海:上海市嘉定区人民政府办公室转发上海市嘉定区推进新农村建设工作领导小组办公室,2011.

[8] 浦东新区加强村庄改造项目建设监督管理的若干意见[Z].浦农委〔2011〕114号.上海:上海市浦东新区农业委员会、浦东新区农委、浦东新区监察局、浦东新区财政局、浦东新区建交委、浦东新区环保市容局,2011.

[9] 浦东新区2011年关于村级组织运行费用补贴专项资金使用管理办法(试行)[Z].上海:上海市浦东新区农业委员会、浦东新区财政局,2011.

[10] 浦东新区村庄改造项目建设形成资产管理的若干意见[Z].浦农委〔2011〕115号.上海:上海市浦东新区农业委员会、发改委、财政局、建交委、环保市容局,2011.

[11] 奉贤区2011年度村庄改造工作实施意见[Z].沪奉村(2011)第2号.上海:上海市奉贤区村庄改造工作办公室、上海市奉贤区财政局,2011.

[12] 奉贤区2012年度村庄改造工作实施意见[Z].沪奉村【2012】3号.上海:上海市奉贤区村庄改造工作办公室、上海市奉贤区财政局,2012.

[13] 崇明县2010年农村村庄改造实施意见[Z].上海:中共上海市崇明县委农办,2010.

[14] 关于本区村庄改造长效管理指导意见(试行)的通知[Z].闵府办发[2010]58号.上海:上海市闵行区人民政府办公室转发闵行区新农村建设领导小组办公室等五部门,2010.

[15] 关于嘉定区村庄改造长效管理的若干意见[Z].嘉府发(2011)55号.上海:上海市嘉定区人民政府,2011.

[16] 关于宝山区农村村庄改造长效管理实施办法的通知[Z].宝府办〔2011〕92号.上海:上海市宝山区人民政府办公室转发区农委等三部门,2011.

[17] 浦东新区村庄改造长效管理实施办法(试行)[Z].浦农委〔2011〕116号.上海:上海市浦东新区农业委员会、建交委、环保市容局、财政局,2011.

[18] 关于青浦区村庄改造长效管理意见的通知[Z].青府办发〔2012〕78号.上海:上海市青浦区

人民政府办公室转发区农委、区绿化市容局,2012.

[19] 崇明县新农村建设长效管理实施意见[Z].上海:上海市崇明县委农办。

[20] 关于印发浙江省"千村示范万村整治"工程项目与资金管理办法的通知[Z].浙财农〔2011〕79 号.杭州:浙江省省财政厅、省千村示范万村整治工作协调小组办公室,2011.

[21] 关于印发浙江省村庄整治规划编制内容和深度的指导意见的通知[Z].建村发[2007]272 号.杭州:浙江省建设厅,2007.

[22] 北京市远郊区旧村改造试点指导意见[Z].北京:北京市农村工作委员会、北京市发展和改革委员会、北京市规划委员会、北京市建设委员会、北京市交通委员会、首都绿化委员会办公室、北京市财政局、北京市国土资源局、北京市水务局。

[23] 全省村庄整治工作实施意见[Z].鲁建村字(2006)5 号.济南:山东省建设厅,2006.

[24] 江苏省村庄环境整治行动计划[Z].南京:中共江苏省委办公厅、江苏省政府办公厅。

[25] 关于印发江苏省村庄环境整治考核标准的通知[Z].苏政办发[2012]7 号.南京:江苏省人民政府办公厅,2012.

[26] 关于印发河北省农村环境连片整治示范资金管理办法的通知[Z].2012.

[27] 关于同意成立保障性安居工程协调小组的批复[Z].国函[2009]84 号.北京:中华人民共和国国务院,2009.

[28] 关于 2009 年扩大农村危房改造试点的指导意见[Z].建村[2009]84 号.北京:中华人民共和国住房和城乡建设部,2009.

[29] 关于建设全国扩大农村危房改造试点农户档案管理信息系统的通知[Z].北京:建村函[2009]168 号.中华人民共和国住房和城乡建设部,2009.

[30] 关于扩大农村危房改造试点建筑节能示范的实施意见[Z].建村函[2009]167 号.北京:中华人民共和国住房和城乡建设部,2009.

[31] 关于做好 2010 年扩大农村危房改造试点工作的通知[Z].建村[2010]63 号.北京:中华人民共和国住房和城乡建设部、国家发展和改革委员会、财政部,2010.

[32] 中央农村危房改造补助资金管理暂行办法[Z].财社[2011]88 号.北京:中华人民共和国住房财政部、国家发改委、住房城乡建设部,2011.

[33] 关于印发农村危房改造抗震安全基本要求(试行)的通知[Z].建村[2011]115 号.北京:中华人民共和国住房和城乡建设部,2011.

[34] 关于启动农村危房改造农户档案信息系统自动检查功能的通知[Z].建办村函[2011]429 号.北京:中华人民共和国住房和城乡建设部办公厅,2011.

[35] 关于做好 2011 年扩大农村危旧房改造试点工作的通知[Z].建村[2011]62 号.北京:中华人民共和国住房和城乡建设部、国家发展和改革委员会、财政部,2011.

[36] 关于做好 2012 年扩大农村危房改造试点工作的通知[Z].建村[2012]87 号.北京:中华人民共和国住房和城乡建设部、国家发展和改革委员会、财政部,2012.

[37] 北京市远郊区旧村改造试点指导意见[Z].京政农发[2005]19 号.北京:北京市农村工作委员会、发展和改革委员会、规划委员会、建设委员会、交通委员会、首都绿化委员会办公室、财政局、国土资源局、水务局,2005.

[38] 关于推进农村住房建设与危房改造的意见[Z].鲁政发〔2009〕17 号.济南:山东省人民政府,2009.

[39] 关于开展全市农村无力自建房户危房改造工作的实施意见[Z].武政办〔2008〕191 号.武汉:

武汉市人民政府办公厅,2008.

[40] 关于农村危房改造的实施意见[Z].并政发〔2012〕6 号.太原:太原市人民政府,2012.

[41] 关于印发 2010 年农村危旧房改造等 4 个实施方案的通知[Z].兰州:甘肃省人民政府办公厅,2010.

[42] 关于推进全市农村低保户土坯房改造的指导意见[Z].成都:成都市人民政府办公厅,2011.

[43] 关于杭州市农村贫困家庭危房改造的实施意见[Z].市委办发〔2004〕117 号.杭州:中共杭州市委办公厅、杭州市人民政府办公厅转发市民政局等单位,2004.

[44] 关于加快农村住房改造建设的实施意见[Z].市委〔2009〕34 号.杭州:中共杭州市委、杭州市人民政府,2009.

[45] 关于开展农村住房集中改造建设"二选一"试点工作的意见[Z].杭政办〔2010〕3 号.杭州:杭州市人民政府办公厅,2010.

[46] 2009 年市政府要完成的与人民生活密切相关的实事[Z].沪府办发〔2009〕4 号.上海:上海市人民政府办公厅,2009.

[47] 关于 2010 年本市农村低收入户危旧房改造的实施意见[Z].沪建交联〔2010〕592 号.上海:上海市城乡建设和交通委员会、市农业委员会、市财政局、市民政局,2010.

[48] 关于 2011 年本区农村低收入户危旧房改造工作实施意见的通知[Z].闵府办发〔2011〕4 号.上海:上海市闵行区人民政府办公室转发闵行区建设和交通委员会、农业委员会、民政局、财政局,2010.

[49] 关于 2009 年市政府实事项目农村低收入户危旧房改造推进工作有关事宜的通知[Z].青建交(2009)64 号.上海:上海市青浦区建设和交通委员会,2009.

[50] 关于 2010 年青浦区农村低收入户危旧房改造实施要点的通知[Z].青建交(2010)44 号.上海:上海市青浦区建设和交通委员会,2010.

[51] 关于青浦区农村低收入户危旧房改造实施要点补充的通知[Z].青建交(2011)31 号.上海:上海市青浦区建设和交通委员会,2011.

[52] 关于 2009 年本县农村低收入户危旧房改造实施意见的通知[Z].崇府办发〔2009〕71 号.上海:上海市崇明县人民政府办公室转发县建设交通委等九部门,2009.

[53] 上海市农村村民住房建设管理办法[Z].上海市人民政府令第 71 号.上海:上海市人民政府,2007.

[54] 关于印发浦东新区农村村民住房建设管理实施细则的通知[Z].浦府〔2011〕96 号.上海:上海市浦东新区人民政府,2011.

[55] 关于印发青浦区农村村民住房建设管理实施细则(修订)的通知[Z].上海:上海市青浦区人民政府,2008.

[56] 关于印发徐汇区农村村民个人建房面积标准及用地人数的认定办法的通知[Z].上海:上海市徐汇区人民政府,2012.

[57] 关于印发奉贤区农村村民住房建设管理试行办法的通知[Z].沪奉府〔2009〕131 号.上海市奉贤区人民政府,2009.

[58] 关于印发金山区城镇居民私有房屋建设规划管理办法的通知[Z].金府〔2005〕2 号.上海:上海市金山区人民政府,2005.

[59] 关于印发加强本区农村居民住房翻建、扩建管理的暂行办法[Z].上海:上海市金山区人民政府,2005.

[60] 崇明县农村村民住房建设管理若干规定[Z].上海:上海市崇明县人民政府,2011.

[61] 宝山区农村村民住房建设规划管理若干规定[Z].宝府〔2008〕14 号.上海:上海市宝山区人民政府,2008.

[62] 关于长兴乡农村村民个人住房建设审批管理的实施意见[Z].上海:上海市崇明县长兴乡人民政府,2009.

[63] 关于推进浦江镇小城镇试点工作农村村民住房建设管理实施办法[Z].上海:上海市闵行区浦江镇规建所,2010.

[64] 叶榭镇农村村民住房建设管理补充办法[Z].上海:上海市松江区叶榭镇住房保障管理办公室,2012.

[65] 上海市农村个人住房建设管理办法(1992 年)(该文件已废止)[Z].上海市人民政府第 24号.上海:上海市人民政府,1992.

[66] 上海市村镇建房用地管理实施细则(试行)(该文件已废止)[Z].上海:上海市人民政府,1983.

[67] 关于本市专项治理农民建房收费取消部分收费项目的通知[Z].沪价商(2002)016 号.上海市物价局、上海市财政局,2002.

[68] 关于转发财政部、国家发展改革委 农业部关于公布农民建房收费等有关问题的通知的通知[Z].上海:上海市财政局、上海市物价局、上海市农业委员会,? 沪财预(2004)20 号. 2004.

[69] 关于完善我市农民建房管理、切实维护农民权益的通知[Z].沪规土资综(2010)786 号.上海:上海市规划和国土资源管理局,2010.

二、著作类

[1] 严书翰,谢志强等.中国城市化进程.中国水利水电出版社,2006.

[2] 邹兵.小城镇制度的政策与变迁.建筑工业出版社,2005.

[3] 谢志岿.村落向城市社区的转型——制度、政策与中国城市化进程中城中村问题研究.中国社会科学出版社,2005.

[4] 赵之枫,张建,骆中钊等编著.小城镇街道和广场设计.化学工业出版社,2005.

[5] 简.雅可布斯.美国大城市的生与死.金衡山译.译林出版社,2005.

[6] (丹麦)杨/盖尔.交往与空间.何人可译.中国建筑工业出版社,1992.

[7] 卢伟民.大都市郊区住区的组织与发展——以上海为例.东南大学出版社.2002

[8] 胡俊.中国城市:模式与演进.中国建筑工业出版社,1995.

[9] 周一星,孟延春.北京的郊区化及其对策.科学出版社,2000.

[10] 袁亚愚.新修乡村社会学.四川大学出版社,1999.

[11] 金兆森,张晖.村镇规划.东南大学出版社,1999.

[12] 高文杰,邢天河等.新世纪小城镇发展与规划.中国建筑工业出版社,2004.

[13] 上海统计年鉴 2007-2013.上海统计局编.中国统计出版社,2007-2013.

[14] 刘易斯.芒福德著.宋俊岭、倪文彦译.城市发展史.中国建筑工业出版社,2005.

[15] 雅各布斯著.金衡山译.美国大城市的死与生(纪念版).凤凰出版传媒集团、译林出版社,2006.

三、期刊类

[1] 高潮. 乡村城市化问题略论. 村镇建设, 1999(6).

[2] 王唯山. 城乡空间统筹下的厦门农村发展规划与建设. 规划师, 2007.

[3] 社会主义新农村建设研究室. 旧村改造规划与设计研究初探—以北京市延庆县八达岭镇为例. 小城镇建设, 2005(11).

[4] 方明, 董艳芳. 注重多角度思考, 构建新农村社区. 小城镇建设, 2005(11).

[5] 章凌志, 杨介榜. 村庄规划可实施性的反思与对策. 规划师, 2007(2).

[6] 赵冠谦. 新世纪住区建设的演进与模式研究. 住宅科技, 2003(1).

[7] 李兵弟. 关于城乡统筹发展方面的认识与思考. 城市规划, 2004(6).

[8] 李小群, 周铁军. 我国小城镇住宅建设现状及启示研究. 小城镇建设, 2002.

[9] 刘华钢. 广州城郊大型住区的形成及影响. 城市规划汇刊, 2003(5).

[10] 顾朝林, 孙樱. 中国大城市发展的新动向——城市郊区化. 规划师, 1998.

[11] 刘绍军. 欠发达地区城市边缘区村庄发展特征及规划布局分析——以河南省为倒. 城市规划会刊, 2000(3).

[12] 孙之. 古老山村展新貌—记怀柔区官地村的旧村改造. 新农村建设, 2006(8).

[13] 中国社会科学院"浙江经验与中国发展研究"课题组. 波江东区"三改一化"为城郊农村实现城市化创造了一个好模式. 中国经贸导刊, 2007(6).

[14] 林玉妹. 福建省农村新村建设模式和发展思路. 福建师范大学学报, 2006(6).

[15] 陈玉娟. 浙江省旧村改造规划与建设中的若干问题探索. 农业经济, 2007(1).

[16] 谭春芳. 旧村改造的规划与实施. 浙江建筑, 2003(2).

[17] 薛力. 城市化背景下的空心村现象及其对策探讨——以江苏省为例. 城市规划, 2001(6).

[18] 邹卓君. 大城市住宅郊区化的空间对策研究. 规划师, 2004(9).

[19] 潘安平. 沿海农村危旧房改造现状及存在的问题分析[J]. 中国水运(下半月), 2012(6).

[20] 程志毅. 重庆农村危旧房改造的现状与对策研究[J]. 新重庆, 2010(8).

[21] 冯亚景. 关于当前农村旧村和危旧房改造工作中有关法律问题的思考[J]. 杭州农业与科技. 2010(2).

[22] 吴敬学. 韩国的"新村运动"[J]. 中国改革 2005(12).

[23] 浦东新区农民建房调研小组. 上海市浦东新区农村村民住房建设调查研究报告[J]. 上海土地, 2013(02).

[24] 杨玉章. 农村村民建房用地存在的问题与对策[J]. 中国国土资源经济, 2004(6).

[25] 彭雄飞、黄朝阳. 农村村民建房用地现状调查与对策[A]. 2007 年福建省土地学会年会征文集[C]. 福建省土地学会, 2007.

[26] 叶兴庆. 农民"退乡进城"过程中的集体产权处置问题——以上海浦东新区为例[A]. 加大城乡统筹力度, 协调推进工业化、城镇化与农业农村现代化. 中国农业经济学会, 2010.

四、学位论文类

[1] 赵之枫. 城市化加速时期村庄集聚及规划建设研究. 清华大学博士学位论文, 2001.

[2] 周搏. 赣中地区新农村建设中旧村改造研究. 南昌大学硕士学位论文, 2006.

[3] 李兴举. 新城市主义在郊区居住社区建设中的发展及应用初探. 湖南大学硕士毕业论文, 2006.

［4］ 罗巧灵.大城市边缘区住区开发模式研究.武汉大学硕士学位论文,2005.

［5］ 徐辉.京郊小城镇低密度住宅区规划设计研究.北京工业大学硕士学位论文,2006.

［6］ 邹卓君.大城市居住空间扩展研究.浙江大学硕士学位论文,2003.

［7］ 倪军昌.北京城乡结合部征地和失地农民问题研究.中国农业大学硕士学位论文,2004.

［8］ 吴欣.农村危旧房改造中的政府行为研究［D］.华中科技大学申请硕士学位论文,2010.

［9］ 张正芬.上海郊区农村居民点拆并和整理的实践与评价［D］.同济大学城市规划专业申请硕士学位论文,2008.

［10］ 刘玉存.农村住房拆迁安置房所有权问题研究［D］.华东政法大学法律专业申请硕士学位论文,2012.

五、报道类

［1］ 何雨欣.中国将因地制宜推进村庄整治.新华网(2005/11/22).

［2］ 一事一议农家、财政奖补暖民心——陕西省镇巴村级公益事业一事一议财政奖补工作纪实.陕西省农村综合改革网站(2011/11/25).

［3］ 一事一议"四大板块"唱响中京大地.江苏省财政厅网站(2011/11/15).

［4］ 安徽力推一事一议财政奖补、激发活力成效显著.新华网(2012/01/12).

［5］ 六安市寿县一事一议财政奖补工作成效显著.寿县政府网(2012/02/17).

［6］ 山西省祁县在一事一议奖补平台上整合涉农资金.中华人民共和国财政部国务院农村综合改革办公室网站(2012/01/20).

［7］ 山西省奖补工作经验:一事一议解民忧、条条大路宽人心.中华人民共和国财政部国务院农村综合改革办公室网站(2012/01/10).

［8］ 贵州奖补工作经验:创新奖补机制,激活公益事业.中华人民共和国财政部国务院农村综合改革办公室网站(2012/01/20).

［9］ 支持"千村示范万村整治"工程.浙江省财政厅网站(2009/08/20).

［10］ 李果仁.欧美日等发达国家财政支农的成功经验及启示.中国农经信息网(2010/1/23).

［11］ 国外的乡村建设.http://wenku.baiZu.com/view/59808f6Z58fafab069Zc02a4.html 经整理.

［12］ 叶齐茂.欧盟十国农村建设见闻.中国农经信息网(2006/10/17).

［13］ 万钊、侯晓露.英国农村战略中的社区建设.中国农经信息网(2011/10/24).

［14］ 住建部部长:加大农村危旧房改造力度.www.soufun.com.中房报(2012/06/06).

［15］ 重庆:新居建设和危旧房改造让农民得实惠.经济日报(2011/06/27).

［16］ 农村危旧房改造面面观.垫江新闻网(2011/8/3).

［17］ 璧山:改造危旧房 打造一幅田园"山水画".重庆日报(2011/5/05).

［18］ 杨小勇.农村危房改造优先用地.南昌新闻网(2011/5/27).

［19］ 解决农村特困危房户住房困难、改造农村低保户危旧房 2000 户.www.chengZu.gov.cn(2009/12/29).

［20］ 密云县低保户危旧房改造用上新型节能环保材料,北京市农村工作委员会网站(2011/11/14).

［21］ 大兴区 145 户农村危旧房改造完毕.大兴区人民政府网站(2011/12/07).

［22］ 榕今年将改造 7000 户农村危房.人民网(2012/09/12).

［23］ 广州农村危房改造每户补助或 4 万.南方日报(2011/9/22).

［24］　广州拟出巨资两年内完成农村危房改造. 中国养老金网. www. cnpension. net(2008/5/24).

［25］　四年来金山区完成农村危房改造近六百户. 上海市金山区人民政府网站(2012/8/16).

［26］　上海统计网站. http://www. stats—sh. gov. cn/index. html 有关数据.

［27］　许凯. 解读韩国"新村运动". 国际金融报(2006/3/10). ?

［28］　勤勉自主协同是"新村运动"的精神力量. 韩国新村运动中央会会长李寿成在哈尔滨的演讲. http://www. sina. com. cn. 哈尔滨日报(2006/7/8).

附件

附件一　上海市村庄改造调查问卷

　　为贯彻落实国家、上海市建设社会主义新农村的工作部署,改善村庄人居环境,科学做好社会主义新农村建设规划,达到"生产发展、生活宽裕、乡风文明、村容整洁、管理民主"的规划目标,特组织本次问卷调查,以便最大程度了解村民最关心的问题,以更有针对性的进行规划建设。

　　感谢您的积极参与!

2012 年 12 月

　　注:请在备选项上打钩(√)。

(一)居住方面

　　1. 您家庭目前宅基地占地面积_____平方米,建筑面积_____平方米,自己居住的房屋共有_____间,有_____人长期在这些房屋内居住。

　　2. 您目前的住宅建于哪一年? _____

　　□1970 年前　　□1970—1979　　□1980—1989　　□1990—1999　　□2000 年以后

　　3. 您目前的住宅层数是多少?

　　□1 层　　　□2 层　　　□3 层　　　□4 层及以上

　　4. 您对自己住宅目前的居住条件(建筑外观、室内装修)是否满意?

　　□ 满意　　　□不满意　　　如不满意,主要原因是_____

　　5. 您是否在别处拥有住房?

　　□无　　　□有,位于_____(镇区、城区、市中心)

　　6. 您对未来居住条件的改善有什么期望?

　　□ 希望搬进统一规划新建的农民新村

　　□ 希望进镇购买商品房

　　□ 希望去新城购买商品房

　　□ 希望将现在的房屋重新装修或重建

　　□ 愿意一辈子住在现在的房子里

　　□ 投亲靠友,货币补偿

　　7. 您家里最近五年内有改建或新建房屋的需求吗?

　　□ 没有　　　□ 有,且希望在_____年内建设

　　8. 如果宅基地置换,你愿意住到镇区统一规划的居住小区里吗?

☐ 愿意　　☐ 不愿意,原因为＿＿＿＿＿＿＿＿＿＿＿

9. 如果搬到统一新建的住宅小区里,你能接受的住宅形式是哪种?

☐ 低层(1～3 层)　☐ 多层(4～6 层)　☐ 小高层(带电梯)　☐ 以上都可以

(二)交通方面

10. 你的家庭(包括子女)目前有汽车吗? 是否有购车意愿?

☐有　　　☐无　　　您今后两年有无购车意愿:＿＿＿＿＿＿＿＿

11. 您和您的家人平时出行的主要交通工具是什么?

☐ 步行　☐ 自行车　☐ 摩托车　☐ 公共汽车　☐ 小汽车　☐其他

12. 您觉得所在自然村的道路与周边地区的出行联系方便吗?

☐ 很方便　　☐ 一般　　☐ 有点不方便　　☐ 很不方便

13. 您觉得目前村里的主要道路宽度是否合适? 多少米较为合适?

☐ 太窄　　☐ 正好　　☐ 太宽　　您建议＿＿＿＿＿＿＿米较为合适

14. 您觉得村主要道路两旁是否有必要增设路灯,便于村民夜间交通?

☐ 有必要　　☐ 没必要　　☐无所谓

15. 如果增设路灯,您是否愿意负担部分电费?

☐ 愿意　　☐ 不愿意

16. 您认为村主要道路两旁,是否有必要增设部分休息亭或座椅?

☐ 有必要　　☐ 没必要　　☐无所谓

17. 对所在自然村的道路交通设施或出行方面,有无相关建议或意见?

＿＿＿＿＿＿＿＿＿＿＿＿＿＿＿＿＿＿＿＿＿＿＿＿＿＿＿＿＿＿

＿＿＿＿＿＿＿＿＿＿＿＿＿＿＿＿＿＿＿＿＿＿＿＿＿＿＿＿＿＿

(三)公共设施方面

18. 您平时业余时间喜欢从事哪些活动? (可多选)

☐ 看戏、唱戏　　☐ 打牌、麻将　　☐ 体育运动　　☐ 读书读报

☐ 看电视　　☐ 上网　　☐ 文艺活动　　☐ 其他(请说明)

19. 您现在的村里有以下哪些设施?

☐卫生服务站　　☐青少年活动室　　☐体育活动场或建身点

☐室内体育活动室　　☐老年活动室　　☐敬老院　　☐托老所

☐托儿所　　☐幼儿园　　☐超市　　☐商店　　☐餐厅　　☐其他

20. 您平时如果身体不舒服,通常会去哪里治疗?

☐ 在家里自己吃点药　　☐ 去村里的卫生室　　☐ 去镇里的社区卫生中心

☐ 去大医院

21. 您觉得看病方便吗?

☐ 很方便　　☐ 不太方便　　☐ 很不方便

对此您有什么建议?＿＿＿＿＿＿＿＿＿＿＿＿＿＿＿＿＿＿

22. 您家里有正在上小学或幼儿园的孩子吗？　□ 有　　□ 没有
在哪里上学？　　□ 镇区　　□ 其他镇　　□ 新城　　□ 其他区或市中心
您觉得他们上学方便吗？　　□ 很方便　　□ 不太方便　　□ 很不方便
23. 您觉得农村传统的红白喜事等有必要设置单独场所吗？
□ 有必要　　□ 没有必要,在自家院子办
24. 对村的公共设施设置方面,有无相关建议或意见？
_____

(四)环境卫生方面

25. 您认为所在自然村或村民小组的总体环境质量如何？
□ 很干净　　□ 一般,希望再干净些　　□ 比较差　　□ 太差了
26. 您认为所在自然村的河道及两岸环境质量如何？
□ 河道干净、两岸景色好　　　□ 河道及沿岸环境一般
□ 河道水面有污染、环境差
27. 您所在自然村是不是每户人家都有户外垃圾桶？您认为目前"家家户户设置垃圾桶"的垃圾收集方式是否科学合理？
　　□ 有　　□ 无　　您的其他建议是：
_____

28. 您认为村里是否有对环境污染的工厂或企业？
　　□ 有　　□ 无　　您的其他建议是：
_____

29. 对村的环境卫生建设方面,有无相关建议或意见？
_____

(五)建筑外观整治方面

30. 您认为在政府部门近些年开展的村庄整治中,对建筑外墙面的修葺或粉刷有必要吗？
　　□ 有必要,改善了村容村貌　　　□ 没必要,政府浪费钱
　　□ 无所谓,反正不用自己出钱
31. 对原有建筑物采用统一颜色进行外墙粉刷,你是否支持？有无相关建议？
　　□ 支持　　□ 不支持　　您的其他建议是：
_____

(六)其他方面

32. 如果所在自然村有条件开展一些农家乐休闲旅游,您是否愿意参与以提高收入？比如有偿提供场地、建筑等？

□ 非常愿意,希望快点开展　　　□ 无所谓,现在生活可以
□ 不愿意,觉得比较麻烦

33. 如果村庄改造中需要提供一些场地或空间(如拓宽道路,增设停车场、运动健身场地等)? 您是否愿意腾出部分土地?

□ 愿意,但需要补偿　　　□ 愿意,不需要补偿　　　□ 不愿意

34. 如果条件成熟(指土地流转收益满足你的要求),您是否愿意把自己的承包地拿出来由政府安排统一流转,进行规模化经营和种植,个人以股份制或其他形式获益?

□ 愿意　　　□ 不愿意

35. 如果自己的宅基地置换或土地流转后,您觉得除了住房外,最需要政府解决的是什么问题?

□ 镇保　　　□ 就业　　　□ 养老　　　□ 其他

36、如果实行宅基地置换,你愿意的置换方式是_____?

□ 等量置换(指置换前后住宅面积一致)　　　□ 差额置换(差额部分面积,按照货币补偿)　　　□ 都可以接受

37. 在个人利益得到确保的同时,你是否支持政府开展有关农村地区发展的政策,包括宅基地置换、土地流转等?

□ 非常支持　　　□坚决反对　　　□无所谓态度

(七)村庄整治或改造的满意度及建议

38. 您认为所在自然村近年来的村庄整治或改造效果如何?

□ 非常好,村庄环境改善,村容村貌改观
□ 一般,和改造前没有太大变化
□ 较差,村庄改造意义不大

39. 如果继续开展村庄整治或改造,你是否支持?

□ 支持　　　□ 无所谓　　　□ 不支持,原因是

40. 如果在本村或其他村继续开展村庄整治或改造,以下几项请按你认为的重要程度排序?(请在方框内标明 1、2、3、4 序号)

□ 美化建筑外观　　　□ 改善道路交通　　　□ 提高环境质量　　　□ 完善公共设施

41. 如果开展村庄改造的后期维护和长效管理,您是否愿意参与到当中去,承担一部分劳务?

□ 愿意有偿投劳　　　□ 愿意无偿投劳　　　□ 不愿意投劳,请村委会另聘人员开展

42. 您们村在开展村庄改造后,村里是否又紧接着开展了其他类型工程建设?

□ 有重复建设现象　　　□ 有工程建设,但是却是锦上添花的
□ 一次性开展,无重复建设

43. 对过去或今后村庄整治或改造工作的其他意见或建议?

附件二 上海市村庄改造调查问卷分析

为贯彻落实国家、上海市建设社会主义新农村的工作部署,改善村庄人居环境,科学做好社会主义新农村建设规划,达到"生产发展、生活宽裕、乡风文明、村容整洁、管理民主"的规划目标,特组织本次问卷调查,以便最大程度了解村民最关心的问题,以更有针对性的进行规划建设。此次问卷调查有效问卷 35 份。

一、居住方面

1. 越来越多的村民希望改善居住条件,47.5%的被调查者表示,希望搬进统一规划新建的农民新村,5%表示希望进镇购买商品房,7.5%希望去新城购买商品房,但仍有 22.5%的被调查者表示愿意一辈子住在现在的房子里,有 12.5%希望将现在的房屋重新装修或重建,仅有 5%表示可以投亲靠友,货币补偿。

表 1-1　　　　　　　　对未来居住条件改善的期望

您对未来居住条件的改善有什么期望?	数值	百分比
(1) 希望搬进统一规划新建的农民新村	19	47.5%
(2) 希望进镇购买商品房	2	5.0%
(3) 希望去新城购买商品房	3	7.5%
(4) 希望将现在的房屋重新装修或重建	5	12.5%
(5) 愿意一辈子住在现在的房子里	9	22.5%
(6) 投亲靠友,货币补偿	2	5.0%
总计	40	100.0%

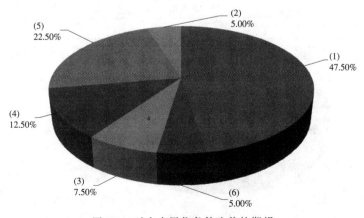

图 1-1　对未来居住条件改善的期望

2. 调查显示,最近五年内有改建或新建房屋需求的与无需求的比例差不多,分别为40%和43%。

表 1-2 最近五年内改建或新建房屋需求统计

您家里最近五年内有改建或新建房屋的需求吗?	数值	百分比
没有	15	42.9%
有	14	40.0%
未填	6	17.1%
总计	35	100.0%

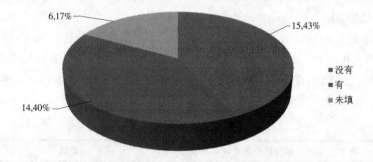

图 1-2 最近五年内有改建或新建房屋的需求

3. 如果宅基地置换,有74%的被调查者表示愿意住到镇区统一规划的居住小区里,但也有20%的被调查者表示不愿意。

表 1-3 是否愿意住到镇区统一规划的居住小区

如果宅基地置换,你愿意住到镇区统一规划的居住小区里吗?	数值	百分比
愿意	26	74.3%
不愿意	7	20.0%
未填	2	5.7%
总计	35	100.0%

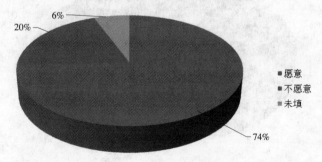

图 1-3 是否愿意住到镇区统一规划的居住小区

4. 如果搬到统一新建的住宅小区里,在近一半的受访者表示想住低层(1～3层),仅有3%的被调查者接受多层(4～6层),11%选择小高层(带电梯),有29%的受访者表示都能接受。

表 1-4　　　　　　　　统一住宅小区里能接受的住宅形式

如果搬到统一新建的住宅小区里,你能接受的住宅形式是哪种?	数值	百分比
低层(1～3层)	17	48.6%
多层(4～6层)	1	2.9%
小高层(带电梯)	4	11.4%
以上都可以	10	28.6%
未填	3	8.6%
总计	35	100.0%

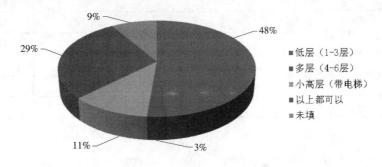

图 1-4　统一住宅小区里能接受的住宅形式

二、交通方面

1. 被调查的村民中,有54%的农民家庭(包括子女)已购有汽车,无车但两年内有购车意愿的只占12%,其余34%表示没有购车意愿。

表 1-5　　　　　　　　家庭是否拥有汽车

你的家庭(包括子女)目前有汽车吗?是否有购车意愿?	数值	百分比
有	19	54.3%
无,但两年内有购车意愿	4	11.4%
无,且两年内无购车意愿	12	34.3%
总计	35	100.0%

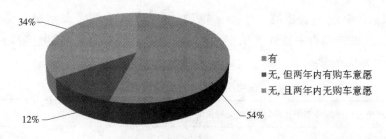

图 1-5　家庭是否拥有汽车

2. 调查显示,自行车仍为农村村民出行的重要方式,使用小汽车、公共汽车、摩托车的比例相差不大。

表 1-6 　　　　　　　　　　出行方式统计

您和家人平时出行的主要交通工具是什么?	数值	百分比
步行	4	10.0％
自行车	14	35.0％
摩托车	6	15.0％
公共汽车	7	17.5％
小汽车	4	10.0％
其他	5	12.5％
总计	40	100.0％

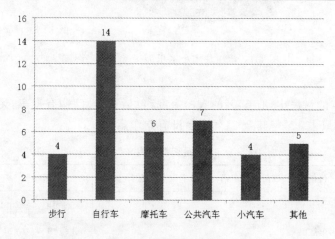

图 1-6　出行方式统计

3. 对于目前的道路交通,66％的被访者表示,所在自然村与周边地区的出行联系方便。20％表示一般,其他的表示不方便。说明乡村地区道路交通还有可完善的地方。

表 1-7 道路方便度调查

您觉得所在自然村的道路与周边地区的出行联系方便吗？	数值	百分比
很方便	23	65.7%
一般	7	20.0%
有点不方便	4	11.4%
很不方便	1	2.9%
总计	35	100.0%

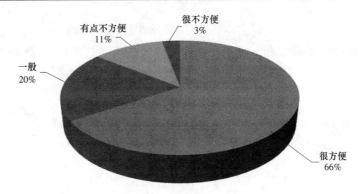

图 1-7 道路方便度调查

4. 过半数被调查者表示，村里的主要道路宽度刚刚好，但也有近一半的人表示，道路还是太窄了。

表 1-8 道路宽度适合度调查

您觉得目前村里的主要道路宽度是否合适？	数值	百分比
太窄	17	48.6%
正好	18	51.4%
太宽	0	0.0%
总计	35	100.0%

5. 达 86% 的被调查者觉得，村主要道路两旁有必要增设路灯，便于村民夜间交通。只有极少部分人表示不关心此问题。

表 1-9 道路路灯安装必要性调查

您觉得村主要道路两旁是否有必要增设路灯，便于村民夜间交通？	数值	百分比
有必要	30	85.7%
没必要	1	2.9%
无所谓	4	11.4%
总计	35	100.0%

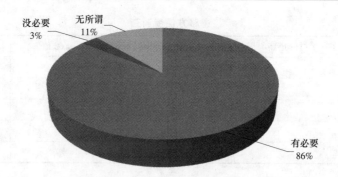

图 1-8   道路路灯安装必要性调查

6. 如果增设路灯,54.29%的受访者表示愿意负担部分电费,其余的表示不愿意承担。

表 1-10   路灯电费负担调查

如果增设路灯,您是否愿意负担部分电费?	数值	百分比
愿意	19	54.3%
不愿意	16	45.7%
总计	35	100.0%

7. 68.57%的受访者认为,有必要在村主要道路两旁增设部分休息亭或座椅,其余的表示没必要或无所谓。

表 1-11   道路两侧增设休息亭或座椅调查

您认为村主要道路两旁,是否有必要增设部分休息亭或座椅?	数值	百分比
有必要	24	68.6%
没必要	7	20.0%
无所谓	4	11.4%
总计	35	100.0%

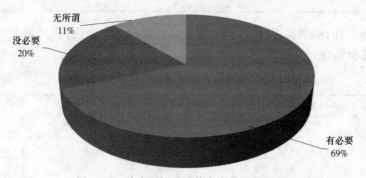

图 1-11   道路两侧增设休息亭或座椅调查

三、公共设施方面

1. 调查显示,村民们日常主要的业余活动包括看电视、读书读报、看戏唱戏、体育运动、文艺活动、上网等等。

表 1-12 村民业余活动统计

您平时业余时间喜欢从事哪些活动?(可多选)	数值	百分比
看戏、唱戏	12	15.8%
打牌、麻将	4	5.3%
体育运动	10	13.2%
读书读报	13	17.1%
看电视	21	27.6%
上网	7	9.2%
文艺活动	8	10.5%
务农	1	1.3%
总计	76	100.0%

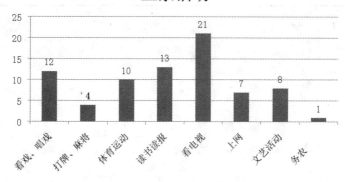

图 1-12 村民业余活动统计

2. 从调查结果看,绝大多数村里都拥有卫生服务站、老年活动室、体育活动场或健身点等公共设施,多数村落拥有室内体育活动室、青少年活动室、商店等设施,但敬老院、幼儿园、餐厅、托老所、托儿所、超市等公共设施较为缺乏。

表 1-13　　　　　　　　　　村庄公共设施统计

您现在的村里有以下哪些设施？	数值	百分比
卫生服务站	35	25.7%
青少年活动室	11	8.1%
体育活动场或建身点	25	18.4%
室内体育活动室	15	11.0%
老年活动室	32	23.5%
敬老院	2	1.5%
托老所	0	0.0%
托儿所	0	0.0%
幼儿园	1	0.7%
超市	0	0.0%
商店	14	10.3%
餐厅	1	0.7%
总计	136	100.0%

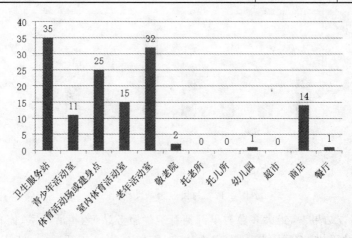

图 1-13　村庄公共设施统计

3. 医疗方面,当身体不舒服时,去村里的卫生室就诊成为就医的第一选择,其次是去镇里的社区卫生中心,然后才是去大医院。

表 1-14 村民看病方式统计

您平时如果身体不舒服,通常会去哪里治疗?	数值	百分比
在家里自己吃点药	7	11.9%
去村里的卫生室	26	44.1%
去镇里的社区卫生中心	18	30.5%
去大医院	8	13.6%
总计	59	100.0%

4. 达 74% 的受访者表示看病很方便,23% 表示不太方便,有 3% 表示很不方便。

表 1-15 村民看病方便度统计

您觉得看病方便吗?	数值	百分比
很方便	26	74.3%
不太方便	8	22.9%
很不方便	1	2.9%
总计	35	100.0%

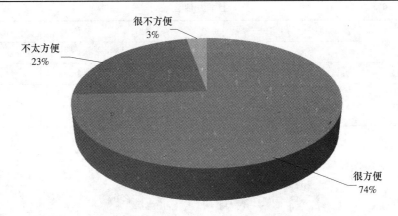

图 1-15 村民看病方便度统计

5. 教育方面,有 40% 的受访者家中有孩子正在上小学或幼儿园。其中,在镇区上学的比较多。并有 79% 的受访者表示孩子上学方便。

表 1-16-1　　　　　　　　　　子女上学地区统计

在哪里上学?	数值	百分比
镇区	9	64.3%
其他镇	0	0.0%
新城	3	21.4%
其他区或市中心	2	14.3%
总计	14	100.0%

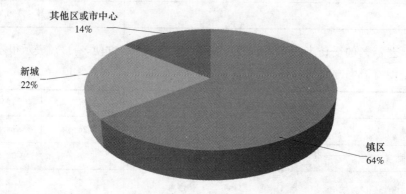

图 1-16-1　子女上学地区统计

表 1-16-2　　　　　　　　　　子女上学方便度统计

您觉得他们上学方便吗?	数值	百分比
很方便	11	78.6%
不太方便	2	14.3%
很不方便	1	7.1%
总计	14	100.0%

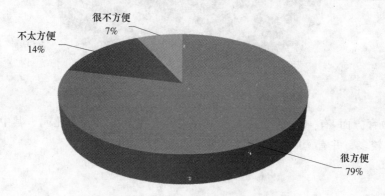

图 1-16-2　子女上学方便度统计

6. 对于农村传统的红白喜事等有无必要设置单独场所的问题,认为有必要和没必要的各占 50%。

表 1-17　　　　　　　　　　红白喜事场所设置调查

您觉得农村传统的红白喜事等有必要设置单独场所吗?	数值	百分比
有必要	17	48.6%
没有必要,在自家院子办	17	48.6%
未填	1	2.9%
总计	35	100.0%

四、环境卫生方面

1. 对于环境问题,总体评价较好,57%受访者认可所在自然村或村民小组的总体环境质量,但也有 43%的人认为环境一般,希望再干净些。

表 1-18　　　　　　　　　　村庄总体环境调查

您认为所在自然村或村民小组的总体环境质量如何?	数值	百分比
很干净	20	57.1%
一般,希望再干净些	15	42.9%
比较差	0	0.0%
太差了	0	0.0%
共计	35	100.0%

图 1-18　村庄总体环境调查

2. 57%的人认为自然村的河道干净,两岸景色好,37%的人认为河道及沿岸环境一般,另有 6%的人认为河道水面有污染、环境差,说明部分自然村的河道还需进一步整治。

表 1-19 村庄河道环境调查

您认为所在自然村的河道及两岸环境质量如何？	数值	百分比
河道干净、两岸景色好	20	57.1%
河道及沿岸环境一般	13	37.1%
河道水面有污染、环境差	2	5.7%
总计	35	100.0%

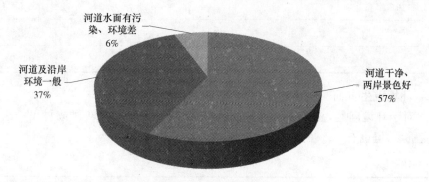

图 1-19   村庄河道环境调查

3. 同时,几乎每户人家都设有户外垃圾桶。使得各村庄的垃圾能够得到有效的处理。

表 1-20 户外垃圾桶调查

您所在自然村是不是每户人家都有户外垃圾桶？	数值	百分比
有	34	97.1%
无	1	2.9%
总计	35	100.0%

4. 调查显示,村里有对环境污染的工厂或企业较少,仅有 14.29% 的人认为还存在着这样的工厂或企业。

表 1-21 污染企业调查

您认为村里是否有对环境污染的工厂或企业？	数值	百分比
有	5	14.3%
无	30	85.7%
总计	35	100.0%

五、建筑外观整治方面

1. 建筑外观整治方面,针对建筑外墙面的修葺、粉刷的调查,绝大多数(86%)被调查者表示有必要,这改善了村容村貌。6% 的人认为没必要,政府浪费钱。另有 8% 表示无所谓,反正不用自己出钱。

表 1-22　　　　　　　　　　　　　外墙修葺粉刷调查

您认为在政府部门近些年开展的村庄整治中， 对建筑外墙面的修葺或粉刷有必要吗？	数值	百分比
有必要，改善了村容村貌	30	85.7%
没必要，政府浪费钱	2	5.7%
无所谓，反正不用自己出钱	3	8.6%
总计	35	100.0%

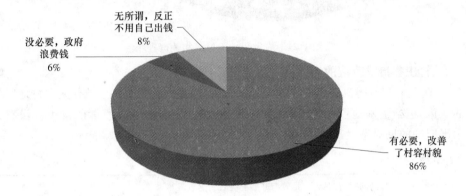

图 1-22　外墙修葺粉刷调查

2. 同时,97%的人支持对原有建筑物采用统一颜色进行外墙粉刷。

表 1-23　　　　　　　　　　　　　统一外墙粉刷调查

对原有建筑物采用统一颜色进行外墙粉刷,你是否支持? 有无相关建议?	数值	百分比
支持	34	97.1%
不支持	1	2.9%
总计	35	100.0%

六、其他方面

如果所在自然村有条件开展一些农家乐休闲旅游,以提高收入,有 83% 的人表示非常愿意,希望快点开展。14% 的人表示无所谓,现在生活可以。

表 1-24　　　　　　　　　　　　　农家乐休闲旅游相关调查

如果所在自然村有条件开展一些农家乐休闲旅游,您是否愿意参与以 提高收入? 比如有偿提供场地、建筑等?	数值	百分比
非常愿意,希望快点开展	29	82.9%
无所谓,现在生活可以	5	14.3%
不愿意,觉得比较麻烦	1	2.9%
总计	35	100.0%

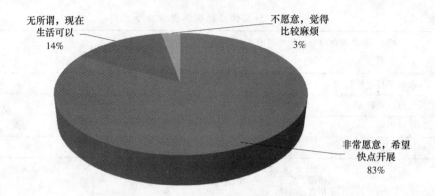

图 1-24 农家乐休闲旅游相关调查

七、村庄整治或改造的满意度及建议

1. 在个人利益得到确保的同时,达 88% 的人表示支持政府开展有关农村地区发展的政策,包括宅基地置换、土地流转等。6% 的人表示出了无所谓的态度。没有人表示出明确的反对态度。

表 1-25　　　　　　　　　　　农村政策支持度调查

在个人利益得到确保的同时,你是否支持政府开展有关农村地区发展的政策,包括宅基地置换、土地流转等?	数值	百分比
非常支持	31	88.6%
坚决反对	0	0.0%
无所谓态度	2	5.7%
未填	2	5.7%
总计	35	100.0%

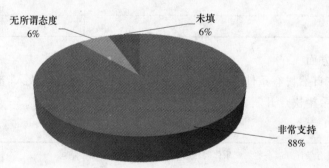

图 1-25 农村政策支持度调查

2. 多数人对村庄改造感到满意。88% 的人认为村庄整治或改造效果非常好,村庄环境得到改善,村容村貌得以改观。9% 的人认为效果一般,和改造前没有太大变化。

表 1-26　　　　　　　　　　村庄改造效果评价调查

您认为所在自然村近年来的村庄整治或改造效果如何?	数值	百分比
非常好,村庄环境改善,村容村貌改观	31	88.6%
一般,和改造前没有太大变化	3	8.6%
较差,村庄改造意义不大	0	0.0%
未填	1	2.9%
总计	35	100.0%

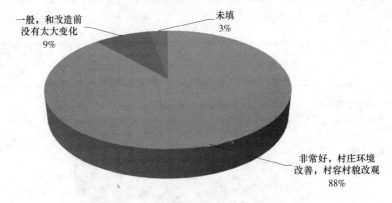

图 1-26　村庄改造效果评价调查

3. 同时,有高达94%的人支持继续开展村庄整治或改造,仅有6%的人认为无所谓。

表 1-27　　　　　　　　　　村庄改造支持率调查

如果继续开展村庄整治或改造,你是否支持?	数值	百分比
支持	33	94.3%
无所谓	2	5.7%
不支持	0	0.0%
总计	35	100.0%

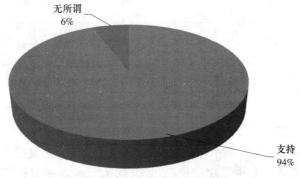

图 1-27　村庄改造支持率调查

4. 如果在本村或其他村继续开展村庄整治或改造,认为最重要的是美化建筑外观的占 54%;其次是完善公共设施,占 20%;再次是提高环境质量,占 17%;最后是改善道路交通,占 9%。

表 1-28　　　　　　　　　　**村庄改造重要事项调查**

如果在本村或其他村继续开展村庄整治或改造,以下几项你认为最重要的是?	数值	百分比
美化建筑外观	19	54.3%
改善道路交通	3	8.6%
提高环境质量	6	17.1%
完善公共设施	7	20.0%
总计	35	100.0%

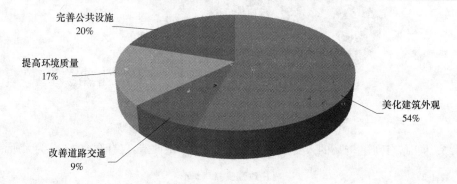

图 1-28　村庄改造重要事项调查

5. 如果开展村庄改造的后期维护和长效管理,高达 80% 的人愿意有偿参与到当中去,承担一部分劳务。11% 的人表示愿意无偿投劳。

表 1-29　　　　　　　　　　**村庄改造后期维护与管理调查**

如果开展村庄改造的后期维护和长效管理,您是否愿意参与到当中去,承担一部分劳务?	数值	百分比
愿意有偿投劳	28	80.0%
愿意无偿投劳	4	11.4%
不愿意投劳,请村委会另聘人员开展	1	2.9%
未填	2	5.7%
总计	35	100.0%

6. 调查显示,60% 的人表示,在开展村庄改造后,并无重复建设,而是一次性开展完成。14% 的人认为有重复建设现象,17% 的人表示有重复建设,但属于锦上添花型的。

表 1-30   **村庄改造重复建设调查**

您们村在开展村庄改造后,村里是否又紧接着开展了其他类型工程建设?	数值	百分比
有重复建设现象	5	14.3%
有重复建设,却是锦上添花的	6	17.1%
一次性开展,无重复建设	21	60.0%
未填	3	8.6%
总计	35	100.0%

附件三　上海市危旧房改造调查问卷

　　为贯彻落实国家、上海市推进农村低收入户危旧房改造的工作部署,进一步改善困难家庭居住生活条件,进一步完善危旧房改造这一民生工作,特组织本次问卷调查,以便最大程度了解低收入家庭最关心的问题,以更有针对性的进行危旧房改造。

　　感谢您的积极参与!

2012 年 12 月

　　注:请在备选项上打钩(√)。

　　1. 您改造前的危旧房建造于哪一年?
　　□解放前　　　□50—60 年代　　　□70—80 年代　　　　□90 年后
　　2. 在改造前,您的危旧房居住面积是_____平方米,宅基地占地面积为_____平方米,居住的家庭成员有_____人。
　　3. 您的危旧房改造后的建筑面积为_____?
　　□30~40 平方米　□40~50 平方米　□50~60 平方米　□60~70 平方米　□其他
　　4. 根据您的实际情况,您认为您的住房最少需要多大面积,才能满足您的生活要求?
　　□30~40 平方米　　□40~50 平方米　　□50~60 平方米　　□60~70 平方米□其他
　　5. 您改造前的危旧房的最大问题是什么(可以多选):
　　□面积小　　　□不安全　　　□设施差　　　□采光通风差　　　□其他
　　6. 您认为危旧房改造最需要注重的是:
　　□美观　　　□实用　　　□经济　　　□安全　　　□其他
　　7. 如果让您来改造旧房,您认为下列哪项措施最为_____需要? 其次是_____,再次是____
　　□适当增加户型面积　　　□调整室内布局　　　□改善室外环境
　　□粉刷外墙　　　□修缮屋面
　　8. 您希望危旧房改造最好采取以下哪一种方式?
　　□就地翻建　　□异地新建(如搬到镇上、中心村、集中居住区等)　　□就地扩建
　　□加固修缮　　　□投亲靠友、货币补偿　　　□其他_____
　　9. 如果由您出一些费用,使得危旧房改造标准更高、效果更好,您愿意吗?

□愿意　　　□不愿意　　　□愿意,但出不起钱

10. 您对农村低收入户危旧房改造政策的态度是怎样的?

□支持,是惠民利民的好政策 □不支持,原因是 ＿＿＿＿＿＿＿ □无所谓

11. 村委会在开展农村低收入户旧房改造的过程中,是否做过宣传?

□是　　　□否

12. 您是否知道农村低收入户危旧房改造政策的申请条件?

□是　　　□否

13. 是否对实施过危旧房改造的低收入对象情况进行过公示?

□是　　　□否

14. 在危旧房改造过程中,乡镇、村干部是否有指导和帮助?

□是　　　□否

15. 您对危旧房改造的组织实施过程的评价是:

□很好　　　□较好　　　□一般　　　□较差　　　□很差

16. 您认为是否应该参与到危旧房改造设计的过程中?

□应该积极参与　　　□应该参与,但要看有没有时间

□无所谓,政府会考虑好的　　　□不想参与,这是政府的事

17. 您的危旧房改造完成时是否经过政府组织的竣工验收?

□是　　　□否

18. 您对危旧房改造的施工质量满意吗?

□非常满意　　　□基本满意　　　□还可以　　　□不满意

19. 您对已实施的危旧房改造工作满意吗?

□非常满意　　　□基本满意　　　□还可以　　　□不满意

20. 您的危旧房原有建筑材料有否在改造中得到再利用?

□是　　　□否

21. 您的危旧房改造是否考虑了抗震安全因素?

□是　　　□否

22. 您的危旧房改造是否考虑了节能因素?

□是　　　□否

23. 您认为,危旧房改造工程应由谁来完成建造?

□政府选择施工队统建统修　　　□农户选择施工队自建自修　　　□其他

24. 对于危旧房改造的建筑风格,您更倾向于:

□原有样式不变　　　□统一风格　　　□多种样式自主选择

25. 您认为低收入家庭危旧房改造政策是否切实解决本村低收入家庭的住房困难问题?

□是　　　□否

26. 您认为目前危旧房改造的政府补贴标准是否合理?

□合理　　□基本合理　　□不合理,原因是_____

27. 危旧房经过改造后,如果需投靠子女养老的话,今后您是否会搬出?

□是　　□否

28. 您对今后的危旧房改造工作还有哪些建议

附件四　上海市危旧房改造调查问卷分析

本次调查共收回有效问卷 37 份。由于参与调查的农民均为低收入群体,且文化水平普遍偏低,部分农民回答有些问题时,需在工作人员指导下才能完成,但对结果的真实性不会造成影响。

一、危旧房基本情况

在接受调查的 37 人中,有 33 户记得自家房屋的建设年代,其中,22 家建于 70—80 年代,占 59.5%。

1. 您改造前的危旧房建造于哪一年?	数值	百分比
解放前	0	0.0%
50—60 年代	9	24.3%
70—80 年代	22	59.5%
90 年后	2	5.4%
未填写	4	10.8%
总计	37	100.0%

居住的家庭成员基本上是 1~2 人,大多为老年人独居或老伴俩。子女与之共同居住的较少。

2. 居住的家庭成员	数值	百分比
1	10	27.0%
2	17	45.9%
3	5	13.5%
4	1	2.7%
5	1	2.7%
未填写	3	8.1%
总计	37	100.0%

被改造的房屋建筑面积不尽相同,多则 145 平方米,少的 20、30 平方米的也有,大多为 60~80 平方米的老房子;宅基地面积多则 200 平方米,少的仅 24 平方米,大多集中于 80~160 平方米之间,将近半数农民表示不记得宅基地面积数。

改造后的房屋建筑面积变化普遍不大。大部分仍为 30~70 平方米之间。调查显示,住户们普遍希望能住上更大的房子,多数人认为,在原有基础上增加 10~20 平方米才能满足生活的要求。

3. 您的危旧房改造后的建筑面积为	数值	百分比
30～40 平方米	5	13.5%
40～50 平方米	9	24.3%
50～60 平方米	5	13.5%
60～70 平方米	10	27.0%
其他	8	21.6%
共计	37	100.0%

4. 根据您的实际情况,您认为您的住房最少需要多大面积,才能满足您的生活要求?	数值	百分比
30～40 平方米	1	2.7%
40～50 平方米	5	13.5%
50～60 平方米	9	24.3%
60～70 平方米	16	43.2%
其他	5	13.5%
未填	1	2.7%
总计	37	100.0%

二、危旧房改造属性

调查显示,住户认为改造前危旧房的最大问题是不安全,其次是设施差,然后是采光通风差,最后是面积小。而安全问题也正是危旧房改造的重要原因。同时住户们普遍认为实用、安全是危旧房改造最应注意的方面,然后是经济问题,美观被放在了比较次要的位置。如果让住户们自己改造,他们更倾向于对室内布局的调整及适当增加户型面积,同时,也重视室外环境的改造,只有少部分人认为修缮屋面及粉刷新外墙最为需要。究其原因,可理解为危改户们居住条件差,他们首先更重视自身房屋内部的改造,更多考虑的是实用功能。在基本居住条件得到保障的情况下,房屋居住足够舒适的情况下,才去考虑外部环境。

5. 您改造前的危旧房的最大问题是什么(可以多选):	数值	百分比
面积小	4	6.5%
不安全	30	48.4%
设施差	19	30.6%
采光通风差	8	12.9%
其他	1	1.6%
共计	62	100.0%

6. 您认为危旧房改造最需要注重的是：	数值	百分比
美观	2	4.7%
实用	19	44.2%
经济	7	16.3%
安全	15	34.9%
其他	0	0.0%
共计	43	100.0%

7. 如果让您来改造旧房,您认为下列哪项措施最为需要?	数值	百分比
适当增加户型面积	20	26.3%
调整室内布局	21	27.6%
改善室外环境	18	23.7%
粉刷外墙	6	7.9%
修缮屋面	11	14.5%
共计	76	100.0%

三、选址与建筑风格

与此同时,多数村民表示,危旧房改造最好在原址进行。其中过半数认为就地翻建最好,占 54.1%,就地扩建和加固修缮分别占 10.8% 和 18.9%,只有 16.2% 愿意异地新建。对于危旧房改造的建筑风格,40.5% 倾向于原有样式不变,45.9% 倾向于统一风格,仅有 13.5% 认为应有多种样式自主选择。

8. 您希望危旧房改造最好采取以下哪一种方式?	数值	百分比
就地翻建	20	54.1%
异地新建(如搬到镇上、中心村、集中居住区等)	6	16.2%
就地扩建	4	10.8%
加固修缮	7	18.9%
投亲靠友、货币补偿	0	0.0%
共计	37	100.0%

24. 对于危旧房改造的建筑风格,您更倾向于：	数值	百分比
原有样式不变	15	40.5%
统一风格	17	45.9%
多种样式自主选择	5	13.5%
共计	37	100.0%

四、政策开展与实施评价

对于农村低收入户危旧房改造这项政策,几乎所有的被调查者表示支持,认为这是惠民利民的好政策。被调查村民均表示,村委会在开展农村低收入户旧房改造的过程中,开展过宣传,他们也都知道这项政策的申请条件。同时,100%的被调查者表示,政府对实施过危旧房改造的低收入对象情况进行过公示。94.6%的被调查者表示,在危旧房改造过程中,乡镇、村干部进行过相关指导和帮助,仅有2人表示没有。对危旧房改造的组织实施过程的评价普遍较高,78.4%的农民认为很好,18.9%的农民认为较好。

几乎所有被调查者表示,危旧房改造完成时有经过政府组织的竣工验收,仅有一位表示没有。

10. 您对农村低收入户危旧房改造政策的态度是怎样的?	数值	百分比
支持,是惠民利民的好政策	36	97.3%
不支持	0	0.0%
无所谓	0	0.0%
未填	1	2.7%
总计	37	100.0%

11. 村委会在开展农村低收入户旧房改造的过程中,是否做过宣传?	数值	百分比
是	37	100.0%
否	0	0.0%
共计	37	100.0%

12. 您是否知道农村低收入户危旧房改造政策的申请条件?	数值	百分比
是	37	100.0%
否	0	0.0%
共计	37	100.0%

13. 是否对实施过危旧房改造的低收入对象情况进行过公示?	数值	百分比
是	37	100.0%
否	0	0.0%
共计	37	100.0%

14. 在危旧房改造过程中,乡镇、村干部是否有指导和帮助?	数值	百分比
是	35	94.6%
否	0	0.0%
未填	2	5.4%
共计	37	100.0%

15. 您对危旧房改造的组织实施过程的评价是：	数值	百分比
很好	29	78.4%
较好	7	18.9%
一般	0	0.0%
较差	0	0.0%
很差	0	0.0%
未填	1	2.7%
总计	37	100.0%

17. 您的危旧房改造完成时是否经过政府组织的竣工验收？	数值	百分比
是	36	97.3%
否	1	2.7%
总计	37	100.0%

五、农民参与度

78.6%的被调查者认为自己应该参与到危旧房改造设计的过程中，9.5%认为应该参与，但要看有没有时间。仅有11.9%认为无所谓，政府会考虑好的。接受调查的村民们均表示，如果自己出一些费用使得危旧房改造标准更高、效果更好，他们是愿意的。但有24.3%的被调查者表示，他们出不起钱。

对于危旧房改造工程应由谁来完成建造这一项，56.8%认为应由农户选择施工队自建自修，43.2%认同由政府选择施工队统建统修。

16. 您认为是否应该参与到危旧房改造设计的过程中？	数值	百分比
应该积极参与	33	78.6%
应该参与，但要看有没有时间	4	9.5%
无所谓，政府会考虑好的	5	11.9%
不想参与，这是政府的事	0	0.0%
总计	42	100.0%

9. 如果由您出一些费用，使得危旧房改造标准更高、效果更好，您愿意吗？	数值	百分比
愿意	28	75.7%
不愿意	0	0.0%
愿意，但出不起钱	9	24.3%
共计	37	100.0%

23. 您认为,危旧房改造工程应由谁来完成建造?	数值	百分比
政府选择施工队统建统修	16	43.2%
农户选择施工队自建自修	21	56.8%
总计	37	100.0%

六、危旧房质量评价

　　被调查者对危旧房改造的施工质量及已实施的危旧房改造工作均表示满意。67.6%表示原有建筑材料在改造中得到过再利用,32.4%表示没有。86.5%的危旧房改造考虑了抗震安全因素。94.6%考虑了节能因素。

18. 您对危旧房改造的施工质量满意吗?	数值	百分比
非常满意	28	75.7%
基本满意	9	24.3%
还可以	0	0.0%
不满意	0	0.0%
总计	37	100.0%

19. 您对已实施的危旧房改造工作满意吗?	数值	百分比
非常满意	34	91.9%
基本满意	3	8.1%
还可以	0	0.0%
不满意	0	0.0%
总计	37	100.0%

20. 您的危旧房原有建筑材料有否在改造中得到再利用?	数值	百分比
是	25	67.6%
否	12	32.4%
总计	37	100.0%

21. 您的危旧房改造是否考虑了抗震安全因素?	数值	百分比
是	32	86.5%
否	5	13.5%
总计	37	100.0%

22. 您的危旧房改造是否考虑了节能因素？	数值	百分比
是	35	94.6%
否	2	5.4%
总计	37	100.0%

七、解决力度

对于低收入家庭危旧房改造这一政策，被调查者都表示该政策切实解决了本村低收入家庭的住房困难问题。同时都认为目前危旧房改造的政府补贴标准合理或基本合理。

25. 您认为低收入家庭危旧房改造这一政策是否切实解决了本村低收入家庭的住房困难问题？	数值	百分比
是	37	100.0%
否	0	0.0%
共计	37	100.0%

26. 您认为目前危旧房改造的政府补贴标准是否合理？	数值	百分比
合理	29	78.4%
基本合理	8	21.6%
不合理	0	0.0%
共计	37	100.0%

八、其他

64.9%的被调查者表示，危旧房经过改造后，如果需投靠子女养老的话，他们也不会搬出，有35.1%表示会搬出。调查显示，更多的村民仍愿意居住于原址住处。

27. 危旧房经过改造后，如果需投靠子女养老的话，今后您是否会搬出？	数值	百分比
是	13	35.1%
否	24	64.9%
共计	37	100.0%

附件五　上海市农村村民住房建设管理办法

（2007 年 5 月 21 日上海市人民政府令第 71 号发布，根据 2010 年 12 月 20 日上海市人民政府令第 52 号公布的《上海市人民政府关于修改〈海市农机事故处理暂行规定〉等 148 件市政府规章的决定》修正并重新发布）

第一章　总　则

第一条　（目的和依据）

为了加强本市农村村民住房建设管理，引导农村村民住宅建设合理、节约利用土地资源，推进新农村建设，根据有关法律、法规，结合本市实际情况，制定本办法。

第二条　（适用范围）

本办法适用于本市行政区域范围内农民集体所有土地上农村村民新建、改建、扩建和翻建住房（以下统称"村民建房"）及其管理。

第三条　（有关用语的含义）

本办法中下列用语的含义是：

（一）农村村民，是指具有本市常住户口的本市农村集体经济组织成员。

（二）个人建房，是指由单户村民自行建造住房的活动。

（三）集体建房，是指由村民委员会组织实施新建农村村民住房的活动。

第四条　（管理部门）

上海市规划和国土资源管理局（以下简称"市规划国土资源局"）是本市村民建房规划、用地和配套设施建设的主管部门；区（县）规划国土管理部门负责本辖区内村民建房的规划、用地和配套设施建设管理，镇（乡）土地管理所作为其派出机构具体实施相关的管理工作。

上海市建设和交通委员会（以下简称"市建设交通委"）是本市村民建房的建筑活动主管部门；区（县）建设管理部门负责本辖区内村民建房的建筑活动监督管理。

区（县）人民政府和镇（乡）人民政府负责本辖区内村民建房的管理。镇（乡）人民政府受区（县）规划国土管理部门委托，审核发放个人建房的乡村建设规划许可证，对个人建房进行开工查验和竣工验收；受区（县）建设管理部门委托，进行个人建房安全质量的现场指导和检查。

发展改革、农业、环保、绿化市容等有关部门按照各自职责，协同实施本办法。

第五条　（基本原则）

农村村民实施建房活动，应当符合规划、节约用地、集约建设、安全施工、保护环境。

农村村民建房的管理和技术服务,应当尊重农村村民的生活习惯,坚持安全、经济、适用和美观的原则,注重建筑质量,完善配套设施,落实节能节地要求,体现乡村特色。

第六条　(技术服务和知识宣传)

市建设交通委应当会同市规划国土资源局、市环保局、市绿化市容局等部门组织编制村民建房的规划技术标准、住宅设计标准和配套设施设置规范。

区(县)人民政府和镇(乡)人民政府应当合理确定本辖区内村民建房的布点、范围和用地规模,统筹安排村民建房的各项管理工作。区(县)建设管理部门和镇(乡)人民政府应当加大宣传力度,向农村村民普及建房技术与质量安全知识。

第七条　(村民建房的方式)

本市鼓励集体建房,引导村民建房逐步向规划确定的居民点集中。所在区域已实施集体建房的,不得申请个人建房;所在区域属于经批准的规划确定保留村庄,且尚未实施集体建房的,可以按规划申请个人建房。

农村村民将原有住房出售、赠与他人,或者将原有住房改为经营场所,或者已参加集体建房,再申请建房的,一律不予批准。

第八条　(用地计划)

区(县)规划国土管理部门应当按照市规划国土资源局、市发展改革委下达的土地利用年度计划指标,确定村民建房的年度用地计划指标,并分解下达到镇(乡)人民政府。

镇(乡)人民政府审核建房申请,应当符合区(县)规划国土管理部门分解下达的村民建房年度用地计划指标。

第九条　(公开办事制度)

区(县)规划国土管理部门和镇(乡)人民政府应当实行公开办事制度,将村民建房的申请条件、申报审批程序、审批工作时限、审批权限等相关规定和年度用地计划进行公示。

第十条　(宅基地的使用规范)

农村村民一户只能拥有一处宅基地,其宅基地的面积不得超过规定标准。现有宅基地面积在规定标准之内,且符合村镇规划要求的农村村民实施个人建房的,应当在原址改建、扩建或者翻建,不得易地新建。

农村村民按规划易地实施个人建房的,应当在新房竣工后三个月内拆除原宅基地上的建筑物、构筑物和其他附着物;参加集体建房的,应当在新房分配后三个月内拆除原宅基地上的建筑物、构筑物和其他附着物。原宅基地由村民委员会、村民小组依法收回,并由镇(乡)人民政府或者区(县)规划国土管理部门及时组织整理或者复垦。

区(县)人民政府在核发用地批准文件时,应当注明新房竣工后退回原有宅基地的内容,并由镇(乡)土地管理所负责监督实施。

第二章　个人建房

第十一条　（申请条件）

符合下列条件之一的村民需要新建、改建、扩建或者翻建住房的，可以以户为单位向常住户口所在地的村民委员会提出申请，并填写《农村村民个人建房申请表》：

（一）同户（以合法有效的农村宅基地使用证或者建房批准文件计户）居住人口中有两个以上（含两个）达到法定结婚年龄的未婚者，其中一人要求分户建房，且符合所在区（县）人民政府规定的分户建房条件的；

（二）该户已使用的宅基地总面积未达到本办法规定的宅基地总面积标准的80％，需要在原址改建、扩建或者易地新建的；

（三）按照村镇规划调整宅基地，需要易地新建的；

（四）原宅基地被征收，该户所在的村或者村民小组建制尚未撤销且具备易地建房条件的；

（五）原有住房属于危险住房，需要在原址翻建的；

（六）原有住房因自然灾害等原因灭失，需要易地新建或者在原址翻建的；

（七）区（县）人民政府规定的其他情形。

前款中的危险住房，是指根据我国危险房屋鉴定标准的有关规定，经本市专业机构鉴定危险等级属 C 级或 D 级，不能保证居住和使用安全的住房。

第十二条　（集体经济组织内的审查程序）

村民委员会接到个人建房申请后，应当在本村或者该户村民所在的村民小组张榜公布，公布期限不少于 30 日。

公布期间无异议的，村民委员会应当在《农村村民个人建房申请表》上签署意见后，连同建房申请人的书面申请报送镇（乡）人民政府；公布期间有异议的，村民委员会应当召集村民会议或者村民代表会议讨论决定。

第十三条　（行政审批程序）

镇（乡）人民政府应当在接到村民委员会报送的《农村村民个人建房申请表》和建房申请人的书面申请后 20 日内，会同镇（乡）土地管理所进行实地审核。审核内容包括申请人是否符合条件、拟用地是否符合规划、拟建房位置以及层数、高度是否符合标准等。

镇（乡）人民政府审核完毕后，应当将审核意见连同申请材料一并报区（县）人民政府审批建房用地；区（县）人民政府应当在 20 日内审批。

建房用地批准后，由区（县）人民政府发给用地批准文件；由镇（乡）人民政府发给乡村建设规划许可证。

第十四条　（审批结果的公布）

区（县）人民政府和镇（乡）人民政府应当将村民建房的审批结果张榜公布，接受群众监督。

第十五条　（宅基地范围划定和开工查验）

经批准建房的村民户应当在开工前向镇（乡）土地管理所申请划定宅基地范围。

镇（乡）土地管理所应当在 10 日内，到实地丈量划定宅基地，并通知镇（乡）人民政府派员到现场进行开工查验，实地确认宅基地内建筑物的平面位置、层数和高度。

村民户应当严格按照用地批准文件和乡村建设规划许可证的规定进行施工。

第十六条　（施工图纸）

农村村民建造两层或者两层以上住房的，应当使用具备资质的设计单位设计或经其审核的图纸，或者免费使用市建设交通委推荐的通用图纸。

市建设交通委应当组织落实向农村村民推荐通用图纸的实施工作。

第十七条　（环卫设施配建要求）

个人建房应当按规定同时配建三格化粪池。化粪池应当远离水源，并加盖密封。

第十八条　（竣工期限）

镇（乡）人民政府在审核发放乡村建设规划许可证时，应当核定竣工期限。

易地新建住房的竣工期限一般为 1 年，最长不超过 2 年。

第十九条　（竣工验收）

个人建房完工后，应当通知镇（乡）人民政府进行竣工验收。镇（乡）人民政府应当在接到申请后的 15 日内，到现场进行验收。

镇（乡）人民政府应当提前通知镇（乡）土地管理所，由镇（乡）土地管理所派员同时到实地检查个人建房是否按照批准的面积和要求使用土地。

经验收符合规定的，镇（乡）人民政府应当将验收结果送区（县）建设管理部门备案。

第二十条　（补建围墙的程序）

村民户需要在原宅基地范围内补建围墙的，应当经村民委员会审核同意，并向镇（乡）人民政府申请乡村建设规划许可证。

补建围墙申请经批准后，村民户应当在开工前向镇（乡）人民政府申请查验；镇（乡）人民政府应当在 15 日内派员到现场进行查验，实地确认建造围墙的位置、高度等事项。

补建围墙的村民户应当严格按照乡村建设规划许可证的规定进行施工；完工后，按照本办法第十九条规定进行竣工验收。

第三章　集体建房

第二十一条　（集体建房的统筹安排）

区（县）人民政府应当按照经批准的村镇规划，结合实际，组织制定集体建房实施计划。有条件的村民委员会可以按本办法规定实施集体建房。

第二十二条　（集体建房的规划和用地审批）

实施集体建房项目的村民委员会应当依法向区（县）规划国土管理部门申请办

理建设项目选址意见书、建设用地规划许可证和乡村建设规划许可证。审批过程中，规划国土管理部门应当征询环保、绿化市容等部门的意见，明确污水收集处理、生活垃圾收集处理等配套设施的建设要求。

村民委员会取得建设用地规划许可证后，凭以下材料向区（县）规划国土管理部门提出用地申请：

（一）建设用地申请书（含项目选址、用地和居住人口规模、资金来源、原宅基地整理复垦计划等情况）；

（二）建设用地规划许可证及其附图；

（三）村民会议或者村民代表会议关于实施集体建房项目的决定；

（四）相关村民户符合个人建房条件且同意参加集体建房的有关材料；

（五）住房配售初步方案（含住房配售对象情况、配售面积、按规定应当退还的原宅基地情况等）。

集体建房用地选址涉及村或者村民小组之间的宅基地调整的，村民委员会提出用地申请时，除前款规定的材料，还应提交宅基地调整和协商补偿的有关材料。

经审核批准的，区（县）规划国土管理部门应当颁发建设用地批准书。

第二十三条　（集体建房的工程建设管理）

集体建房适用国家和本市有关建设工程质量和安全的管理规定。

集体建房项目应当按照规定，向区（县）建设管理部门办理建筑工程施工许可、建筑工程质量安全监督申报、竣工验收备案手续。

区（县）建设管理部门应当加强集体建房项目的工程质量和安全管理。

第二十四条　（集体建房的配售）

集体建房的住房配售初步方案，由村民委员会召集村民会议或者村民代表会议讨论决定。

集体建房项目竣工验收备案后，村民委员会应当按照住房配售初步方案和经有关行政主管部门批准的事项，提请村民会议或者村民代表会议讨论确定住房配售的具体方案。

实施集体建房的村民委员会应当向本集体经济组织内符合个人建房条件的村民配售住房。镇（乡）人民政府应当对集体建房的配售情况进行监督检查，检查结果送区（县）规划国土管理部门备案。

村民委员会应当向村民公布集体建房的成本构成和配售情况，接受村民监督。

第二十五条　（集体建房的环卫设施配建要求）

集体建房应当按规定同时配建生活垃圾收集容器和设施，并建造集中收集粪便的管道和处理设施。

第二十六条　（集体建房的相关标准和规范）

实施集体建房，应当符合本市城市规划管理技术规定、住宅设计标准和配套设施设置规范。

第四章　相关标准

第二十七条　（用地面积和建筑面积标准）

个人建房的用地面积和建筑面积按照下列规定计算：

（一）4 人户或者 4 人以下户的宅基地总面积控制在 150 平方米至 180 平方米以内，其中，建筑占地面积控制在 80 平方米至 90 平方米以内。不符合分户条件的 5 人户可增加建筑面积，但不增加宅基地总面积和建筑占地面积。

（二）6 人户的宅基地总面积控制在 160 平方米至 200 平方米以内，其中，建筑占地面积控制在 90 平方米至 100 平方米以内。不符合分户条件的 6 人以上户可增加建筑面积，但不增加宅基地总面积和建筑占地面积。

个人建房用地面积的具体标准，由区（县）人民政府在前款规定的范围内予以制定。

区（县）人民政府可以制定个人建房的建筑面积标准。

第二十八条　（建筑占地面积的计算标准）

个人建房的建筑占地面积按照下列规定计算：

（一）住房、独立的灶间、独立的卫生间等建筑占地面积，按外墙勒脚的外围水平面积计算；

（二）室外有顶盖、有立柱的走廊的建筑占地面积，按立柱外边线水平面积计算；

（三）有立柱的阳台、内阳台、平台的建筑占地面积，按立柱外边线或者墙体外边线水平面积计算；

无立柱、无顶盖的室外走道和无立柱的阳台不计建筑占地面积，但不得超过批准的宅基地范围。

第二十九条　（用地人数的计算标准）

村民户申请个人建房用地的人数，按照该户在本村或者村民小组内的常住户口进行计算，其中，领取本市《独生子女父母光荣证》（或者《独生子女证》）的独生子女，按 2 人计算。

户口暂时迁出的现役军人、武警、在校学生，服刑或者接受劳动教养的人员，以及符合区（县）人民政府规定的其他人员，可以计入户内。

村民户内在本市他处已计入批准建房用地人数的人员，或者因宅基地拆迁已享受补偿安置的人员，不得计入用地人数。

区（县）人民政府可以制定关于申请个人建房用地人数的具体认定办法。

第三十条　（用地程序和标准）

原址改建、扩建、翻建住房或者按规划易地新建住房的，均应当办理用地手续，并按本办法规定的用地标准执行。

第三十一条　（间距和高度标准）

村镇规划对个人建房的间距和高度标准有规定的区域，按照村镇规划执行。村

镇规划尚未编制完成或者虽已编制完成但对个人建房的间距和高度标准未作规定的区域,按照下列规定执行:

(一)朝向为南北向或者朝南偏东(西)向的房屋的间距,为南侧建筑高度的1.4倍;朝向为东西向的房屋的间距,不得小于较高建筑高度的1.2倍。老宅基地按前述标准改建确有困难的,朝向为南北向或者朝南偏东(西)向的房屋的间距,为南侧建筑高度的1.2倍;朝向为东西向的房屋的间距,不得小于较高建筑高度的1倍。

(二)相邻房屋山墙之间(外墙至外墙)的间距一般为1.5米,最多不得超过2米。

(三)楼房总高度不得超过10米,其中,底层层高为3米到3.2米,其余层数的每层层高宜为2.8米到3米。副业棚舍为一层。不符合间距标准的住宅,不得加层。

第三十二条 (围墙的建造要求)

个人建房需要设立围墙的,不得超越经批准的宅基地范围,围墙高度不得超过2.5米,不得妨碍公共通道、管线等公共设施,不得影响相邻房屋的通风和采光。

第五章 法律责任

第三十三条 (镇乡人民政府的监督检查)

镇(乡)人民政府应当加强对本区域内农村村民建房活动的监督检查,发现有违反国家和本市有关规定的行为的,应当予以劝阻、制止;劝阻、制止无效的,应当在24小时内报告区(县)人民政府和有关部门。

第三十四条 (农村村民非法占地建房的处罚)

农村村民未经批准或者采取欺骗手段骗取批准,非法占用土地建设住宅的,由区(县)规划国土管理部门依据《中华人民共和国土地管理法》的有关规定,责令退还非法占用的土地,限期拆除在非法占用的土地上新建的建筑物和其他设施。

超过本市规定的标准,多占的土地按非法占用土地处理。

新建房屋竣工后,不按规定拆除原有房屋、退还宅基地的,按照非法占用土地处理。

第三十五条 (规划国土管理部门处罚的执行)

规划国土管理部门依法责令限期拆除在非法占用的土地上新建的建筑物和其他设施的,建设单位或者个人必须立即停止施工,自行拆除;对继续施工的,作出处罚决定的机关有权制止。

第三十六条 (违反规划建设的处理)

未依法取得乡村建设规划许可证或者未按照乡村建设规划许可证的规定进行建设的,按照《中华人民共和国城乡规划法》的规定处理。

第三十七条 (违反质量和安全要求的处罚)

实施集体建房的村民委员会和参与集体建房项目的勘察、设计、施工、监理单位依法对住房建设工程的质量和施工安全承担相应法律责任。

集体建房的工程质量和施工安全不符合有关法律、法规和规章规定的,由区(县)建设管理部门依法予以处罚。

第三十八条　(行政复议和诉讼)

当事人对具体行政行为不服的,可以依法申请行政复议,或者依法向人民法院提起诉讼。

第三十九条　(执法者违法违规行为的追究)

有关行政管理机关应当依法履行职责,严格依照法定程序办理村民建房审批手续,不得假借各种名义收取费用。

有关行政管理机关的工作人员违反规定,玩忽职守、滥用职权、徇私舞弊、收受贿赂、侵害农村村民合法权益的,由有关部门依法给予行政处分;构成犯罪的,依法追究刑事责任。

第六章　附　则

第四十条　(应用解释部门)

市规划国土资源局和市建设交通委可以对本办法的具体应用问题进行解释。

第四十一条　(施行日期)

本办法自 2007 年 7 月 1 日起施行。一九九二年十月三日市人民政府第 24 号令发布的《上海市农村个人住房建设管理办法》同时废止。

附件六 上海市农村村民建房管理调查问卷

近年来,为加强本市农村村民住房建设的管理,上海市政府在引导农村村民住宅建设合理、节约利用土地资源,推进新农村建设方面做出了许多新的举措。为了更好地了解农村村民建房的实际情况,特组织本次调查,希望能得到您的支持。本问卷不对外公开,请如实填写。

感谢您的积极参与!

2013 年 6 月

注:请在备选项上打钩(√)。

1.《上海市农村村民住房建设管理办法》以上海市人民政府第 71 号令的形式颁布,并于 2007 年 7 月 1 号起实施,您是否知道?

A. 知道 　　　　　　　　 B. 不知道

2.本地政府是否及时向村民们传达并严格执行了第 71 号令中的有关规定?

A. 是 　　　　　　　　 B. 否

3.对于建房申请的手续及政府的办事效率,您怎么看?

A. 手续繁杂,效率低下　　 B. 手续繁杂,效率可以接受　 C. 手续简单,效率较高

4. 您觉的目前涉及农村村民建房的主管部门?

A. 过多,应精简 　　　　 B. 恰好 　　　　　　　 C. 应扩充

5. 您知道涉及村民建房的流程吗?

A. 确切知道 　　　　　 B. 知道一部分 　　　　 C. 完全不知道

6. 您家的户籍人口数为(　　　　)人

A. 1　 B. 2　 C. 3　 D. 4　 E. 5　 F. 6　 G. 大于 6

7. 您家户籍人口的年龄构成是:

A. 60 岁以上 　　　(　　 人)　　　 B. 50 岁以上至 60 岁(　　 人)

C. 40 岁以上至 50 岁(　　 人)　　　 D. 30 岁以上至 40 岁(　　 人)

E. 20 岁以上至 30 岁(　　 人)　　　 F. 10 岁以上至 20 岁(　　 人)

G. 10 岁以下 　　　(　　 人)

8. 您家户籍人口中,属于居民户口的有(　　　　)人

A. 0　 B. 1　 C. 2　 D. 3　 E. 4　 F. 5　 G. 6　 H. 大于 6

若选择 B—H,请说明您的家庭成员成为居民户口的原因:

A. 成为现役军人、武警而将户口迁出,(　　)人;

B. 升学(大中专学校等)而将户口迁出,(　　)人;

C. 服刑或者接受劳动教养而将户口迁出,(　　)人;

D. 其他情况下将户口迁出,(　　)人;

E. 2000 年以后出生的小孩直接成为居民户口,(　　)人。

9. 您家是否是农业大户或经营着家庭农场?

A. 是　　　　　　　　　　　B. 不是

选择"B. 不是"的,请再回答:

您家户籍人口的工作状况

A. 已退休,空闲搞点农业　　　　　　　　　　　(　　人)

B. 主要从事非农业(或在外打工),基本不搞农业　　(　　人)

C. 主要从事非农业(或在外打工),但也兼搞农业　　(　　人)

D. 主要从事农业,但也外出打工,兼搞非农业　　　(　　人)

E. 尚未工作　　　　　　　　　　　　　　　　(　　人)

10. 您现有住房的建造年代?

A. 2007 年以后　　　　B. 2000 年至 2007 年　　　C. 1990 年代

D. 1980 年代　　　　　E. 1970 年代　　　　　　F. 1970 年代以前

11. 自 2007 年以来,您家是否申请过建房?

A. 有　　　　　　　　　　　B. 没有

选择"A. 有"的,请再回答:

1) 申请建房的原因是:

A. 家庭分户　　　　　　　D. 土地征收

B. 原住房面积不足标准　　E. 危房改造

C. 土地调整　　　　　　　F. 建筑灭失

G. 其他情形:＿＿＿＿＿＿＿＿＿＿＿:

2) 建房申请是否得到及时受理?

A. 及时受理　　　　　　　B. 未及时受理

3) 这些村民申请建房是否得到批准?

A. 得到批准　　　　　　　B. 未获批准

若选择 B,请再回答未获批准的原因是:

A. 政府严控,一概不批;　　B. 建房申请条件不符合;

C. 申请人资格条件不符合;　D. 其他情形:＿＿＿＿＿＿＿＿

12. 未来 5 年内,您家是否会有申请建房的需求?

A. 有　　　　　　　　　　　B. 没有

选择"A. 有"的,请再回答:

申请建房的原因是:

A. 家庭分户　　　　　　　D. 土地征收

B. 原住房面积不足标准　　　　E. 危房改造

C. 土地调整　　　　　　　　　F. 建筑灭失

G. 其他情形：＿＿＿＿＿＿＿＿＿＿

13. 主管部门是否向您提供了施工图纸？

A. 是　　　　　　　　　　　　B. 否

14. 您觉得主管部门向您提供的施工图纸存在哪些缺陷？

A. 不合农民居住需要　　　　　B. 样式不符合当地的风俗习惯

C. 对面积、层高不满意　　　　D. 按图施工成本高

15. 若有申请建房打算，在个人建房与集体建房中，您偏好哪一种类型？

A. 集体建房　　　　　　B. 个人建房

选择"A. 集体建房"的，请再回答如下项：

(1) 您偏好集体建房的理由？

A. 水电煤卫基础设施好　　　　B. 居住区内环境整洁

C. 统一物业管理，安全　　　　D. 建房成本低

E. 可获集体建房优惠或补贴

F. 其他：＿＿＿＿＿＿＿＿＿＿

(2) 您偏好集体建房的类型？

A. 独幢小别墅　　　　　　　　B. 联排的独幢楼房

C. 联排的联体二层复式楼房　　D. 联排的联体多层楼房

E. 其他：＿＿＿＿＿＿＿＿＿＿

选择"B. 个人建房"的，请再回答"您偏好个人建房的理由？"

A. 集体居住区嘈杂　　　　　　B. 可利用老宅翻建

C. 集体统一物业管理，支出增加　　C. 建房成本低

D. 其他：＿＿＿＿＿＿＿＿＿＿

16. 在个人建房与集体建房中，您所在地区(县)政府是否有意识地给予引导？

A. 是　　　　　　　　　　B. 否

选择"A. 是"的，请再回答"引导的是哪一种建房方式？"

A. 个人建房　　　　B. 集体建房　　　C. 其他：＿＿＿＿＿＿＿＿＿

17. 您所在村是否有集体建房规划？

A. 有　　　　　　　　　　B. 没有

选择"A. 有"的，请再回答如下项：

(1) 您所在村的集体建房规划用地是否落实？

A. 全部落实　　　　B. 部分落实　　　　C. 还没落实

(2) 您所在村的集体建房项目是否正在进行？

A. 已按规划建成居住小区　　　B. 已部分建成居住小区

C. 已经开工建设　　　　　　　D. 尚未开工

（3）您的建房申请是否已经纳入集体建房规划？

A. 已经纳入　　　　　　　　　B. 尚未纳入

（4）您是否接受集体建房这一建房形式？

A. 很好，接受　　　　　　　　B. 一般，但可接受

C. 不好，但也只能接受　　　　D. 不接受

若选择"D. 不接受"，请再回答如下项：

①近期无建房需求　　②近期有建房需求

选择"B. 没有"的，请再回答如下项：

"您是否希望所在村也制定集体建房规划，采用集体建房形式？"

A. 希望　　　　　　　　　　　B. 不希望

18.《办法》的第二十七条（用地面积和建筑面积标准）规定：

"个人建房的用地面积和建筑面积按照下列规定计算：

（一）4 人户或者 4 人以下户的宅基地总面积控制在 150 平方米至 180 平方米以内，其中，建筑占地面积控制在 80 平方米至 90 平方米以内。不符合分户条件的 5 人户可增加建筑面积，但不增加宅基地总面积和建筑占地面积。

（二）6 人户的宅基地总面积控制在 160 平方米至 200 平方米以内，其中，建筑占地面积控制在 90 平方米至 100 平方米以内。不符合分户条件的 6 人以上户可增加建筑面积，但不增加宅基地总面积和建筑占地面积。

个人建房用地面积的具体标准，由区（县）人民政府在前款规定的范围内予以制定。区（县）人民政府可以制定个人建房的建筑面积标准。"

您认为宅基地面积标准和建筑占地面积标准是否合适？

A. 宅基地面积标准合适，建筑占地面积标准应该扩大；

B. 宅基地面积标准合适，建筑占地面积标准也合适；

C. 宅基地面积标准应该扩大，建筑占地面积标准合适；

D. 宅基地面积标准应该扩大，建筑占地面积标准也应该扩大。

19.《办法》第三十一条（间距和高度标准）规定："楼房总高度不得超过 10 米，其中，底层层高为 3 米到 3.2 米，其余层数的每层层高宜为 2.8 米到 3 米。副业棚舍为一层。不符合间距标准的住宅，不得加层。"

您认为楼房总高度的标准和层高的标准是否合适？

A. 楼房总高度标准不合理，层高标准合理；

B. 楼房总高度标准合理，层高标准不合理；

C. 楼房总高度标准不合理，层高标准也不合理；

D. 楼房总高度标准和层高，应有弹性标准，不能一刀切。

20.若您自建房，您会严格按照 71 号令对建房质量的要求来做，还是自己会在质量与成本之间做一个权衡？

A. 严格按照 71 号令的质量要求　　B. 在质量与成本之间做权衡

C. 其他：_____

21. 您们村是否存在因为建房而离婚的？

A. 存在，且多   B. 存在，较少   C. 不存在

22. 您们村是否存在因为建房而将亲属户口迁入的情况？

A. 存在，且多   B. 存在，较少   C. 不存在

23. 您家有空置的房间或房子吗？

A. 有   B. 无

选择"A. 有"的，请再回答"您的处置方式？"

A. 出租做住房   B. 出租做仓库   C. 让它空着

24. 您在建房的过程中还碰到过有哪些困难？

A. 无法了解政策和规定   B. 现有规定不合理   C. 管理者的阻碍

D. 规划不当带来的问题   E. 户籍制度带来的问题

F. 其他：_____

25. 对于上海的农村建房管理您如何评价？有哪些期待？

答：_____

关于农村村民建房管理的调查问卷(管理部门调查)

近年来,为加强本市农村村民住房建设的管理,上海市政府在引导农村村民住宅建设合理、节约利用土地资源,推进新农村建设方面做出了许多新的举措。为了更好地了解农村村民建房的实际情况,特组织本次调查,希望能得到您的支持。本问卷不对外公开,请如实填写。感谢您的积极参与!

上海市城乡建设和交通委员会、上海复旦规划建筑设计研究院　2013 年 6 月

注:请在备选项上打钩(√)。

1. 村民建房主管部门是否是在充分听取当地民意的基础上出台了与《上海市农村村民住房建设管理办法》相应适应的《实施细则》或建房的规章制度?

　　A. 有《实施细则》,并且充分考虑了民意　　　B. 有《实施细则》,但没有充分考虑民意

　　C. 没有《实施细则》　　　　　　　　　　　　D. 不知道

2. 您知道"耕地占补平衡指标"的含义吗?

　　A. 知道　　　　　　　B. 了解一点　　　　　　C. 不知道

3. 您所在的组或村,中心村规划或集体建房规划涉及的跨村或跨组现象多吗?

　　A. 没有,都是在组内或村内解决　　B. 涉及一小部分　　C. 涉及一半以上(包含一半)

4. 如果中心规划村(集中建房点)或新建住房的他人占用了村民的土地,村民会得到对等的补偿吗?

　　A. 会,至少能得到与被占土地价值一样的补偿　　　　B. 会,能得到大部分补偿

　　C. 会,只能得到一小部分补偿　　　　　　　　　　　D. 才完全得不到补偿

5. 您所在的组或村,村民新建住房时,"批少建多"的现象多吗?

　　A. 很多,大家都这样干　　B. 很少,只有极少数人这样做,大部分还是按规划做

　　C. 完全没有　　　　　D. 不知道

6. 按照 71 号令的规定,"农村村民一户只能拥有一处宅基地",农村个人建房应在房屋竣工后三个月内(集体建房,应在新房分配后三个月内)拆除原宅基地上的建筑物、构筑物和其他附着物。您所在的组或村,新建住房的人都严格执行了这一规定吗?

　　A. 绝大部分人都没有按时执行　　　　　　B. 只有一部分人执行了

　　C. 绝大部分人都按时执行了　　　　　　　D. 其他:_____

7. 您知道具体由哪个部门来执行"危房"鉴定的工作吗?

　　A. 知道,是　　　　　　　　　　　　　　　B. 不知道

8. 您所在的组或村,宅基地长期(半年以上)因房主外出打工、搬到城镇居住或

房主过世等特殊原因而无人居住,处于闲置状态的现象多吗?

    A. 很多   B. 仅有极小一部分

    9. 如果村民的新建住房被纳入中心村规划建设,您觉的要求政府解决村民的镇保合理吗?

    A. 合理   B. 不合理

    10. 您对目前《上海市农村村民住房建设管理办法》的实施有何评价、建议?

    答:

附件七　上海市村民建房调查问卷统计分析

近年来，为加强本市农村村民住房建设的管理，上海市政府在引导农村村民住宅建设合理、节约利用土地资源、推进新农村建设方面做出了许多新的举措。为了更好地了解农村村民建房的实际情况，组织本次调查。此次问卷调查有效问卷 200 份。

统计数据中部分问题回答选项的百分比相加之所以出现不到 100% 的情况，究其缘由是因为有些题目是选填的。比如，某一题中，如果选 A 则回答下一个问题；如果选 B 则跳过下一个问题，直接回答后面的问题，所以一些问题的加和百分比甚至只有 20% ～ 30%。因为回答问题的人本身也就这样的占比，符合问卷的最初设计，且课题组成员确实是实事求是、认认真真完成这些数据整理的，因此建议客观呈现这些结果。

1. 在被问及是否知道《上海市农村村民住房建设管理办法》以上海市人民政府第 71 号令的形式颁布，并于 2007 年 7 月 1 号起实施时，74.09% 被访村民回答知道，24.87% 被访村民回答不知道，可见仍有近四分之一的被访村民村民对《办法》的存在不熟悉。

《上海市农村村民住房建设管理办法》的知晓度

是否知道《上海市农村村民住房建设管理办法》?	数值	百分比
(1) 知道	143	74.1%
(2) 不知道	48	24.9%
共计	191	98.7%

2. 在被问及本地政府是否及时向村民们传达并严格执行了第 71 号令中的有关规定？78.76% 的被访村民回答"是"，19.69% 被访村民回答"否"，由此可以看到有近五分之一的被访村民希望本地政府在传达并严格执行《办法》的力度上需要加强。

《上海市农村村民住房建设管理办法》的执行力度

本地政府是否及时向村民们传达并严格执行了第 71 号令中的有关规定?	数值	百分比
(1) 是	152	78.8%
(2) 否	38	19.7%
共计	190	97.5%

3. 在被问及对于建房申请的手续及政府的办事效率的看法时，31.09% 的被访村民认为手续繁杂，效率低下；52.85% 的被访村民认为手续繁杂，效率可以接受；13.99% 的被访村民认为手续简单，效率较高。可以看到，有近三分之一的被访村民对建房申请的手续以及政府的办事效率不太满意，且多数被访村民认为当前的建房申请手续比较繁杂。

建房申请的手续及政府的办事效率

对于建房申请的手续及政府的办事效率的看法	数值	百分比
(1) 手续繁杂,效率低下	60	31.1%
(2) 手续繁杂,效率可以接受	102	52.9%
(3) 手续简单,效率较高	27	14.0%
共计	190	97.5%

4. 在被问及目前涉及农村村民建房的主管部门时,15.03%的被访村民认为过多,应精简;78.24%的被访村民认为恰好;5.70%的被访村民认为应扩充。

农村村民建房主管部门的数量

对于农村村民建房主管部门的数量的看法	数值	百分比
(1) 过多,应精简	29	15.0%
(2) 恰好	151	78.2%
(3) 应扩充	11	5.7%
共计	191	99.0%

5. 在被问及是否涉及村民建房的流程时,31.09%的被访村民确切知道,61.66%的被访村民知道一部分,4.66%的被访村民完全不知道。可以看到,村民建房流程在村民中的知晓度较高,但仍有上升空间。

村民建房流程的知晓度

对于村民建房流程的知晓度	数值	百分比
(1) 确切知道	60	31.1%
(2) 知道一部分	119	61.7%
(3) 完全不知道	9	4.7%
共计	188	97.4%

6. 关于被访村民家庭户籍人数的调查,1人户占1.04%,2人户占10.88%,3人户占47.15%,4人户占12.44%,5人户占22.80%,6人户占1.55%,大于6人户的占1.55%。可以看到,3人户占比较高,其次是5人户和4人户。

被访村民家庭户籍人数的调查

被访村民家庭户籍人数的调查	数值	百分比
(1) 1人户	2	1.0%
(2) 2人户	21	10.9%
(3) 3人户	91	47.2%
(4) 4人户	24	12.4%
(5) 5人户	44	22.8%
(6) 6人户	3	1.6%
(7) 大于6人户	3	1.6%
共计	188	97.4%

7. 关于被访村民家庭户籍年龄的调查,60 岁以上占 1.04％,50 岁以上至 60 岁占 10.88％,40 岁以上占 47.15％,30 岁以上至 40 岁以上占 12.44％,20 岁以上至 30 岁以上占 22.80％,10 岁以上至 20 岁占 1.55％,10 岁以下占 1.55％。可以看到,对村民建房流程的知晓人群以 40 岁以上村民为主。

被访村民家庭户籍年龄的调查

被访村民家庭户籍年龄的调查	数值	百分比
(1) 60 岁以上	2	1.0％
(2) 50 岁以上至 60 岁	21	10.9％
(3) 40 岁以上	91	47.2％
(4) 30 岁以上至 40 岁以上	24	12.4％
(5) 20 岁以上至 30 岁以上	44	22.8％
(6) 10 岁以上至 20 岁	3	1.6％
(7) 10 岁以下	3	1.6％
共计	188	97.4％

8. 关于被访村民家庭户籍中居民户口的调查,没有居民户口的占 33.68％,有 1 人的占 26.94％,2 人的占 24.87％,3 人的占 10.36％,4 人的占 2.59％,5 人的占 0.52％,没有 6 人和大于 6 人的占比。

被访村民家庭户籍中居民户口的调查

被访村民家庭户籍中居民户口的调查	数值	百分比
(1) 0 人	65	33.7％
(2) 1 人	52	26.9％
(3) 2 人	48	24.9％
(4) 3 人	20	10.4％
(5) 4 人	5	2.6％
(6) 5 人	1	0.5％
(7) 6 人	—	—
(8) 大于 6 人	—	—
总计	191	99.0％

在被问及如家中有居民户口,则说明家庭成员成为居民户口的原因:其中成为现役军人、武警而将户口迁出的占比 2.59％,升学(大中专学校等)而将户口迁出占比 35.75％,服刑或者接受劳动教养而将户口迁出的无,其他情况下将户口迁出的占 20.21％,2000 年以后出生的小孩直接成为居民户口的占 29.53％。

被访村民家庭户籍中家庭成员成为居民户口原因的调查

家庭成员成为居民户口原因的调查	数值	百分比
a. 成为现役军人、武警而将户口迁出	5	2.6%
b. 升学(大中专学校等)而将户口迁出	69	35.8%
c. 服刑或者接受劳动教养而将户口迁出	0	0
d. 其他情况下将户口迁出	39	20.2%
e. 2000年以后出生的小孩直接成为居民户口	57	29.5%
总计	170	88.1%

9. 被问及是否是农业大户或经营家庭农场,6.74%的被访村民是农业大户或经营家庭农场,90.16%的被访村民回答不是。

是否农业大户或经营家庭农场?	数值	百分比
(1) 是	13	6.7%
(2) 不是	174	90.2%
总计	187	96.9%

另问及家庭户籍人口的从业情况,已退休,空闲搞点农业的占比18.13%;主要从事非农业(或在外打工),基本不搞农业的占比40.41%;主要从事非农业(或在外打工),但也兼搞农业的占比25.91%;主要从事农业,但也外出打工,兼搞非农业的占比15.54%,尚未工作的占比28.50%。说明上海远郊村民中以农业为主要生活经营方式村民已大幅度减少。

家庭户籍人口的从业情况

家庭户籍人口的从业情况	数值	百分比
a. 已退休,空闲搞点农业	35	17.7%
b. 主要从事非农业(或在外打工)	48	24.2%
c. 基本不搞农业	45	22.7%
d. 主要从事非农业(或在外打工),但也兼搞农业	25	12.6%
e. 要从事农业,但也外出打工,兼搞非农业	45	22.7%
总计	198	100.8%

10. 被问及现有住房的建造年代,2007年以后的占比4.66%,2000年至2007年以后的占比25.39%,1990年代的占比50.78%,1980年代的占比13.99%,1970年代的占比4.66%,1970年代以前的占比2.07%。

现有住房的建造年代

现有住房的建造年代	数值	百分比
(1) 2007 年以后	9	4.7%
(2) 2000 年至 2007 年	49	25.4%
(3) 1990 年代	98	48.8%
(4) 1980 年代	27	14.0%
(5) 1970 年代	9	4.7%
(6) 1970 年代以前	4	2.1%
总计	196	98.6%

11. 被问及是否申请过建房,19.17％的被访村民申请过,79.79％的被访村民没有。

申请建房情况

是否申请过建房？	数值	百分比
(1) 有	37	19.2%
(2) 没有	154	79.8%
总计	191	99.0%

另具体调查了三个方面:一是申请建房的原因

申请建房的原因

申请建房的原因	数值	百分比
a. 家庭分户	15	7.8%
b. 原住房面积不足标准	28	14.5%
c. 土地调整	—	—
d. 土地征收	—	—
e. 危房改造	2	1.0%
f. 建筑灭失	1	0.5%
g. 其他情形	1	0.5%
总计	47	24.4%

二是建房申请是否得到及时受理

建房申请得到受理情况

建房申请是否得到及时受理？	数值	百分比
(1) 有	11	5.7%
(2) 没有	0	0
总计	11	5.7%

三是村民申请建房是否得到批准

村民申请建房是否得到批准

村民申请建房是否得到批准?	数值	百分比
(1) 得到批准	39	20.2%
(2) 未获批准	5	2.6%
总计	44	22.8%

另外,若未获得批准,则未获批准的原因是:

未获批准的原因

未获批准的原因	数值	百分比
a. 政府严控,一概不批	5	2.6%
b. 建房申请条件不符合	4	2.1%
c. 申请人资格条件不符合	4	2.1%
d. 其他情形	4	2.1%
总计	17	8.8%

12. 被问及未来 5 年,是否会有申请建房的需求,36.79%的被访村民有,62.19%没有。

申请建房的需求情况

是否会有申请建房的需求?	数值	百分比
(1) 有	71	36.8%
(2) 没有	120	62.2%
总计	191	99.0%

其中,申请建房的原因是:

申请建房的原因

申请建房的原因	数值	百分比
a. 家庭分户	37	19.2%
b. 原住房面积不足标准	22	11.4%
c. 土地调整	—	—
d. 土地征收	—	—
e. 危房改造	11	5.7%
f. 建筑灭失	—	—
g. 其他情形	—	—
总计	70	36.3%

13. 被问及主管部门是否提供了施工图纸,36.27%的被访村民认为有,61.66%的被访村民认为没有提供。

施工图纸提供情况

是否提供了施工图纸?	数值	百分比
(1) 是	70	36.3%
(2) 否	119	61.7%
总计	189	97.9%

14. 被问及主管部门提供的施工图纸存在哪些缺陷,25.91%的被访村民认为不合农民居住需要,19.69%的被访村民认为样式不符合当地的风俗习惯,8.81%的被访村民认为对面积、层高不满意,31.61%的被访村民认为按图施工成本高。

主管部门提供的施工图纸存在哪些缺陷

施工图纸存在缺陷	数值	百分比
(1) 不合农民居住需要	50	25.9%
(2) 样式不符合当地的风俗习惯	38	19.7%
(3) 对面积、层高不满意	17	8.8%
(4) 按图施工成本高	61	31.6%
总计	166	86.0%

15. 被问及若有申请建房打算,在个人建房与集体建房中,会偏好哪一种类型,7.25%的被访村民偏好集体建房,89.12%的被访村民偏好个人建房。

申请建房的打算

申请建房的打算	数值	百分比
(1) 集体建房	14	7.3%
(2) 个人建房	172	89.1%
总计	186	96.4%

若选集体建房,则偏好集体建房的理由是:

偏好集体建房的理由

偏好集体建房的理由	数值	百分比
a. 水电煤卫基础设施好	5	2.6%
b. 居住区内环境整洁	11	5.7%
c. 统一物业管理,安全	6	3.1%
d. 建房成本低	1	0.5%
e. 可获集体建房优惠或补贴	1	0.5%
f. 其他	—	—
总计	24	12.4%

若选集体建房,则偏好集体建房的类型是:

偏好集体建房的类型

偏好集体建房的类型	数值	百分比
a. 独幢小别墅	7	3.6%
b. 联排的独幢楼房	6	3.1%
c. 联排的联体二层复式楼房	2	1.0%
d. 联排的联体多层楼房	—	—
e. 其他	—	—
总计	15	7.8%

若选择个人建房,则偏好个人建房的理由是:

偏好个人建房的理由

偏好个人建房的类型	数值	百分比
a. 集体居住区嘈杂	20	10.4%
b. 可利用老宅翻建	55	28.5%
c. 集体统一物业管理,支出增加	46	23.8%
d. 建房成本低	28	14.5%
e. 其他	—	—
总计	149	77.2%

16. 被问及建房过程中,所在区县政府是否有意识地给予引导,43.52%的被访村民认为有,52.85%的被访村民认为没有。

建房过程中所在区县政府给予引导情况

所在区县政府是否有意识地给予引导	数值	百分比
(1) 是	84	43.5%
(2) 否	102	52.9%
总计	186	96.4%

17. 被问及被访村民所在村是否有集体建房规划,9.84%的被访村民认为有,86.01%认为没有。

集体建房规划

所在村是否有集体建房规划	数值	百分比
(1) 有	19	9.8%
(2) 没有	166	86.0%
总计	185	95.9%

若有,则第一,所在村的集体建房规划用地是否落实?

集体建房规划用地落实情况

集体建房规划用地是否落实	数值	百分比
a. 全部落实	3	1.6%
b. 部分落实	7	3.6%
c. 还没落实	5	2.6%
总计	15	7.8%

第二,所在村的集体建房项目是否正在进行?

集体建房项目正在进行情况

集体建房项目是否正在进行?	数值	百分比
a. 已按规划建成居住小区	1	0.5%
b. 已部分建成居住小区	3	1.6%
c. 已经开工建设	1	0.5%
d. 尚未开工	9	4.7%
总计	15	7.3%

第三,建房申请是否已经纳入集体建房规划?

建房申请纳入集体建房规划情况

建房申请是否已经纳入集体建房规划?	数值	百分比
a. 已按规划建成居住小区	3	1.6%
b. 已部分建成居住小区	9	4.7%
总计	12	6.2%

第四,是否接受集体建房这一建房形式?

接受集体建房的建房形式

是否接受集体建房这一建房形式?	数值	百分比
a. 很好,接受	4	2.1%
b. 一般,但可接受	9	4.7%
c. 不好,但也只能接受	0	0
d. 不接受	1	0.5%
总计	14	7.3%

若不接受集体建房这一建房形式,则

不接受集体建房的建房形式

是否接受集体建房这一建房形式?	数值	百分比
①近期无建房需求	2	1.0%
②近期有建房需求	0	0
总计	2	1.0%

另,是否希望所在村也制定集体建房规划,并采用集体建房形式?

所在村制定集体建房规划

是否希望所在村也制定集体建房规划?	数值	百分比
a. 希望	85	44.0%
b. 不希望	57	29.5%
总计	143	73.6%

18. 被问及宅基地面积标准和建筑占地面积标准是否合适,23.83%的被访村民认为宅基地面积标准合适,建筑占地面积标准应该扩大;28.50%的被访村民认为宅基地面积标准合适,建筑占地面积标准也合适;11.92%的被访村民认为宅基地面积标准应该扩大,建筑占地面积标准合适;34.20%的被访村民认为宅基地面积标准应该扩大,建筑占地面积标准也应该扩大。

宅基地面积标准和建筑占地面积标准

宅基地面积标准和建筑占地面积标准是否合适?	数值	百分比
(1) 宅基地面积标准合适,建筑占地面积标准应该扩大;	46	23.8%
(2) 宅基地面积标准合适,建筑占地面积标准也合适;	55	28.5%
(3) 宅基地面积标准应该扩大,建筑占地面积标准合适;	23	11.9%
(4) 宅基地面积标准应该扩大,建筑占地面积标准也应该扩大。	66	34.2%
总计	190	98.5%

19. 被问及楼房总高度的标准和层高的标准是否合适? 15.03%的被访村民认为楼房总高度标准不合理,层高标准合理;8.81%的被访村民认为楼房总高度标准合理,层高标准不合理;4.15%的被访村民认为楼房总高度标准不合理,层高标准也不合理;66.32%的被访村民认为楼房总高度标准和层高,应有弹性标准,不能一刀切。

楼房总高度的标准和层高的标准

楼房总高度的标准和层高的标准是否合适?	数值	百分比
(1) 楼房总高度标准不合理,层高标准合理;	29	15.0%
(2) 楼房总高度标准合理,层高标准不合理;	17	8.8%
(3) 楼房总高度标准不合理,层高标准也不合理;	8	4.2%
(4) 楼房总高度标准和层高,应有弹性标准,不能一刀切。	128	66.3%
总计	182	94.3%

20. 被问及自建房,会严格按照 71 号令对建房质量的要求来做,还是自己会在质量与成本之间做一个权衡,43.01%的被访村民认为会严格按照 71 号令的质量要求,49.74%被访村民认为会在质量与成本之间做权衡。

自建房情况

自建房,会严格按照 71 号令对建房质量的要求来做,还是自己会在质量与成本之间做一个权衡?	数值	百分比
(1) 严格按照 71 号令的质量要求;	83	43.0%
(2) 在质量与成本之间做权衡;	96	49.7%
(3) 其他	3	1.6%
总计	182	94.3%

21. 被问及是否存在因为建房政策而办理离婚手续的,2.07%的被访村民认为存在且多,54.40%的被访村民认为存在但少,42.49%的被访村民认为不存在。

假离婚情况

是否存在因为建房而离婚的?	数值	百分比
(1) 存在,且多;	4	2.1%
(2) 存在,较少;	105	54.4%
(3) 不存在	82	42.5%
总计	191	99.0%

22. 被问及是否存在因为建房而将亲属户口迁入的情况,4.66%的被访村民认为存在且多,61.66%的被访村民认为存在但少,92.74%的被访村民认为不存在。

亲属户口迁入情况

是否存在因为建房而将亲属户口迁入的情况?	数值	百分比
(1) 存在且多;	9	4.7%
(2) 存在但少;	119	61.7%
(3) 不存在	51	26.4%
总计	179	92.7%

23. 被问及是否有空置的房间或房子,23.83%的被访村民有,74.61%的被访村民无。

空置的房间或房子情况

是否有空置的房间或房子?	数值	百分比
(1) 有	46	23.8%
(2) 无	144	74.6%
总计	190	98.4%

若有,则处理方式为:

空置的房间或房子的处理方式

空置的房间或房子的处理方式	数值	百分比
a. 出租做住房	22	11.4%
b. 出租做仓库	1	0.5%
c. 让它空着	1	0.5%
总计	24	12.4%

24. 建房过程中遇到的困难情况

是否存在因为建房而将亲属户口迁入的情况?	数值	百分比
(1) 无法了解政策和规定	36	18.7%
(2) 现有规定不合理	52	26.9%
(3) 管理者的阻碍	1	0.5%
(4) 规划不当带来的问题	47	24.4%
(5) 户籍制度带来的问题	53	27.5%
(6) 其他	3	1.6%
共计	192	99.5%

村民建房相关管理部门调查

1. 被问及村民建房主管部门是否是在充分听取当地民意的基础上出台了与《上海市农村村民住房建设管理办法》相应适应的《实施细则》或建房的规章制度,37%的被访者认为有《实施细则》,并且充分考虑了民意,11%的被访者认为有《实施细则》,但没有充分考虑民意,另外有近10%的被访者不知道《实施细则》。

《实施细则》的知晓度

是否知道《实施细则》?	数值	百分比
A. 有《实施细则》,并且充分考虑了民意	37	37%
B. 有《实施细则》,但没有充分考虑民意	11	11%
C. 没有《实施细则》	0	0%
D. 不知道	10	10%
共计	58	58%

2. 被问及是否知道"耕地占补平衡指标"的含义,30%的被访者知道,21%的被访者了解一点,8%的被访者不知道。

"耕地占补平衡指标"

是否知道耕地占补平衡指标?	数值	百分比
A. 知道	30	30%
B. 了解一点	21	21%
C. 不知道	8	8%
共计	59	59%

3. 被问及所在的组或村,中心村规划或集体建房规划涉及的跨村或跨组现象是否多,42%的被访者认为没有,都是在组内或村内解决的,16%的被访者认为涉及一小部分。

中心村规划或集体建房规划涉及的跨村或跨组现象

中心村规划或集体建房规划涉及的跨村或跨组现象是否多?	数值	百分比
A. 没有,都是在组内或村内解决	42	42%
B. 涉及一小部分	16	16%
C. 涉及一半以上(包含一半)	0	0%
共计	58	58%

4. 被问及如果中心规划村(集中建房点)或新建住房的他人占用了村民的土地，村民会得到对等的补偿，44％的被访者认为会，至少能到与被占土地价值一样的补偿，4％的被访者认为会，能得到大部分补偿，1％的被访者认为完全得不到补偿。

占用补偿问题

如果中心规划村(集中建房点)或新建住房的他人占用了村民的土地，村民会得到对等的补偿吗？	数值	百分比
A. 会，至少能得到与被占土地价值一样的补偿	44	44％
B. 会，能得到大部分补偿	4	4％
C. 会，只能得到一小部分补偿	0	0％
D. 才完全得不到补偿	1	1％
共计	49	49％

5. 被问及村民新建住房时，"批少建多"的现象多吗，11％的被访者认为很多，大家都这样干，41％的被访者认为很少，只有极少数人这样做，大部分还是按规划，1％的被访者认为没有，5％的被访者不知道。

"批少建多"现象

村民新建住房时，"批少建多"的现象多吗？	数值	百分比
A. 很多，大家都这样干	11	11％
B. 很少，只有极少数人这样做，大部分还是按规划做	41	41％
C. 完全没有	1	1％
D. 不知道	5	0％
共计	58	58％

6. 被问及是否按照 71 号令的规定，"农村村民一户只能拥有一处宅基地"得到严格执行了吗，15％的被访者认为绝大部分都没有按时执行，31％的被访者认为只有一部分执行了。

"农村村民一户只能拥有一处宅基地"规定的执行情况

"农村村民一户只能拥有一处宅基地"得到严格执行了吗？	数值	百分比
A. 绝大部分人都没有按时执行	15	15％
B. 只有一部分人执行了	31	31％
C. 绝大部分人都按时执行了	0	0％
D. 其他	0	0％
共计	46	46％

7. 被问及是否知道具体由哪个部门来执行"危房"鉴定的工作，只有 31％ 的被访者知道，但未先写具体负责部门名称。

"危房"鉴定工作的了解情况

具体由哪个部门来执行"危房"鉴定的工作?	数值	百分比
A. 知道,是	31	31%
B. 不知道	0	0
共计	31	31%

8. 被问及由于宅基地长期(半年以上)因房主外出打工、搬到城镇居住或房主过世等特殊原因而无人居住,处于闲置状态的现象是否多时,55%的被访者认为很多。

宅基地闲置现象

宅基地处于闲置状态的现象是否多?	数值	百分比
A. 很多	55	55%
B. 仅有极小一部分	0	0%
共计	55	55%

9. 被问及村民的新建住房被纳入中心村规划建设,要求政府解决村民的镇保是否合理,仅有12%的被访者认为合理,其他未给予应答。

解决镇保问题

求政府解决村民的镇保是否合理?	数值	百分比
A. 合理	12	12%
B. 不合理	0	0%
共计	12	12%

后　记

感谢"上海市郊区农村村庄改造实施评估研究"课题组,即上海市城乡建设和交通委员会城镇建设处赵德和、周志民、张竣毅、宋伟和法规处郝飞等,上海复旦规划建筑设计研究院万勇、朱小平、史倩如、陆勇峰、汪彬、朱广宇、王洁等。该课题部分由万勇、朱小平等执笔,朱小平、史倩茹进行问卷统计分析,赵德和、周志民、张竣毅审核。

感谢"上海市郊区农村低收入户危旧房改造实施评估研究"课题组,即上海市城乡建设和交通委员会城镇建设处赵德和、朱达祺、周建梁等,上海复旦规划建筑设计研究院万勇、朱小平、史倩茹、陆勇峰、汪彬、朱广宇、王洁等。该课题部分由万勇、朱小平等执笔,朱小平、史倩茹进行问卷统计分析,赵德和、万勇、朱达祺审核。

感谢"上海市农村村民住房建设管理办法实施评估研究"课题组,即上海市城乡建设和交通委员会城镇建设处赵德和、高宏宇等,上海复旦规划建筑设计研究院万勇、朱小平、史倩如、陆勇峰、汪彬等,复旦大学经济学院焦必方、孙懿、吉理、郭成淦等。该课题部分由焦必方、朱小平、孙懿等执笔,孙懿、郭成淦等进行问卷统计分析,赵德和、万勇、焦必方审核。

感谢上海市相关部门以及浦东新区、闵行区、宝山区、嘉定区、青浦区、松江区、金山区、奉贤区和崇明县等区县有关部门负责同志和基层工作人员。针对村庄改造和危旧房改造议题,课题组于 2012 年 8 月 7 日调研了金山区吕港镇新泾村、朱泾镇大茫村,2012 年 8 月 22 日调研了闵行区浦江镇,2012 年 8 月 29 日调研了青浦区金泽镇,2012 年 9 月 21 日在奉贤上海农科院庄行基地召开了座谈会,等等;针对村民建房议题,课题组在青浦区调研并召开了座谈会,重固、夏阳、华新等镇以及区建交委、区规土局、区新农办等部门参加会议深入交流。另在松江区泖港镇、浦东新区航头镇等乡镇召开了多场座谈会。针对上述议题,还在市建交委等部门召开了十余场专题研讨会,并深入十数处村落和建房现场踏勘、观摩、问卷调查,等等。对上述种种访谈、座谈、踏勘、问卷等活动中付出过辛劳的其他课题参与者、政府部门工作人员、配合问卷调查和接受访谈的农村居民等等,编著者在此一并表示衷心感谢。对于全国各地涌现出的一些好的做法,以及众多文献中介绍的经典案例,本书均不吝引荐,并感谢为此做出贡献的管理者、研究人员以及课题组未查找到出处的文献著者和作者。

近年来,上海市郊区农村村庄改造、村民建房、危旧房改造等工作均有长足进展,农村居住状况有较大改善。本书相关章节中所描述的基层工作人员和受访农村居民的一些肯定的表达,是课题组的忠实记录。这也从一个视角认识到相关部门的工作,总体上是富有成效的,也是付出过很多辛劳且十分不易的。当然,困难和问题还有不少,农民的诉求还有很多,前进的道路还很漫长,还有待在今后工作中更进一步地深入推进技术的进步、政策的完善和机制的创新。

由于各方面因素,书中仍然存在一些不足甚至问题、错误,敬请读者提出宝贵意见。另外,由于一些原因,本书成果还存在不尽如人意的地方。例如,由于课题开展的时间分别是 2012 年下半年、2013 年上半年和 2013 年下半年,导致开展较早的课题至今已有较长一段时间,在数据、政策、实际操作等方面,都可能发生一些变化。也就是说,部分内容在时效性上受到一定影响,如村庄改造课题中的分析,采集到的基本上都是在 2009—2011 年间的数据,本书编写时没有能够及时获得后续数据。但考虑到整体梳理的必要性和重要意义,本书编写时仍然保留了这些内容。又如,由于基层问卷和访谈的现实困难,样本数有一定局限。但考虑到这些问卷基本上都是一位位农民朋友在课题人员深入细致工作下做出的真实回答,其统计结果仍然具有一定的参考价值,这也是课题调研中必不可少的部分,故保留并作为附件呈现。再如,课题组在开展研究过程中,收集到很多数据(表格)和全国各地众多的政策文件,每一个课题都进行了数据汇总和政策文件汇编,但由于篇幅限制,这些数据和文件难以在本书全部呈现,仅在具体分析和经验借鉴中给予了一定程度的解读。类似这样那样的不如意之处可能还有很多,编著者花大量时间将课题成果汇编出版,谨为提供实际操作人员和研究人员参考,有效扩大课题成果的实际价值,同时也是出于提升对农村农民民生问题关注度、促进对现实瓶颈问题进行有效突破的良好初衷,敬请读者理解为盼。对于其中的诸多议题,也可在今后进行进一步的深入探讨。最后,感谢上海市城乡建设和交通委员会副主任倪蓉女士为本书作序,感谢同济大学出版社各位老师的辛勤耕耘。在本书成书期间,王玲慧女士协助著者对全书进行了两轮校核,也在此谨致谢意。

编著者

2014 年冬